大学物理入門編

初めから解ける

演習 力 学

■ キャンパス・ゼミ ■

大学物理を楽しく練習できる演習書！

馬場敬之

MATHEMA

マセマ出版社

◆ はじめに ◆

みなさん，こんにちは。マセマの**馬場敬之(けいし)**です。既刊の『**初めから学べる 力学キャンパス・ゼミ**』は多くの読者の皆様のご支持を頂いて，**大学の基礎物理の教育のスタンダードな参考書**として定着してきているようです。そして，マセマには連日のように，この『初めから学べる 力学キャンパス・ゼミ』で養った実力をより確実なものとするための『**演習書(問題集)**』が欲しいとのご意見が寄せられてきました。このご要望にお応えするため，新たに，この『**初めから解ける 演習 力学キャンパス・ゼミ**』を上梓することができて，心より嬉しく思っています。

推薦入試や**AO入試**など，本格的な大学受験の洗礼を受けることなく大学に進学して，大学の**力学(古典力学)**の講義を受けなければならない皆さんにとって，その基礎学力を鍛えるために**問題練習は欠かせません。**

この『**初めから解ける 演習 力学キャンパス・ゼミ**』は，そのための**最適な演習書**と言えます。

ここで，まず本書の特徴を紹介しておきましょう。

- 『大学基礎物理 力学キャンパス・ゼミ』に準拠して全体を**7**章に分け，各章毎に，解法のパターンが一目で分かるように，***methods & formulae***(要項)を設けている。
- マセマオリジナルの頻出典型の演習問題を，各章毎に**分かりやすく体系立てて配置**している。
- 各演習問題には(ヒント)を設けて解法の糸口を示し，また(解答&解説)では，定評あるマセマ流の読者の目線に立った**親切で分かりやすい解説**で明快に解き明かしている。
- **2色刷り**の美しい構成で，読者の理解を助けるため**図解も豊富**に掲載している。

さらに，本書の具体的な利用法についても紹介しておきましょう。

- まず，各章毎に，*methods & formulae*（要項）と演習問題を一度**流し読み**して，学ぶべき内容の全体像を押さえる。
- 次に，*methods & formulae*（要項）を**精読**して，公式や定理それに解法パターンを頭に入れる。そして，各演習問題の解答&解説を見ずに，問題文とヒントのみを読んで，**自分なりの解答**を考える。
- その後，解答&解説をよく読んで，自分の解答と比較してみる。そして間違っている場合は，**どこにミスがあったかをよく検討**する。
- 後日，また解答&解説を見ずに**再チャレンジ**する。
- そして，問題がスラスラ解けるようになるまで，何度でも納得がいくまで**反復練習**する。

以上の流れに従って練習していけば，大学で学ぶ力学の基本を確実にマスターできますので，**力学の講義にも自信をもって臨める**ようになります。また，易しい問題であれば，**十分に解きこなすだけの実力**も身につけることができます。どう？やる気が湧いてきたでしょう？

この『**初めから解ける 演習 力学キャンパス・ゼミ**』では，**"ベクトルの外積"**，**"回転の行列"**，**"偏微分と全微分"**，**"位置，速度，加速度の極座標表示"**，**"曲率半径"**，**"角運動量"**，**"回転の運動方程式"**，**"保存力とポテンシャル"**，**"減衰振動"**，**"回転座標系"**，**"2質点系の力学"**など，高校物理で扱われない分野でも，**大学物理で重要なテーマの問題は積極的に掲載**しています。したがって，これで確実に**高校物理から大学物理へステップアップ**していけます。

マセマ代表　馬場　敬之(けいし)

本書はこれまで出版されていた「演習 大学基礎物理 力学キャンパス・ゼミ」をより親しみをもって頂けるように「初めから解ける 演習 力学キャンパス・ゼミ」とタイトルを変更したものです。本書では，**Appendix**(付録)として，複素数の回転の問題を追加しました。

◆ 目 次 ◆

講義4 仕事とエネルギー

講義5 さまざまな運動

講義6 運動座標系

講義7 2質点系の力学

講義 Lecture 1 数学の基礎講座 methods & formulae

§1. ベクトルの基本と極座標

ベクトルとは，大きさと向きをもった量のことで $\boldsymbol{a}$ や $\boldsymbol{b}$ など…で表す。図1に示すように，平面ベクトル $\boldsymbol{a}$ の場合，$\boldsymbol{a}$ の始点を原点 O に一致させたとき，終点の座標 $(x_1,\ y_1)$ を $\boldsymbol{a}$ の成分として，$\boldsymbol{a}=[x_1,\ y_1]$ と表す。そして，$\boldsymbol{a}$ の大きさ（ノルム）は $\|\boldsymbol{a}\|$ で表し，

図1　平面ベクトル $\boldsymbol{a}$ の成分表示

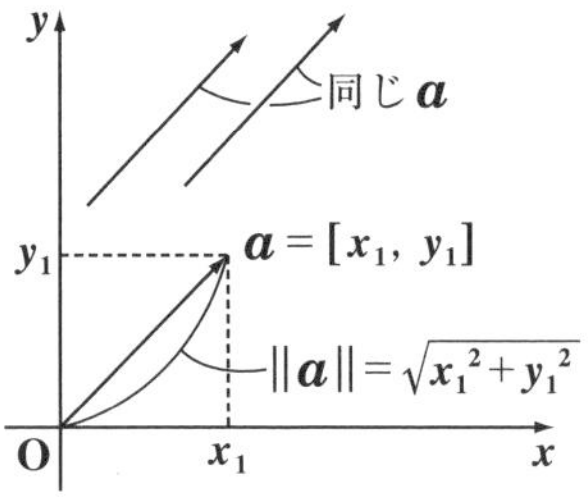

$\|\boldsymbol{a}\|=\sqrt{x_1^2+y_1^2}$ となる。したがって，$\boldsymbol{a}$ を $\|\boldsymbol{a}\|$ で割ったものを $\boldsymbol{e}$ とおくと，

$\boldsymbol{e}=\dfrac{\boldsymbol{a}}{\|\boldsymbol{a}\|}$（ただし，$\|\boldsymbol{a}\|\neq 0$）となり，$\boldsymbol{e}$ は $\boldsymbol{a}$ と同じ向きの単位ベクトルになる。

このように，大きさを1にすることを**規格化**（きかくか）（または，**正規化**（せいきか））という。

ここで，2つのベクトル $\boldsymbol{a}$ と $\boldsymbol{b}$ の内積と，その成分表示を次に示す。

ベクトルの内積

2つのベクトル $\boldsymbol{a}$ と $\boldsymbol{b}$ の内積は $\boldsymbol{a}\cdot\boldsymbol{b}$ で表し，次のように定義する。

$$\boldsymbol{a}\cdot\boldsymbol{b}=\|\boldsymbol{a}\|\|\boldsymbol{b}\|\cos\theta \quad (\theta : \boldsymbol{a} と \boldsymbol{b} のなす角)$$

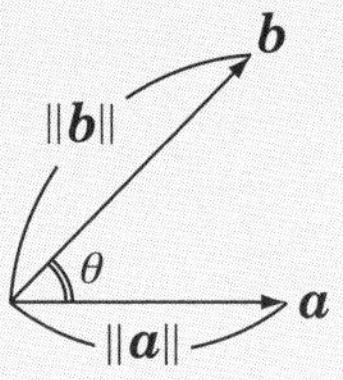

$\boldsymbol{a}\perp\boldsymbol{b}$（垂直）のとき，$\theta=\dfrac{\pi}{2}(=90^\circ)$，$\cos\theta=0$ より，$\boldsymbol{a}\cdot\boldsymbol{b}=0$ となる。

平面ベクトルの内積の成分表示

$\boldsymbol{a}=[x_1,\ y_1]$，$\boldsymbol{b}=[x_2,\ y_2]$ のとき，内積 $\boldsymbol{a}\cdot\boldsymbol{b}=x_1x_2+y_1y_2$ となる。

また，$\|\boldsymbol{a}\|=\sqrt{x_1^2+y_1^2}$，$\|\boldsymbol{b}\|=\sqrt{x_2^2+y_2^2}$ より，$\|\boldsymbol{a}\|\neq 0$，$\|\boldsymbol{b}\|\neq 0$ のとき

$$\cos\theta=\frac{\boldsymbol{a}\cdot\boldsymbol{b}}{\|\boldsymbol{a}\|\|\boldsymbol{b}\|}=\frac{x_1x_2+y_1y_2}{\sqrt{x_1^2+y_1^2}\sqrt{x_2^2+y_2^2}}$$ となる。（θ : $\boldsymbol{a}$ と $\boldsymbol{b}$ のなす角）

空間ベクトルの内積の成分表示

$\boldsymbol{a}=[x_1,\ y_1,\ z_1]$，$\boldsymbol{b}=[x_2,\ y_2,\ z_2]$ のとき，

内積 $\boldsymbol{a}\cdot\boldsymbol{b}=x_1x_2+y_1y_2+z_1z_2$ となる。

また，$\|\boldsymbol{a}\|=\sqrt{x_1{}^2+y_1{}^2+z_1{}^2}$，$\|\boldsymbol{b}\|=\sqrt{x_2{}^2+y_2{}^2+z_2{}^2}$ より，

$\|\boldsymbol{a}\|\neq 0$，$\|\boldsymbol{b}\|\neq 0$ のとき

$$\cos\theta=\frac{\boldsymbol{a}\cdot\boldsymbol{b}}{\|\boldsymbol{a}\|\|\boldsymbol{b}\|}=\frac{x_1x_2+y_1y_2+z_1z_2}{\sqrt{x_1{}^2+y_1{}^2+z_1{}^2}\sqrt{x_2{}^2+y_2{}^2+z_2{}^2}}$$ となる。

(θ：$\boldsymbol{a}$ と $\boldsymbol{b}$ のなす角)

次に，2つの空間ベクトル $\boldsymbol{a}$ と $\boldsymbol{b}$ の外積 $\boldsymbol{a}\times\boldsymbol{b}$ の公式とその性質を示す。

空間ベクトルの外積の成分表示とその性質

$\boldsymbol{a}=[x_1,\ y_1,\ z_1]$，$\boldsymbol{b}=[x_2,\ y_2,\ z_2]$ の外積 $\boldsymbol{a}\times\boldsymbol{b}$ は，

$\boldsymbol{a}\times\boldsymbol{b}=[y_1z_2-z_1y_2,\ z_1x_2-x_1z_2,\ x_1y_2-y_1x_2]$ ……① と表される。

①のように，$\boldsymbol{a}\times\boldsymbol{b}$ はベクトルなので，$\boldsymbol{a}\times\boldsymbol{b}=\boldsymbol{c}$ とおくと，

外積 $\boldsymbol{c}$ は右図のように，

(i) $\boldsymbol{a}$ と $\boldsymbol{b}$ の両方に直交し，その向きは，$\boldsymbol{a}$ から $\boldsymbol{b}$ に向かうように回転するとき，右ネジが進む向きと一致する。

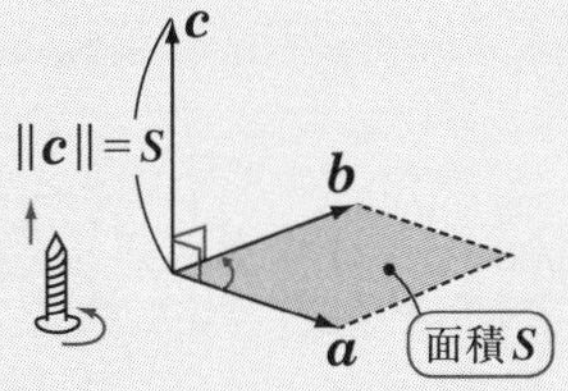

(ii) また，その大きさ(ノルム) $\|\boldsymbol{c}\|$ は，$\boldsymbol{a}$ と $\boldsymbol{b}$ を2辺にもつ平行四辺形の面積 S に等しい。

$\boldsymbol{a}=[x_1,\ y_1,\ z_1]$，$\boldsymbol{b}=[x_2,\ y_2,\ z_2]$ の外積の具体的な計算法を図2に示す。

これから，$\boldsymbol{a}$ と $\boldsymbol{b}$ の外積 $\boldsymbol{a}\times\boldsymbol{b}$ は，

$$\boldsymbol{a}\times\boldsymbol{b}=[y_1z_2-z_1y_2,\ z_1x_2-x_1z_2,\ x_1y_2-y_1x_2]$$

となる。

図2 外積 $\boldsymbol{a}\times\boldsymbol{b}$ の求め方

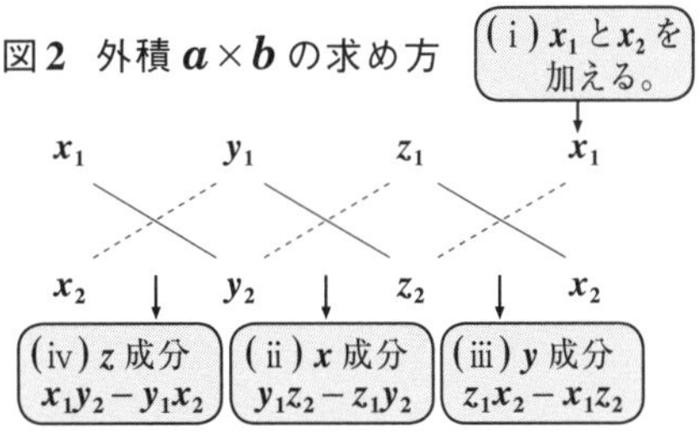

§2. 行列と 1 次変換

行列とは，数や文字をたて･横長方形状にキレイに並べたものをカギカッコでくくったものなんだ。いくつか行列の例を下に示そう。

(i) **2** 行 **2** 列の行列　　(ii) **3** 行 **1** 列の行列　　(iii) **3** 行 **2** 列の行列

(i) 第1行 → , 第2行 → ; 第1列 ↓, 第2列 ↓
$$\begin{bmatrix} 2 & b \\ c & -3 \end{bmatrix}$$

(ii) 第1行 → , 第2行 → , 第3行 → ; 第1列 ↓
$$\begin{bmatrix} a \\ -1 \\ 4 \end{bmatrix}$$

(iii) 第1行 → , 第2行 → , 第3行 → ; 第1列 ↓, 第2列 ↓
$$\begin{bmatrix} x & 5 \\ -3 & y \\ 4 & 2 \end{bmatrix}$$

カッコ内の **1** つ **1** つの数や文字を，行列の"**成分**"または"**要素**"と呼ぶ。また，行列の横の並びを"**行**"，たての並びを"**列**"といい，m 個の行と n 個の列から成る行列を，m **行** n **列の行列**，または $m \times n$ **行列**と呼ぶ。行列の系数倍や，行列同士のたし算･引き算については，成分表示されたベクトルの計算のときと同様である。以降，**2** 行 **2** 列の行列 (**2** 次の正方行列) について解説する。

2 つの **2** 次の正方行列 $A = \begin{bmatrix} a & b \\ c & d \end{bmatrix}$ と $B = \begin{bmatrix} p & q \\ r & s \end{bmatrix}$ の積 AB は次のように行う。

$$AB = \begin{bmatrix} a & b \\ c & d \end{bmatrix}\begin{bmatrix} p & q \\ r & s \end{bmatrix} = \begin{bmatrix} ap+br & aq+bs \\ cp+dr & cq+ds \end{bmatrix}$$

($ap+br$：(**1**, **1**) 成分，$aq+bs$：(**1**, **2**) 成分，$cp+dr$：(**2**, **1**) 成分，$cq+ds$：(**2**, **2**) 成分)

(一般に，$AB \neq BA$ となる。)

単位行列 E と零行列 O

(I) 単位行列 $E = \begin{bmatrix} 1 & 0 \\ 0 & 1 \end{bmatrix}$ は次のような性質をもつ。

(i) $\underline{AE = EA} = A$　　(ii) $E^n = E$　(n：自然数)

↑ 交換法則が成り立つ特別な場合

(II) 零行列 $O = \begin{bmatrix} 0 & 0 \\ 0 & 0 \end{bmatrix}$ は次のような性質をもつ。

(i) $A + O = O + A = A$　　(ii) $\underline{AO = OA} = O$

↑ 交換法則が成り立つ特別な場合

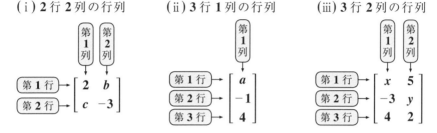

A の逆行列 A^{-1} は，$AA^{-1}=A^{-1}A=E$ をみたし，次のように求められる。

逆行列 A^{-1}

$A=\begin{bmatrix} a & b \\ c & d \end{bmatrix}$ の行列式を $\Delta=ad-bc$ とおくと，

(ⅰ) $\Delta=0$ のとき，A^{-1} は存在しない。

(ⅱ) $\Delta\neq 0$ のとき，A^{-1} は存在して，$A^{-1}=\dfrac{1}{\Delta}\begin{bmatrix} d & -b \\ -c & a \end{bmatrix}$ である。

行列 $A=\begin{bmatrix} a & b \\ c & d \end{bmatrix}$ による **1次変換**（いちじへんかん）：

$\begin{bmatrix} x_1' \\ y_1' \end{bmatrix}=A\begin{bmatrix} x_1 \\ y_1 \end{bmatrix}$ により，図1に示すように，

点 $(x_1,\ y_1)$ は，点 $(x_1',\ y_1')$ に移される。

特に，点 $(x_1,\ y_1)$ を原点 O のまわりに，θ だけ回転する行列 $R(\theta)$ は次のように表される。

図1　2次の正方行列による 1次変換のイメージ

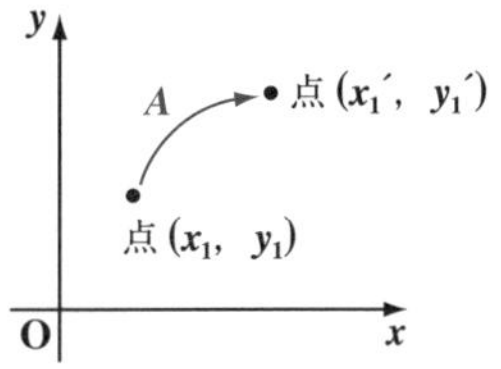

点を回転移動する行列 $R(\theta)$

xy 座標平面上で，点 $(x_1,\ y_1)$ を原点 O のまわりに θ だけ回転して点 $(x_1',\ y_1')$ に移動させる行列を $R(\theta)$ とおくと，

$R(\theta)=\begin{bmatrix} \cos\theta & -\sin\theta \\ \sin\theta & \cos\theta \end{bmatrix}$ である。

"*rotation*"（回転）の頭文字

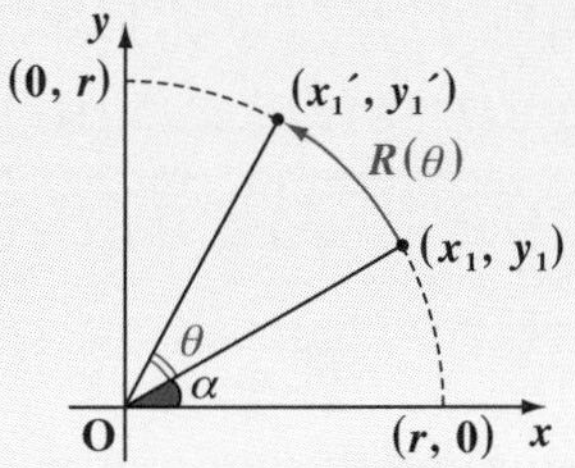

オイラーの公式：$e^{i\theta}=\cos\theta+i\sin\theta$

（i：虚数単位）

により，図2に示すように，複素数平面上の点 $z_1=x_1+iy_1$ に $e^{i\theta}$ をかけたものを点 $z_1'=x_1'+iy_1'$ とおくと，点 z_1' は，点 z_1 を原点 0 のまわりに θ だけ回転したものになる。

図2　複素数平面における回転

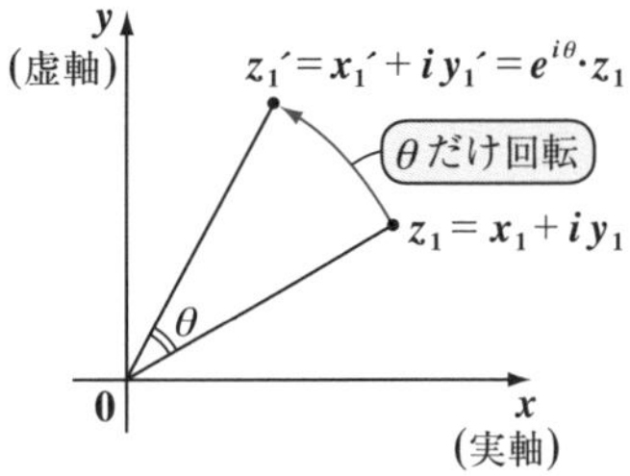

§3. 微分・積分

微分計算の8つの基本公式を下に示す。

微分計算の8つの基本公式

(1) $(t^{\alpha})' = \alpha t^{\alpha-1}$　　(2) $(\sin t)' = \cos t$

(3) $(\cos t)' = -\sin t$　　(4) $(\tan t)' = \dfrac{1}{\cos^2 t}$（$\sec^2 t$とも書く。$\sec t = \dfrac{1}{\cos t}$ "セカントt"と読む。）

(5) $(e^t)' = e^t$　　(6) $(a^t)' = a^t \cdot \log a$

(7) $(\log t)' = \dfrac{1}{t}$　$(t>0)$　　(8) $\{\log f(t)\}' = \dfrac{f'(t)}{f(t)}$　$(f(t)>0)$

（ただし，αは実数，$a>0$ かつ $a \neq 1$）

特に，時刻tのベクトル値関数$\boldsymbol{r}(t)$をtで微分するとき，$\dot{\boldsymbol{r}}(t)$と表すこともある。また，ベクトル$\boldsymbol{r}(t)$のtによる微分は，各成分をtで微分すればよい。

(ex) $\boldsymbol{r}(t) = [\cos t,\ \sin t,\ t^2]$ のとき，

$\dot{\boldsymbol{r}}(t) = [(\cos t)',\ (\sin t)',\ (t^2)'] = [-\sin t,\ \cos t,\ 2t]$ となる。

2つの関数$f(x)$と$g(x)$の積の微分公式：

$(f \cdot g)' = f' \cdot g + f \cdot g'$ と同様に，2つのtの関数であるベクトル$\boldsymbol{a}(t)$，$\boldsymbol{b}(t)$の内積$\boldsymbol{a}(t) \cdot \boldsymbol{b}(t)$と外積$\boldsymbol{a}(t) \times \boldsymbol{b}(t)$について，次の公式が成り立つ。

$$\begin{cases} (\mathrm{i})\ \{\boldsymbol{a}(t) \cdot \boldsymbol{b}(t)\}' = \dot{\boldsymbol{a}}(t) \cdot \boldsymbol{b}(t) + \boldsymbol{a}(t) \cdot \dot{\boldsymbol{b}}(t) \\ (\mathrm{ii})\ \{\boldsymbol{a}(t) \times \boldsymbol{b}(t)\}' = \dot{\boldsymbol{a}}(t) \times \boldsymbol{b}(t) + \boldsymbol{a}(t) \times \dot{\boldsymbol{b}}(t) \end{cases}$$

次に，2変数関数$f(x, y)$のxによる**偏微分**（へんびぶん）は$\dfrac{\partial f}{\partial x}$と表し，$y$を定数と考えて，$x$で微分する。同様に，$y$による偏微分は$\dfrac{\partial f}{\partial y}$と表し，このときは，$x$を定数と考えて，$y$で偏微分する。

(ex) $f(x) = x^2 y$ のとき，$\dfrac{\partial f}{\partial x} = (x^2)' \cdot \underbrace{y}_{\text{定数扱い}} = 2x \cdot y$，$\dfrac{\partial f}{\partial y} = \underbrace{x^2}_{\text{定数扱い}} \cdot y' = x^2 \cdot 1 = x^2$

となる。

3変数関数$g(x, y, z)$のxやyやzによる偏微分も同様に行う。

積分計算の **8** つの基本公式を下に示す。

不定積分の 8 つの基本公式

(1) $\displaystyle\int t^{\alpha}dt=\frac{1}{\alpha+1}t^{\alpha+1}+C$　　(2) $\displaystyle\int \cos t\,dt=\sin t+C$

(3) $\displaystyle\int \sin t\,dt=-\cos t+C$　　(4) $\displaystyle\int \frac{1}{\cos^2 t}dt=\tan t+C$

(5) $\displaystyle\int e^t dt=e^t+C$　　(6) $\displaystyle\int a^t dt=\frac{a^t}{\log a}+C$

(7) $\displaystyle\int \frac{1}{t}dt=\log|t|+C$　　(8) $\displaystyle\int \frac{f'(t)}{f(t)}dt=\log|f(t)|+C$

(ただし，$\alpha\neq-1$，$a>0$ かつ $a\neq1$，対数は自然対数，C：積分定数)

時刻 t のベクトル値関数 $\boldsymbol{r}(t)$ の積分は各成分毎に行えばよい。

(ex) $\boldsymbol{r}(t)=[2t,\ -2t,\ 3t^2]$ のとき，積分区間 $[0,\ 2]$ における積分は，

$$\int_0^2\boldsymbol{r}(t)dt=\Big[\underbrace{\int_0^2 2t\,dt}_{[t^2]_0^2=4-0},\ \underbrace{\int_0^2(-2t)dt}_{-[t^2]_0^2=-4+0},\ \underbrace{\int_0^2 3t^2dt}_{[t^3]_0^2=8-0}\Big]=[4,\ -4,\ 8]$$ となる。

変数分離形(へんすうぶんりけい)の微分方程式：$\dfrac{dx}{dt}=g(t)\cdot h(x)$ ……① $(h(x)\neq0)$ の解法パターンは次の通りである。

①を変形して，

$$\frac{1}{h(x)}\frac{dx}{dt}=g(t)$$

この両辺を t で積分して，

$$\int\frac{1}{h(x)}\frac{dx}{dt}dt=\int g(t)dt$$

$$\int\frac{1}{h(x)}dx=\int g(t)dt$$

①より，

$$\underbrace{\frac{1}{h(x)}dx}_{(x\text{の式})\times dx}=\underbrace{g(t)dt}_{(t\text{の式})\times dt}$$

として，両辺に $\int$ を付けると覚えておいていい。

演習問題 1 ● ベクトルのノルムの 2 乗の演算 ●

平面上の線分 **AB** を **1**：**2** に内分する点を **P** とおく。**A**，**B**，**P** の位置ベクトルを順に $\boldsymbol{a}$，$\boldsymbol{b}$，$\boldsymbol{p}$ とおく。このとき，$\boldsymbol{p}$ を $\boldsymbol{a}$ と $\boldsymbol{b}$ で表せ。また，$\|\boldsymbol{a}\|=2$，$\|\boldsymbol{b}\|=1$，$\|\boldsymbol{p}\|=\dfrac{\sqrt{19}}{3}$ である。このとき，$\boldsymbol{a}$ と $\boldsymbol{b}$ のなす角 θ の余弦 ($\cos\theta$) を求めよ。

ヒント！ 内分点の公式を利用して，$\boldsymbol{p}$ を $\boldsymbol{a}$ と $\boldsymbol{b}$ で表そう。次に式の展開公式：$(a+b)^2=a^2+2ab+b^2$ と形式的にまったく同様に，$\boldsymbol{a}+\boldsymbol{b}$ のノルムの 2 乗は，$\|\boldsymbol{a}+\boldsymbol{b}\|^2=\|\boldsymbol{a}\|^2+2\boldsymbol{a}\cdot\boldsymbol{b}+\|\boldsymbol{b}\|^2$ と変形できることを利用して解いていこう。

解答＆解説

点 **P** は，線分 **AB** を **1**：**2** に内分するので，

$$\overrightarrow{\mathrm{OP}}=\frac{2\overrightarrow{\mathrm{OA}}+1\overrightarrow{\mathrm{OB}}}{1+2} \text{ より，}$$

$$\boldsymbol{p}=\frac{2}{3}\boldsymbol{a}+\frac{1}{3}\boldsymbol{b} \quad \cdots\cdots ① \text{ となる。}\cdots\cdots\cdots(\text{答})$$

> 内分点の公式
> **P** が線分 **AB** を m：n に内分するとき，
> $\overrightarrow{\mathrm{OP}}=\dfrac{n\overrightarrow{\mathrm{OA}}+m\overrightarrow{\mathrm{OB}}}{m+n}$ となる。
>
> 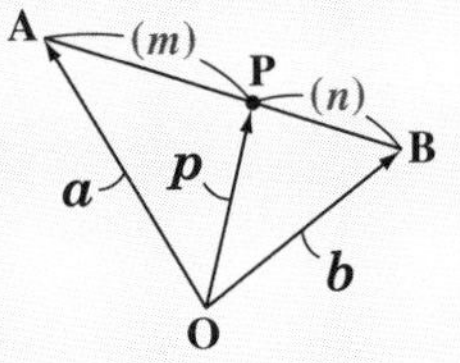
>

次に，$\|\boldsymbol{a}\|=2$，$\|\boldsymbol{b}\|=1$，$\|\boldsymbol{p}\|=\dfrac{\sqrt{19}}{3}$，

また，$\boldsymbol{a}$ と $\boldsymbol{b}$ のなす角が θ であることより，①の両辺のノルム (大きさ) をとって，その **2** 乗を計算すると，

$$\|\boldsymbol{p}\|^2=\left\|\frac{2}{3}\boldsymbol{a}+\frac{1}{3}\boldsymbol{b}\right\|^2$$

$$\underbrace{\|\boldsymbol{p}\|^2}_{\left(\frac{\sqrt{19}}{3}\right)^2=\frac{19}{9}}=\frac{4}{9}\underbrace{\|\boldsymbol{a}\|^2}_{2^2}+\frac{4}{9}\underbrace{\boldsymbol{a}\cdot\boldsymbol{b}}_{\|\boldsymbol{a}\|\cdot\|\boldsymbol{b}\|\cos\theta=2\cdot1\cdot\cos\theta}+\frac{1}{9}\underbrace{\|\boldsymbol{b}\|^2}_{1^2}$$

> $\left(\dfrac{2}{3}a+\dfrac{1}{3}b\right)^2=\dfrac{4}{9}a^2+2\cdot\dfrac{2}{3}\cdot\dfrac{1}{3}ab+\dfrac{1}{9}b^2$
> と同様に，$\left\|\dfrac{2}{3}\boldsymbol{a}+\dfrac{1}{3}\boldsymbol{b}\right\|^2$ を展開できる。

よって，$\dfrac{19}{9}=\dfrac{16}{9}+\dfrac{8}{9}\cos\theta+\dfrac{1}{9}$　これを変形して，$\dfrac{8}{9}\cos\theta=\dfrac{19-16-1}{9}=\dfrac{2}{9}$

$\therefore \cos\theta=\dfrac{2}{\cancel{9}}\times\dfrac{\cancel{9}}{8}=\dfrac{1}{4}$ である。……………………………………(答)

演習問題 2　● 平面ベクトルと正射影 ●

2つの平面ベクトル $\boldsymbol{a}=[2,\ -1]$, $\boldsymbol{b}=[x,\ 1]$ のなす角を θ とおくと, $\cos\theta=\dfrac{1}{\sqrt{2}}$ である。このとき, x の値と, $\boldsymbol{b}$ の $\boldsymbol{a}$ への正射影の長さを求めよ。

ヒント！ $\boldsymbol{a}=[x_1,\ y_1]$ と $\boldsymbol{b}=[x_2,\ y_2]$ の内積 $\boldsymbol{a}\cdot\boldsymbol{b}$ は, 公式：$\boldsymbol{a}\cdot\boldsymbol{b}=x_1x_2+y_1y_2$ より, 未知数 x を求めよう。また, $\boldsymbol{b}$ の $\boldsymbol{a}$ への正射影の長さは, $\|\boldsymbol{b}\|\cos\theta$ の絶対値になる。

解答＆解説

$\boldsymbol{a}=[2,\ -1]$ と $\boldsymbol{b}=[x,\ 1]$ のなす角が θ とおくと, $\cos\theta=\dfrac{1}{\sqrt{2}}$ である。

$\|\boldsymbol{a}\|=\sqrt{2^2+(-1)^2}=\sqrt{5}$, $\|\boldsymbol{b}\|=\sqrt{x^2+1^2}=\sqrt{x^2+1}$

$\boldsymbol{a}\cdot\boldsymbol{b}=2\cdot x+(-1)\cdot 1=2x-1$ より, これらを内積の公式：$\boldsymbol{a}\cdot\boldsymbol{b}=\|\boldsymbol{a}\|\cdot\|\boldsymbol{b}\|\cdot\cos\theta$ に代入して,

> $\boldsymbol{a}=[x_1,\ y_1]$, $\boldsymbol{b}=[x_2,\ y_2]$ のとき,
> $\|\boldsymbol{a}\|=\sqrt{x_1^2+y_1^2}$, $\|\boldsymbol{b}\|=\sqrt{x_2^2+y_2^2}$,
> $\boldsymbol{a}\cdot\boldsymbol{b}=x_1x_2+y_1y_2$ より, これらを
> $\boldsymbol{a}\cdot\boldsymbol{b}=\|\boldsymbol{a}\|\|\boldsymbol{b}\|\cos\theta$ に代入して,
> $x_1x_2+y_1y_2$
> $=\sqrt{x_1^2+y_1^2}\cdot\sqrt{x_2^2+y_2^2}\cos\theta$ となる。

$2x-1=\sqrt{5}\cdot\sqrt{x^2+1}\cdot\dfrac{1}{\sqrt{2}}$ ……①

①の右辺 >0 より, (左辺) $=2x-1>0$　$\therefore x>\dfrac{1}{2}$

①の両辺に $\sqrt{2}$ をかけて 2 乗すると,

$\{\sqrt{2}(2x-1)\}^2=\left(\sqrt{5}\cdot\sqrt{x^2+1}\right)^2$, $2(4x^2-4x+1)=5(x^2+1)$

$3x^2-8x-3=0$　$(3x+1)(x-3)=0$　ここで, $x>\dfrac{1}{2}$ より,

3 ╲╱ 1
1 ╱╲ −3

$x=3$ である。 ……………………………………(答)

よって, $\boldsymbol{b}=[3,\ 1]$ より,

$\|\boldsymbol{b}\|=\sqrt{3^2+1^2}=\sqrt{10}$

右図より明らかに, $\boldsymbol{b}$ の $\boldsymbol{a}$ への正射影の長さは $\|\boldsymbol{b}\|\cos\theta$ より,

$\|\boldsymbol{b}\|\cos\theta=\sqrt{10}\times\dfrac{1}{\sqrt{2}}=\sqrt{5}$ である。………(答)

> もし, $\dfrac{\pi}{2}<\theta<\pi$ のとき, これは⊖となるので, この場合の正射影の長さは $\left|\|\boldsymbol{b}\|\cdot\cos\theta\right|$ となる。

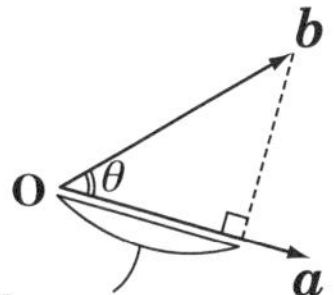

$\boldsymbol{b}$ の $\boldsymbol{a}$ への正射影の長さは, $\|\boldsymbol{b}\|\cos\theta$

> 今回, これは⊕より, 絶対値は不要なんだね。

演習問題 3　● 平面ベクトルの極座標表示 ●

次の xy 座標で成分表示された平面ベクトルを極座標 $[r,\ \theta]$ で表せ。
(ただし，t を時刻とし，$r>0$，$0 \leqq \theta < 2\pi$ とする。)

(1) $\boldsymbol{a}=[x,\ y]=[t,\ 2\sqrt{t}\,]$ ……………………①　$(t>0)$

(2) $\boldsymbol{b}=[x,\ y]=[2,\ e^t-e^{-t}]$ ……………………②　$(t \geqq 0)$

(3) $\boldsymbol{c}=[x,\ y]=[t\cos t,\ t\sin t]$ ……………③　$(t>0)$

(4) $\boldsymbol{d}=[x,\ y]=[e^{-t}\cos t,\ e^{-t}\sin t]$ ……④　$(t>0)$

ヒント！ 平面ベクトルの xy 座標表示 $[x,\ y]$ と極座標表示 $[r,\ \theta]$ との変換公式は，次のようになる。

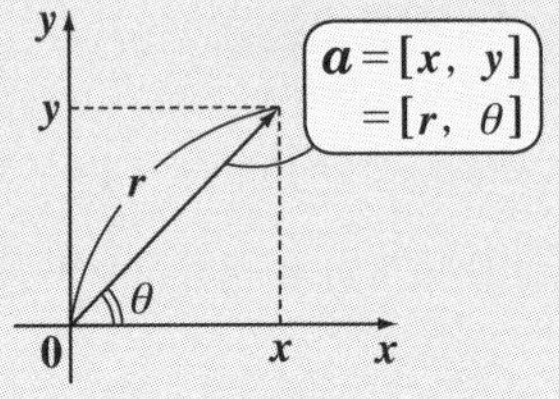

(i) $[r,\ \theta] \to [x,\ y]$ への変換

$x=r\cos\theta,\ y=r\sin\theta$

(ii) $[x,\ y] \to [r,\ \theta]$ への変換

$r=\sqrt{x^2+y^2},\ \theta=\tan^{-1}\dfrac{y}{x}$　(ただし，$x>0$，$r>0$，$0 \leqq \theta < 2\pi$ とする。)

解答＆解説

$\boldsymbol{a}$，$\boldsymbol{b}$，$\boldsymbol{c}$，$\boldsymbol{d}$ はいずれも定ベクトルではなく，時刻 t の関数である。

(1) $\boldsymbol{a}=[x,\ y]=[t,\ 2\sqrt{t}\,]$ ……① を極座標に変換する公式を用いると，

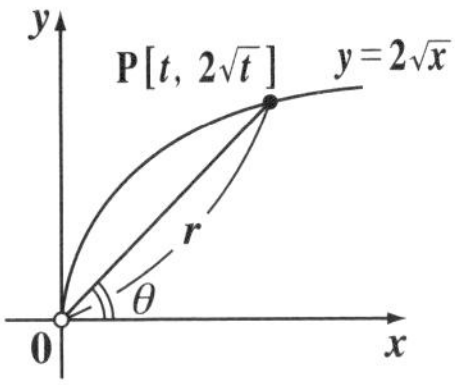

$$r=\sqrt{x^2+y^2}=\sqrt{t^2+(2\sqrt{t}\,)^2}=\sqrt{t^2+4t}$$

$$\tan\theta=\frac{y}{x}=\frac{2\sqrt{t}}{t}=\frac{2}{\sqrt{t}}\quad (t>0)\ \text{より，}$$

$\theta=\tan^{-1}\dfrac{2}{\sqrt{t}}$ となる。よって，$\boldsymbol{a}$ を極座標で表すと，

> $y=\tan x\ \left(-\dfrac{\pi}{2}<x<\dfrac{\pi}{2}\right)$ のとき，$x=\underbrace{\tan^{-1}}_{\text{tanの逆関数}}y$ と表される。

$\boldsymbol{a}=[r,\ \theta]=\left[\sqrt{t^2+4t},\ \tan^{-1}\dfrac{2}{\sqrt{t}}\right]$ である。……………………………………(答)

(2) $\boldsymbol{b}=[x,\ y]=[2,\ e^t-e^{-t}]$ ……② を極座標に変換する公式を用いると，

$$r=\sqrt{2^2+(e^t-e^{-t})^2}=\sqrt{4+e^{2t}-2\underbrace{e^t\cdot e^{-t}}_{1}+e^{-2t}}=\sqrt{e^{2t}+\underbrace{2}_{2e^t\cdot e^{-t}}+e^{-2t}}$$

$r=\sqrt{e^{2t}+2e^t\cdot e^{-t}+e^{-2t}}=\sqrt{(\underbrace{e^t+e^{-t}}_{\oplus})^2}=e^t+e^{-t}$ であり，

$\tan\theta=\dfrac{y}{x}=\dfrac{e^t-e^{-t}}{2}$ より，

$\theta=\tan^{-1}\dfrac{y}{x}=\tan^{-1}\dfrac{e^t-e^{-t}}{2}$ である。

よって，$\boldsymbol{b}$ を極座標で表すと，

$\boldsymbol{b}=[r,\ \theta]=\left[e^t+e^{-t},\ \tan^{-1}\dfrac{e^t-e^{-t}}{2}\right]$ である。……………………………(答)

(3) $\boldsymbol{c}=[x,\ y]=[t\cos t,\ t\sin t]$ ……③ を極座標に変換する公式を用いると，

$r=\sqrt{x^2+y^2}=\sqrt{t^2\cos^2t+t^2\sin^2t}$

$=\sqrt{t^2(\underbrace{\cos^2t+\sin^2t}_{1})}=\sqrt{t^2}=t\quad(\because t>0)$

$\tan\theta=\dfrac{y}{x}=\dfrac{\cancel{t}\sin t}{\cancel{t}\cos t}=\tan t\quad\therefore\theta=t$

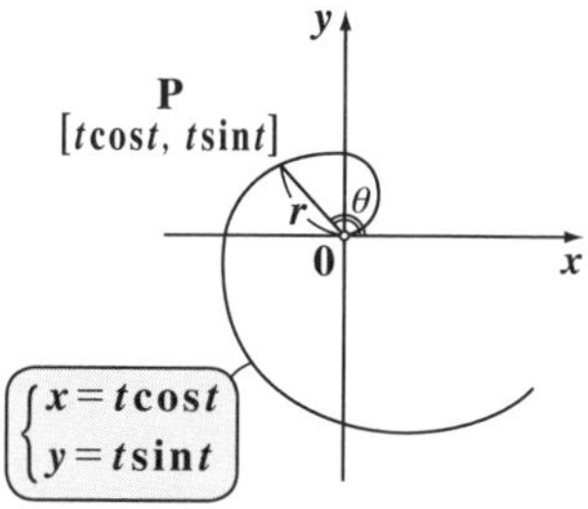

よって，$\boldsymbol{c}$ を極座標で表すと，

$\boldsymbol{c}=[t,\ t]$ である。………………………………………………………………(答)

(4) $\boldsymbol{d}=[x,\ y]=[e^{-t}\cos t,\ e^{-t}\sin t]$ ……④を極座標に変換する公式を用いると，

$r=\sqrt{x^2+y^2}=\sqrt{e^{-2t}\cos^2t+e^{-2t}\sin^2t}$

$=\sqrt{e^{-2t}(\underbrace{\cos^2t+\sin^2t}_{1})}=\sqrt{e^{-2t}}$

$=|\underbrace{e^{-t}}_{\oplus}|=e^{-t}$ であり，

$\tan\theta=\dfrac{y}{x}=\dfrac{\cancel{e^{-t}}\sin t}{\cancel{e^{-t}}\cos t}=\tan t\quad\therefore\theta=t$

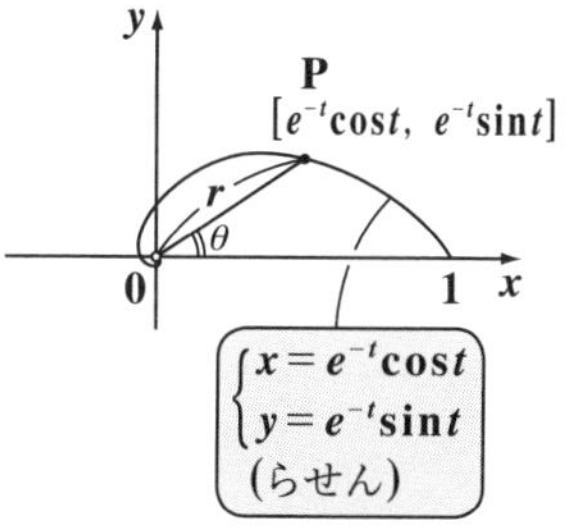

よって，$\boldsymbol{d}$ を極座標で表すと，

$\boldsymbol{d}=[e^{-t},\ t]$ である。………………………………………………………(答)

演習問題 4	● 空間ベクトルの内積と外積 ●

次の2つの空間ベクトル $\boldsymbol{a}$ と $\boldsymbol{b}$ の内積 $\boldsymbol{a}\cdot\boldsymbol{b}$ と外積 $\boldsymbol{a}\times\boldsymbol{b}$ を求めよ。

(1) $\boldsymbol{a}=[2,\ -1,\ 2]$, $\boldsymbol{b}=[3,\ 1,\ -1]$

(2) $\boldsymbol{a}=[\cos t,\ \sin t,\ 0]$, $\boldsymbol{b}=[-\sin t,\ \cos t,\ t]$

ヒント！ $\boldsymbol{a}=[x_1,\ y_1,\ z_1]$ と $\boldsymbol{b}=[x_2,\ y_2,\ z_2]$ の内積 $\boldsymbol{a}\cdot\boldsymbol{b}$ は，$\boldsymbol{a}\cdot\boldsymbol{b}=x_1x_2+y_1y_2+z_1z_2$ で計算し，外積 $\boldsymbol{a}\times\boldsymbol{b}$ は，$\boldsymbol{a}\times\boldsymbol{b}=[y_1z_2-z_1y_2,\ z_1x_2-x_1z_2,\ x_1y_2-y_1x_2]$ で計算すればいいんだね。特に外積の計算では，その計算法をマスターしよう。

解答＆解説

(1) $\boldsymbol{a}=[2,\ -1,\ 2]$ と $\boldsymbol{b}=[3,\ 1,\ -1]$ の内積 $\boldsymbol{a}\cdot\boldsymbol{b}$ と外積 $\boldsymbol{a}\times\boldsymbol{b}$ は次のようになる。

（$\boldsymbol{a}=[x_1,\ y_1,\ z_1]$ と $\boldsymbol{b}=[x_2,\ y_2,\ z_2]$ の内積 $\boldsymbol{a}\cdot\boldsymbol{b}=x_1x_2+y_1y_2+z_1z_2$ である。）

$\boldsymbol{a}\cdot\boldsymbol{b}=2\cdot3+(-1)\cdot1+2\cdot(-1)=6-1-2=3$ ……(答)

$\boldsymbol{a}\times\boldsymbol{b}=[1-2,\ 6+2,\ 2+3]$

$=[-1,\ 8,\ 5]$ ………………(答)

外積 $\boldsymbol{a}\times\boldsymbol{b}$ の計算（もう1度 x 成分）

2　　−1　　2　　2

3　　1　　−1　　3

$2\cdot1-(-1)\cdot3$][$(-1)^2-2\cdot1$, $2\cdot3-2\cdot(-1)$,

(2) $\boldsymbol{a}=[\cos t,\ \sin t,\ 0]$ と $\boldsymbol{b}=[-\sin t,\ \cos t,\ t]$ の内積 $\boldsymbol{a}\cdot\boldsymbol{b}$ と外積 $\boldsymbol{a}\times\boldsymbol{b}$ を求めると，次のようになる。

$\boldsymbol{a}\cdot\boldsymbol{b}=\underbrace{\cos t\cdot(-\sin t)+\sin t\cdot\cos t}_{-\sin t\cos t+\sin t\cos t=0}+\underbrace{0\cdot t}_{0}=0+0=0$ ………………………(答)

（$\boldsymbol{a}\cdot\boldsymbol{b}=0$ のとき，$\boldsymbol{a}\perp\boldsymbol{b}$（直交）であることが分かる。）

$\boldsymbol{a}\times\boldsymbol{b}=[t\sin t-0,\ 0-t\cdot\cos t,\ \underbrace{\cos^2t+\sin^2t}_{1}]$

$=[t\sin t,\ -t\cos t,\ 1]$ ………(答)

外積 $\boldsymbol{a}\times\boldsymbol{b}$ の計算（もう1度 x 成分）

$\cos t$　　$\sin t$　　0　　$\cos t$

$-\sin t$　　$\cos t$　　t　　$-\sin t$

$\cos^2t-(-\sin^2t)$][$t\cdot\sin t-0$, $0-t\cdot\cos t$,

一般に，(i) $\boldsymbol{a}\cdot\boldsymbol{b}=0$ のとき，$\boldsymbol{a}\perp\boldsymbol{b}$（垂直）となり，
(ii) $\boldsymbol{a}\times\boldsymbol{b}=\boldsymbol{0}$ のとき，$\boldsymbol{a}/\!/\boldsymbol{b}$（平行）となる。これも覚えておこう！

演習問題 5　● 空間ベクトルの外積 ●

$\boldsymbol{a}=[-1,\ 2,\ 2]$ と $\boldsymbol{b}=[2,\ 1,\ \alpha]$ $(\alpha>0)$ とのなす角 θ の余弦が

$\cos\theta=\dfrac{4}{9}$ である。

(1) α の値を求めよ。

(2) $\boldsymbol{a}$ と $\boldsymbol{b}$ を 2 辺とする平行四辺形の面積 S を求めよ。

(3) $\boldsymbol{a}$ と $\boldsymbol{b}$ の両方に直交する単位ベクトル $\boldsymbol{e}$ を求めよ。

ヒント！ (1) 内積の公式：$\boldsymbol{a}\cdot\boldsymbol{b}=\|\boldsymbol{a}\|\cdot\|\boldsymbol{b}\|\cos\theta$ を利用する。(2) $\boldsymbol{a}$ と $\boldsymbol{b}$ の外積を $\boldsymbol{c}$ とおくと，$\|\boldsymbol{c}\|$ が，$\boldsymbol{a}$ と $\boldsymbol{b}$ を 2 辺とする平行四辺形の面積 S であり，(3) は $\boldsymbol{e}=\pm\dfrac{\boldsymbol{c}}{\|\boldsymbol{c}\|}$ となる。

解答＆解説

(1) $\boldsymbol{a}=[-1,\ 2,\ 2]$ と $\boldsymbol{b}=[2,\ 1,\ \alpha]$ $(\alpha>0)$ より，

$\|\boldsymbol{a}\|=\sqrt{(-1)^2+2^2+2^2}=\sqrt{9}=3$，$\|\boldsymbol{b}\|=\sqrt{2^2+1^2+\alpha^2}=\sqrt{\alpha^2+5}$

$\boldsymbol{a}\cdot\boldsymbol{b}=-1\cdot2+2\cdot1+2\cdot\alpha=2\alpha$ であり，$\boldsymbol{a}$ と $\boldsymbol{b}$ のなす角を θ とおくと，

$\cos\theta=\dfrac{4}{9}$ より，これらを $\boldsymbol{a}\cdot\boldsymbol{b}=\|\boldsymbol{a}\|\cdot\|\boldsymbol{b}\|\cdot\cos\theta$ に代入して，

$2\alpha=3\cdot\sqrt{\alpha^2+5}\cdot\dfrac{4}{9}$，$6\alpha=4\sqrt{\alpha^2+5}$　両辺を 2 乗して，

$36\alpha^2=16(\alpha^2+5)$，$20\alpha^2=80$　$\alpha^2=4$　$\therefore\ \alpha=2$ ……………………(答)　($\because\ \alpha>0$ より)

(2) $\boldsymbol{a}=[-1,\ 2,\ 2]$ と $\boldsymbol{b}=[2,\ 1,\ 2]$ の外積を $\boldsymbol{c}$ とおくと，

$\boldsymbol{c}=\boldsymbol{a}\times\boldsymbol{b}=[2,\ 6,\ -5]$ となる。

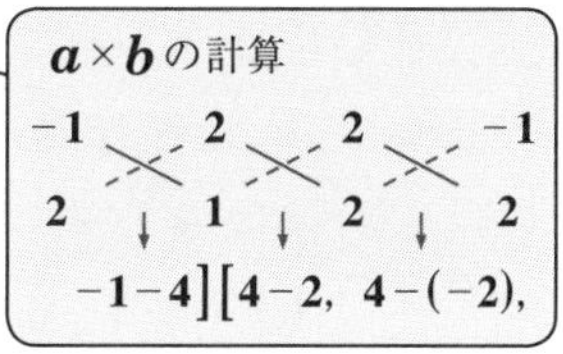

よって，$\boldsymbol{a}$ と $\boldsymbol{b}$ を 2 辺とする平行四辺形の面積 S は，$\|\boldsymbol{a}\times\boldsymbol{b}\|$ と等しいので，

$S=\|\boldsymbol{a}\times\boldsymbol{b}\|=\sqrt{2^2+6^2+(-5)^2}=\sqrt{65}$

である。 ……………………………(答)

(3) $\boldsymbol{a}$ と $\boldsymbol{b}$ の両方に直交する単位ベクトル $\boldsymbol{e}$ は，右図より，$\pm\dfrac{\boldsymbol{c}}{\|\boldsymbol{c}\|}$ である。よって，

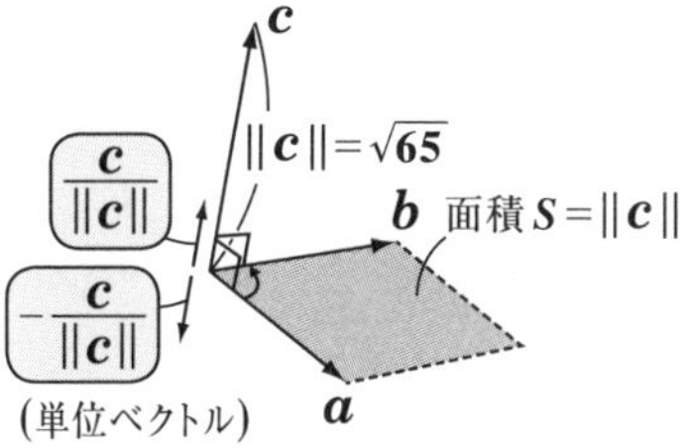

$\boldsymbol{e}=\pm\dfrac{1}{\sqrt{65}}[2,\ 6,\ -5]$

$=\pm\left[\dfrac{2}{\sqrt{65}},\ \dfrac{6}{\sqrt{65}},\ -\dfrac{5}{\sqrt{65}}\right]$ である。 ………(答)

演習問題 6　● 行列と逆行列 ●

2次の正方行列 A が，$2A-3\begin{bmatrix}1&-1\\0&-2\end{bmatrix}=\begin{bmatrix}-1&7\\-4&2\end{bmatrix}$ ……① をみたす。

(1) 行列 A を求めよ。

(2) 2次の正方行列 X が，$AX=\begin{bmatrix}4&1\\-6&0\end{bmatrix}$ ……② をみたす。このとき，行列 X を求めよ。

ヒント！ (1) 行列の係数倍や，和・差の計算は，成分表示されたベクトルのときの計算と同様に行える。(2) $A=\begin{bmatrix}a&b\\c&d\end{bmatrix}$ の行列式 $\Delta=ad-bc\neq0$ ならば，A は逆行列 A^{-1} をもち，A^{-1} は $A^{-1}=\dfrac{1}{\Delta}\begin{bmatrix}d&-b\\-c&a\end{bmatrix}$ で計算できるんだね。

解答＆解説

(1) ①より，$2A=\begin{bmatrix}-1&7\\-4&2\end{bmatrix}+3\begin{bmatrix}1&-1\\0&-2\end{bmatrix}=\begin{bmatrix}-1&7\\-4&2\end{bmatrix}+\begin{bmatrix}3&-3\\0&-6\end{bmatrix}$ より，

$2A=\begin{bmatrix}2&4\\-4&-4\end{bmatrix}$　　$\therefore A=\dfrac{1}{2}\begin{bmatrix}2&4\\-4&-4\end{bmatrix}=\begin{bmatrix}1&2\\-2&-2\end{bmatrix}$ である。………(答)

(2) $A=\begin{bmatrix}1&2\\-2&-2\end{bmatrix}$ の行列式を Δ とおくと，

$\Delta=1\cdot(-2)-2\cdot(-2)=-2+4=2\ (\neq0)$

よって，A は逆行列 A^{-1} をもち，

$A^{-1}=\dfrac{1}{2}\begin{bmatrix}-2&-2\\2&1\end{bmatrix}$ ……③ となる。

> $A=\begin{bmatrix}a&b\\c&d\end{bmatrix}$ の行列式 Δ が，
> $\Delta=ad-bc\neq0$ のとき，A は，
> 逆行列 A^{-1} をもち，A^{-1} は，
> $A^{-1}=\dfrac{1}{\Delta}\begin{bmatrix}d&-b\\-c&a\end{bmatrix}$ で計算する。

よって，$AX=\begin{bmatrix}4&1\\-6&0\end{bmatrix}$ ……② の両辺に，③の A^{-1} を左からかけて，

$\underbrace{A^{-1}A}_{E}X=A^{-1}\begin{bmatrix}4&1\\-6&0\end{bmatrix}$ より，求める2次の正方行列 X は，

（これは，書かないでイー！）

$X=\dfrac{1}{2}\begin{bmatrix}-2&-2\\2&1\end{bmatrix}\begin{bmatrix}4&1\\-6&0\end{bmatrix}=\dfrac{1}{2}\begin{bmatrix}4&-2\\2&2\end{bmatrix}=\begin{bmatrix}2&-1\\1&1\end{bmatrix}$ である。………(答)

演習問題 7 ●1次変換●

行列 $A=\begin{bmatrix}1 & \alpha \\ \beta & 1\end{bmatrix}$ による1次変換 f：$\begin{bmatrix}x' \\ y'\end{bmatrix}=A\begin{bmatrix}x \\ y\end{bmatrix}$ ……① によって，点 $(x,\ y)=(1,\ -1)$ が点 $(x',\ y')=(2,\ 1)$ に移される。このとき，次の問いに答えよ。

(1) α と β の値を求めよ。

(2) 点 $(x',\ y')=(3,\ 3)$ に移される点 $(x,\ y)$ を求めよ。

ヒント！ (1) $\begin{bmatrix}2 \\ 1\end{bmatrix}=\begin{bmatrix}1 & \alpha \\ \beta & 1\end{bmatrix}\begin{bmatrix}1 \\ -1\end{bmatrix}$ から，α と β を求めよう。(2) $\begin{bmatrix}3 \\ 3\end{bmatrix}=A\begin{bmatrix}x \\ y\end{bmatrix}$ より，この両辺に A^{-1} を左からかければいいんだね。1次変換の基本問題を確実に解いてみよう！

解答＆解説

(1) 1次変換 f の式①に，$(x,\ y)=(1,\ -1)$，$(x',\ y')=(2,\ 1)$ を代入して，

$\begin{bmatrix}2 \\ 1\end{bmatrix}=\begin{bmatrix}1 & \alpha \\ \beta & 1\end{bmatrix}\begin{bmatrix}1 \\ -1\end{bmatrix}=\begin{bmatrix}1-\alpha \\ \beta-1\end{bmatrix}$ となる。

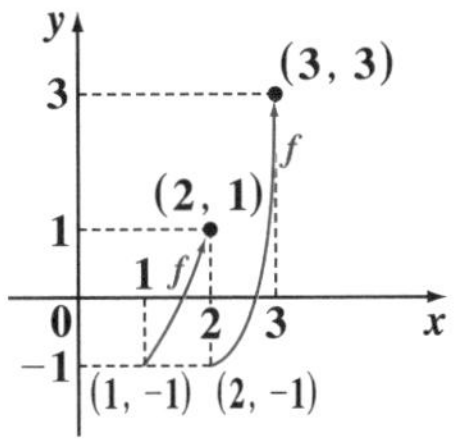

よって，$1-\alpha=2$，$\beta-1=1$ より，

$\alpha=-1$，$\beta=2$ である。 …………(答)

(2) $\alpha=-1$，$\beta=2$ より，1次変換 f の式は，

$\begin{bmatrix}x' \\ y'\end{bmatrix}=\begin{bmatrix}1 & -1 \\ 2 & 1\end{bmatrix}\begin{bmatrix}x \\ y\end{bmatrix}$ ……② となる。

$(x',\ y')=(3,\ 3)$ を②に代入して，点 $(x,\ y)$ を求める。

$\begin{bmatrix}3 \\ 3\end{bmatrix}=\begin{bmatrix}1 & -1 \\ 2 & 1\end{bmatrix}\begin{bmatrix}x \\ y\end{bmatrix}$ ……③

> $A=\begin{bmatrix}a & b \\ c & d\end{bmatrix}$ の $\Delta\neq 0$ のとき，
> $A^{-1}=\dfrac{1}{\Delta}\begin{bmatrix}d & -b \\ -c & a\end{bmatrix}$ となる。

ここで，$A=\begin{bmatrix}1 & -1 \\ 2 & 1\end{bmatrix}$ の行列式 Δ は，

$\Delta=1^2-(-1)\cdot 2=3\ (\neq 0)$ より，A は逆行列 A^{-1} をもつ。この A^{-1} を③の両辺に左からかけて，

$$\begin{bmatrix}x \\ y\end{bmatrix}=A^{-1}\begin{bmatrix}3 \\ 3\end{bmatrix}=\frac{1}{3}\begin{bmatrix}1 & 1 \\ -2 & 1\end{bmatrix}\begin{bmatrix}3 \\ 3\end{bmatrix}=\frac{1}{3}\begin{bmatrix}3+3 \\ -6+3\end{bmatrix}=\frac{1}{3}\begin{bmatrix}6 \\ -3\end{bmatrix}=\begin{bmatrix}2 \\ -1\end{bmatrix}$$

∴ f により，点 $(3,\ 3)$ に移される点は $(2,\ -1)$ である。………(答)

演習問題 8　●回転の 1 次変換 (Ⅰ)●

次の問いに答えよ。

(1) 点 $(2,\ \sqrt{3})$ を原点 0 のまわりに $\frac{2}{3}\pi\ (=120°)$ だけ回転させた点の座標 $(x',\ y')$ を求めよ。

(2) 点 $(x,\ y)$ を原点 0 のまわりに $\frac{3}{4}\pi\ (=135°)$ だけ回転させた点の座標が $(4,\ -2)$ であった。このとき，元の点座標 $(x,\ y)$ を求めよ。

(3) 点 $(1,\ 2)$ を原点 0 のまわりに $\frac{17}{12}\pi\left(=\frac{2}{3}\pi+\frac{3}{4}\pi=255°\right)$ だけ回転させた点の座標 $(x',\ y')$ を求めよ。

ヒント！ 点 $(x,\ y)$ を原点 0 のまわりに θ だけ回転させた点が $(x',\ y')$ であるとき，回転の 1 次変換の公式：$\begin{bmatrix} x' \\ y' \end{bmatrix}=R(\theta)\begin{bmatrix} x \\ y \end{bmatrix}$ ……① $\left(R(\theta)=\begin{bmatrix} \cos\theta & -\sin\theta \\ \sin\theta & \cos\theta \end{bmatrix}\right)$ が成り立つ。そして，$R(\theta)^{-1}=R(-\theta)=\begin{bmatrix} \cos\theta & \sin\theta \\ -\sin\theta & \cos\theta \end{bmatrix}$ となること，また，$R(\theta_1+\theta_2)=R(\theta_1)\cdot R(\theta_2)$ となることも，利用して解いていこう。

解答＆解説

(1) 点 $(2,\ \sqrt{3})$ を原点 0 のまわりに 120° だけ回転した点の座標 $(x',\ y')$ を，次の回転の 1 次変換の公式により求めると，

> 回転の 1 次変換
> $\begin{bmatrix} x' \\ y' \end{bmatrix}=\underbrace{\begin{bmatrix} \cos\theta & -\sin\theta \\ \sin\theta & \cos\theta \end{bmatrix}}_{R(\theta)}\begin{bmatrix} x \\ y \end{bmatrix}$

$$\begin{bmatrix} x' \\ y' \end{bmatrix}=\begin{bmatrix} \cos 120° & -\sin 120° \\ \sin 120° & \cos 120° \end{bmatrix}\begin{bmatrix} 2 \\ \sqrt{3} \end{bmatrix}$$

$$=\begin{bmatrix} -\frac{1}{2} & -\frac{\sqrt{3}}{2} \\ \frac{\sqrt{3}}{2} & -\frac{1}{2} \end{bmatrix}\begin{bmatrix} 2 \\ \sqrt{3} \end{bmatrix}=\begin{bmatrix} -1-\frac{3}{2} \\ \sqrt{3}-\frac{\sqrt{3}}{2} \end{bmatrix}=\begin{bmatrix} -\frac{5}{2} \\ \frac{\sqrt{3}}{2} \end{bmatrix}$$ より，

$(x',\ y')=\left(-\frac{5}{2},\ \frac{\sqrt{3}}{2}\right)$ である。……………………………………(答)

(2) 点 (x, y) を原点 0 のまわりに $135°$ 回転した点が $(x', y') = (4, -2)$ より，

回転の1次変換の公式から，

$\begin{bmatrix} 4 \\ -2 \end{bmatrix} = R(135°)\begin{bmatrix} x \\ y \end{bmatrix}$ ……① となる。よって，①の両辺に $R(135°)^{-1}$ を

左からかけて点 (x, y) を求めると，

$$R(\theta)^{-1} = \begin{bmatrix} \cos\theta & \sin\theta \\ -\sin\theta & \cos\theta \end{bmatrix}$$

$$\begin{bmatrix} x \\ y \end{bmatrix} = R(135°)^{-1}\begin{bmatrix} 4 \\ -2 \end{bmatrix} = \begin{bmatrix} \cos 135° & \sin 135° \\ -\sin 135° & \cos 135° \end{bmatrix}\begin{bmatrix} 4 \\ -2 \end{bmatrix}$$

$$= \frac{1}{\sqrt{2}}\begin{bmatrix} -1 & 1 \\ -1 & -1 \end{bmatrix}\begin{bmatrix} 4 \\ -2 \end{bmatrix} = \frac{1}{\sqrt{2}}\begin{bmatrix} -4-2 \\ -4+2 \end{bmatrix}\begin{bmatrix} -6 \\ -2 \end{bmatrix}$$ より，

$(x, y) = \left(-\dfrac{6}{\sqrt{2}}, \ -\dfrac{2}{\sqrt{2}}\right) = (-3\sqrt{2}, \ -\sqrt{2})$ である。……………………(答)

(3) 点 $(1, 2)$ を原点 0 のまわりに $255° (= 120° + 135°)$ だけ回転した点の座標

を (x', y') とおくと，1次変換の公式から，

$$R(\theta_1+\theta_2) = R(\theta_1)\cdot R(\theta_2)$$

$$\begin{bmatrix} x' \\ y' \end{bmatrix} = \underbrace{R(120° + 135°)}_{=R(135°)\cdot R(120°)}\begin{bmatrix} 1 \\ 2 \end{bmatrix} = R(135°)\cdot R(120°)\begin{bmatrix} 1 \\ 2 \end{bmatrix}$$

点 $(1, 2)$ を 0 のまわりに $120°$ 回転して，さらに $135°$ 回転すれば，トータルで $255°$ 回転したことになるからね。

$$= \begin{bmatrix} \cos 135° & -\sin 135° \\ \sin 135° & \cos 135° \end{bmatrix}\begin{bmatrix} \cos 120° & -\sin 120° \\ \sin 120° & \cos 120° \end{bmatrix}\begin{bmatrix} 1 \\ 2 \end{bmatrix}$$

$$= \frac{1}{\sqrt{2}}\begin{bmatrix} -1 & -1 \\ 1 & -1 \end{bmatrix}\cdot\frac{1}{2}\begin{bmatrix} -1 & -\sqrt{3} \\ \sqrt{3} & -1 \end{bmatrix}\begin{bmatrix} 1 \\ 2 \end{bmatrix}$$

$$= \frac{1}{2\sqrt{2}}\begin{bmatrix} -1 & -1 \\ 1 & -1 \end{bmatrix}\begin{bmatrix} -1 & -\sqrt{3} \\ \sqrt{3} & -1 \end{bmatrix}\begin{bmatrix} 1 \\ 2 \end{bmatrix} = \frac{1}{2\sqrt{2}}\begin{bmatrix} 1-\sqrt{3} & 1+\sqrt{3} \\ -1-\sqrt{3} & 1-\sqrt{3} \end{bmatrix}\begin{bmatrix} 1 \\ 2 \end{bmatrix}$$

$$= \frac{1}{2\sqrt{2}}\begin{bmatrix} 1-\sqrt{3}+2+2\sqrt{3} \\ -1-\sqrt{3}+2-2\sqrt{3} \end{bmatrix} = \frac{1}{2\sqrt{2}}\begin{bmatrix} 3+\sqrt{3} \\ 1-3\sqrt{3} \end{bmatrix}$$ となるので，これから，

$(x', y') = \left(\dfrac{3+\sqrt{3}}{2\sqrt{2}}, \ \dfrac{1-3\sqrt{3}}{2\sqrt{2}}\right) = \left(\dfrac{3\sqrt{2}+\sqrt{6}}{4}, \ \dfrac{\sqrt{2}-3\sqrt{6}}{4}\right)$ である。……(答)

演習問題 9　● 回転の1次変換(Ⅱ) ●

xy 座標平面上で点 $(2,\ 1)$ を原点 0 のまわりに $\dfrac{\pi}{12}(=15^\circ)$ だけ回転させた点の座標 $(x',\ y')$ を求めよ。

ヒント！ 回転の行列の公式：$R(\theta_1+\theta_2)=R(\theta_1)\cdot R(\theta_2)$ と同様に $R(\theta_1-\theta_2)=R(-\theta_2)\cdot R(\theta_1)$ も成り立つ。よって，$R(15^\circ)=R(45^\circ-30^\circ)=R(-30^\circ)\cdot R(45^\circ)$ から，$R(15^\circ)$ を求めればいい。

解答＆解説

点 $(2,\ 1)$ を原点 0 のまわりに $15^\circ\ (=45^\circ-30^\circ)$ だけ回転した点の座標を $(x',\ y')$ とおくと，回転の1次変換の公式より，

$$\begin{bmatrix} x' \\ y' \end{bmatrix}=\underbrace{R(15^\circ)}_{R(45^\circ-30^\circ)=R(-30^\circ)\cdot R(45^\circ)}\begin{bmatrix} 2 \\ 1 \end{bmatrix}=R(-30^\circ)\cdot R(45^\circ)\begin{bmatrix} 2 \\ 1 \end{bmatrix}$$

点 $(2,\ 1)$ を 0 のまわりに 45° 回転した後，-30° だけ戻せば，トータルで 15° だけ回転したことになるからね。

$$=\underbrace{\begin{bmatrix} \cos 30^\circ & \sin 30^\circ \\ -\sin 30^\circ & \cos 30^\circ \end{bmatrix}}_{R(-30^\circ)=R(30^\circ)^{-1}}\underbrace{\begin{bmatrix} \cos 45^\circ & -\sin 45^\circ \\ \sin 45^\circ & \cos 45^\circ \end{bmatrix}}_{R(45^\circ)}\begin{bmatrix} 2 \\ 1 \end{bmatrix}$$

$$=\frac{1}{2}\begin{bmatrix} \sqrt{3} & 1 \\ -1 & \sqrt{3} \end{bmatrix}\cdot\frac{1}{\sqrt{2}}\begin{bmatrix} 1 & -1 \\ 1 & 1 \end{bmatrix}\begin{bmatrix} 2 \\ 1 \end{bmatrix}$$

$$=\frac{1}{2\sqrt{2}}\begin{bmatrix} \sqrt{3} & 1 \\ -1 & \sqrt{3} \end{bmatrix}\begin{bmatrix} 1 & -1 \\ 1 & 1 \end{bmatrix}\begin{bmatrix} 2 \\ 1 \end{bmatrix}=\frac{1}{2\sqrt{2}}\begin{bmatrix} 1+\sqrt{3} & 1-\sqrt{3} \\ -1+\sqrt{3} & 1+\sqrt{3} \end{bmatrix}\begin{bmatrix} 2 \\ 1 \end{bmatrix}$$

$$=\frac{1}{2\sqrt{2}}\begin{bmatrix} 2+2\sqrt{3}+1-\sqrt{3} \\ -2+2\sqrt{3}+1+\sqrt{3} \end{bmatrix}=\frac{1}{2\sqrt{2}}\begin{bmatrix} 3+\sqrt{3} \\ -1+3\sqrt{3} \end{bmatrix}$$

$$=\frac{1}{4}\begin{bmatrix} 3\sqrt{2}+\sqrt{6} \\ -\sqrt{2}+3\sqrt{6} \end{bmatrix}$$ となる。

よって，求める点 $(x',\ y')$ は，

$(x',\ y')=\left(\dfrac{3\sqrt{2}+\sqrt{6}}{4},\ \dfrac{-\sqrt{2}+3\sqrt{6}}{4}\right)$ である。 ……………………………(答)

演習問題 10 ● オイラーの公式 ●

オイラーの公式：$e^{i\theta}=\cos\theta+i\sin\theta$ ……(*) を用いて，次の公式が成り立つことを示せ。

(i) $\cos(\alpha+\beta)=\cos\alpha\cos\beta-\sin\alpha\sin\beta$，$\sin(\alpha+\beta)=\sin\alpha\cos\beta+\cos\alpha\sin\beta$

(ii) $\cos3\theta=4\cos^3\theta-3\cos\theta$，$\sin3\theta=3\sin\theta-4\sin^3\theta$

ヒント！ オイラーの公式から，加法定理や3倍角の公式を導いてみよう。(i)では，$e^{i(\alpha+\beta)}=e^{i\alpha}e^{i\beta}$ とし，(ii)では，$e^{i3\theta}=(e^{i\theta})^3$ として，それぞれの公式を導いてみよう。

解答＆解説

(i) オイラーの公式(*)の θ に $\alpha+\beta$ を代入すると，

$e^{i(\alpha+\beta)}=\underbrace{\cos(\alpha+\beta)}_{\text{実部}}+i\underbrace{\sin(\alpha+\beta)}_{\text{虚部}}$ ……① となり，また，

$e^{i(\alpha+\beta)}=e^{i\alpha}e^{i\beta}=(\cos\alpha+i\sin\alpha)(\cos\beta+i\sin\beta)$

$=\cos\alpha\cos\beta+i\cos\alpha\sin\beta+i\sin\alpha\cos\beta+\underbrace{i^2}_{-1}\sin\alpha\sin\beta$

$=\underbrace{(\cos\alpha\cos\beta-\sin\alpha\sin\beta)}_{\text{実部}}+i\underbrace{(\sin\alpha\cos\beta+\cos\alpha\sin\beta)}_{\text{虚部}}$ ……② となる。

①，②の実部と虚部を比較すれば，公式：

$\cos(\alpha+\beta)=\cos\alpha\cos\beta-\sin\alpha\sin\beta$，$\sin(\alpha+\beta)=\sin\alpha\cos\beta+\cos\alpha\sin\beta$ （三角関数の加法定理）

が成り立つ。……………………………………………………(終)

(ii) オイラーの公式(*)の θ に 3θ を代入すると，

$e^{i3\theta}=\cos3\theta+i\sin3\theta$ ……③ となり，また，

$e^{i3\theta}=(e^{i\theta})^3=(\cos\theta+i\sin\theta)^3$

$=\cos^3\theta+3\cos^2\theta\cdot i\sin\theta+3\cos\theta\cdot\underbrace{i^2}_{(-1)}\sin^2\theta+\underbrace{i^3}_{-i}\sin^3\theta$

公式：$(a+b)^3=a^3+3a^2b+3ab^2+b^3$

$=\cos^3\theta-3\underbrace{\sin^2\theta}_{(1-\cos^2\theta)}\cdot\cos\theta+i(3\sin\theta\cdot\underbrace{\cos^2\theta}_{(1-\sin^2\theta)}-\sin^3\theta)$

$=4\cos^3\theta-3\cos\theta+i(3\sin\theta-4\sin^3\theta)$ ……④ となる。

③，④の実部と虚部を比較して，

$\cos3\theta=4\cos^3\theta-3\cos\theta$，$\sin3\theta=3\sin\theta-4\sin^3\theta$ が成り立つ。……(終) （3倍角の公式）

演習問題 11　● 微分計算 ●

次の時刻 t の関数 y の t での1階微分 $\dot{y}$ と2階微分 $\ddot{y}$ を求めよ。

(1) $y = t^2+1$　(2) $y = \sin 2t$　(3) $y = \cos\pi t$

(4) $y = e^{it}$　(5) $y = \log(2t+1)$　(6) $y = t\sin 2t$

(7) $y = \log(t^2+1)$

ヒント！ (2), (3), (4) では，合成関数の微分を行う。(6) は，2つの関数の積の微分公式：$(f\cdot g)' = f'\cdot g + f\cdot g'$ を使い，(7) では，2つの関数の商の微分公式：$\left(\frac{g}{f}\right)' = \frac{g'\cdot f - g\cdot f'}{f^2}$ を使って，解いていこう。

解答＆解説

(1) $y = t^2+1$ を t で，1階，2階微分すると，

$\dot{y} = (t^2+1)' = 2t$

$\ddot{y} = (2t)' = 2$ となる。 ………………(答)

（微分について，数学では，1回や2回ではなく，1階や2階と表現することもあるので覚えておこう。）

(2) $y = \sin \underset{u\text{とおく}}{2t}$ を t で，1階，2階微分すると，

また，$2t = u$ とおくと，$y = \sin u$，$u = 2t$ より，

（合成関数の微分 $\frac{dy}{dt} = \frac{dy}{du}\cdot\frac{du}{dt}$）

$$\dot{y} = \frac{dy}{dt} = \frac{dy}{du}\cdot\frac{du}{dt} = \frac{d(\sin u)}{du}\cdot\frac{d(2t)}{dt} = \cos \underset{2t\text{に戻す}}{u}\cdot 2 = 2\cos 2t$$ となり，

同様に，

$$\ddot{y} = (2\cos \underset{u}{2t})' = 2\cdot\frac{d(\cos u)}{du}\cdot\frac{du}{dt} = 2\cdot(-1)\sin \underset{2t\text{に戻す}}{u}\cdot 2 = -4\sin 2t$$ となる。

………(答)

(3) $y = \cos\pi t$ についても，$\pi t = u$ とおいて，合成関数の微分を用いて，これを t で，1階，2階微分する。

$$\dot{y} = \frac{dy}{dt} = \frac{dy}{du}\cdot\frac{du}{dt} = \frac{d(\cos u)}{du}\cdot\frac{d(\pi t)}{dt} = -\sin \underset{\pi t\text{に戻す}}{u}\cdot\pi = -\pi\sin\pi t$$ となり，

同様に，

$\ddot{y}=(-\pi\sin\underbrace{\pi t}_{u})'=-\pi\cdot\dfrac{d(\sin u)}{du}\cdot\dfrac{d(\pi t)}{dt}=-\pi\cdot\cos\underbrace{u}_{\pi t\text{に戻す}}\cdot\pi=-\pi^2\cos\pi t$ となる。 ………(答)

(4) $y=e^{it}$ についても，$it=u$ とおいて，合成関数の微分を用いると，

$\dot{y}=\dfrac{dy}{dt}=\dfrac{d(e^u)}{du}\cdot\dfrac{d(it)}{dt}=e^u\cdot i=ie^{it}$ ← $(e^u)'=e^u$

u を it に戻す

$\ddot{y}=(ie^{it})'=i\cdot\dfrac{d(e^u)}{du}\cdot\dfrac{d(it)}{dt}=i\cdot e^u\cdot i=\underbrace{i^2}_{-1}e^{it}=-e^{it}$ となる。 ………(答)

オイラーの定理より，$y=e^{it}=\cos t+i\sin t$ として，$\dot{y}$, $\ddot{y}$ を求めても構わない。

(5) $y=\log(2t+1)$ を t で，1 階，2 階微分すると，

$\dot{y}=\dfrac{(2t+1)'}{2t+1}=\dfrac{2}{2t+1}=2(2t+1)^{-1}$ となり， ← $(\log f)'=\dfrac{f'}{f}$

$\ddot{y}=\{2\cdot(2t+1)^{-1}\}'=2\cdot(-1)\cdot(2t+1)^{-2}\cdot 2=-4(2t+1)^{-2}=-\dfrac{4}{(2t+1)^2}$

これを u とおいて，合成関数の微分

となる。………(答)

(6) $y=t\cdot\sin 2t$ を t で，1 階，2 階微分すると，

$\dot{y}=(t\cdot\sin 2t)'=\underbrace{t'}_{1}\cdot\sin 2t+t\cdot\underbrace{(\sin 2t)'}_{2\cos 2t}$ ← $(f\cdot g)'=f'\cdot g+f\cdot g'$

$2t=u$ とおいて，合成関数の微分

$=\sin 2t+2t\cdot\cos 2t$ となり，

$\ddot{y}=(\sin 2t+2t\cdot\cos 2t)'=2\cos 2t+2\cdot\underbrace{t'}_{1}\cdot\cos 2t+2t\cdot\underbrace{(\cos 2t)'}_{-2\sin 2t}$

$=4\cos 2t-4t\sin 2t$ となる。 ………………………………………………(答)

(7) $y=\log(t^2+1)$ を t で，1 階，2 階微分すると，

$\dot{y}=\{\log(t^2+1)\}'=\dfrac{(t^2+1)'}{t^2+1}=\dfrac{2t}{t^2+1}$ となり，

$\ddot{y}=\left(\dfrac{2t}{t^2+1}\right)'=\dfrac{2\cdot t'\cdot(t^2+1)-2t\cdot(t^2+1)'}{(t^2+1)^2}$ ← $\left(\dfrac{g}{f}\right)'=\dfrac{g'\cdot f-g\cdot f'}{f^2}$

$=\dfrac{2(t^2+1)-2t\cdot 2t}{(t^2+1)^2}=\dfrac{-2t^2+2}{(t^2+1)^2}$ となる。 ……………………………………(答)

演習問題 12　● ベクトル値関数の微分 ●

次の各問いに答えよ。

(1) $\boldsymbol{f}(t)=[\cos 2t,\ \sin 2t,\ t^2]$ の t での1階微分 $\dot{\boldsymbol{f}}$ と2階微分 $\ddot{\boldsymbol{f}}$ を求めよ。

(2) $\boldsymbol{f}(t)=[t^2,\ 2t]$ と $\boldsymbol{g}(t)=[-t,\ t^2]$ について，次の公式：
$(\boldsymbol{f}\cdot\boldsymbol{g})'=\boldsymbol{f}'\cdot\boldsymbol{g}+\boldsymbol{f}\cdot\boldsymbol{g}'$ ……(*1) が成り立つことを確認せよ。

(3) $\boldsymbol{f}(t)=[t,\ 0,\ t^2]$ と $\boldsymbol{g}(t)=[0,\ 1,\ 2t]$ について，次の公式：
$(\boldsymbol{f}\times\boldsymbol{g})'=\boldsymbol{f}'\times\boldsymbol{g}+\boldsymbol{f}\times\boldsymbol{g}'$ ……(*2) が成り立つことを確認せよ。

ヒント！ いずれも時刻 t のベクトル値関数になっている。(1) では，各成分毎に t で1階，2階微分する。(2)，(3) は，一般に関数の積の微分公式 $(fg)'=f'g+fg'$ のベクトルヴァージョンになっている。それぞれの例を基に公式 (*1) と (*2) がいずれも成り立つことを，確認しよう。

解答＆解説

(1) $\boldsymbol{f}(t)=[\cos 2t,\ \sin 2t,\ t^2]$ を t で，1階，2階微分すると，

$$\dot{\boldsymbol{f}}(t)=[(\cos 2t)',\ (\sin 2t)',\ (t^2)']=[-2\sin 2t,\ 2\cos 2t,\ 2t] \quad \cdots\cdots(答)$$

（$(\cos 2t)'=-2\sin 2t$，$(\sin 2t)'=2\cos 2t$，$(t^2)'=2t$　合成関数の微分）

$$\ddot{\boldsymbol{f}}(t)=[(-2\sin 2t)',\ (2\cos 2t)',\ (2t)']=[-4\cos 2t,\ -4\sin 2t,\ 2]\cdots(答)$$

（$(-2\sin 2t)'=-4\cdot\cos 2t$，$(2\cos 2t)'=4\cdot(-1)\sin 2t$，$(2t)'=2$　合成関数の微分）

(2) $\boldsymbol{f}(t)=[t^2,\ 2t]$，$\boldsymbol{g}(t)=[-t,\ t^2]$ について，

(i) $\boldsymbol{f}(t)\cdot\boldsymbol{g}(t)=t^2\cdot(-t)+2t\cdot t^2=-t^3+2t^3=t^3$

$\therefore\ \{\boldsymbol{f}(t)\cdot\boldsymbol{g}(t)\}'=(t^3)'=3t^2$ ……① となる。

(ii) $\boldsymbol{f}'(t)=[(t^2)',\ (2t)']=[2t,\ 2]$，$\boldsymbol{g}'(t)=[(-t)',\ (t^2)']=[-1,\ 2t]$

よって，$\boldsymbol{f}'\cdot\boldsymbol{g}+\boldsymbol{f}\cdot\boldsymbol{g}'$ を求めると，

$$\boldsymbol{f}'(t)\cdot\boldsymbol{g}(t)+\boldsymbol{f}(t)\cdot\boldsymbol{g}'(t)=[2t,\ 2]\cdot[-t,\ t^2]+[t^2,\ 2t]\cdot[-1,\ 2t]$$

（$2t\cdot(-t)+2\cdot t^2=-2t^2+2t^2=0$，$t^2\cdot(-1)+2t\cdot 2t=-t^2+4t^2=3t^2$）

$=0+3t^2=3t^2$ ……② となる。

以上(i)(ii)の①と②より，

公式：$(\boldsymbol{f}\cdot\boldsymbol{g})'=\boldsymbol{f}'\cdot\boldsymbol{g}+\boldsymbol{f}\cdot\boldsymbol{g}'$ ……(＊1) が成り立つことが確認できた。…(終)

(3) $\boldsymbol{f}(t)=[t,\ 0,\ t^2]$，$\boldsymbol{g}(t)=[0,\ 1,\ 2t]$ について，

(i) $\boldsymbol{f}(t)\times\boldsymbol{g}(t)=[-t^2,\ -2t^2,\ t]$

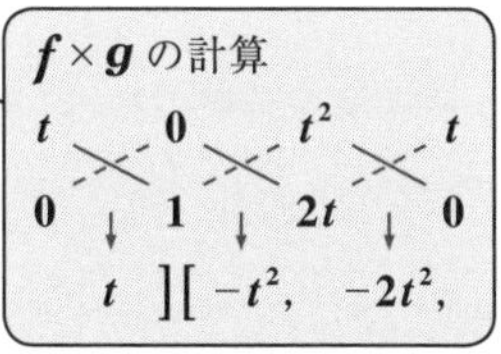

よって，これを t で微分して，

$\{\boldsymbol{f}(t)\times\boldsymbol{g}(t)\}'=[(-t^2)',\ (-2t^2)',\ t']$

$=[-2t,\ -4t,\ 1]$ ……③ となる。

(ii) 次に，$\boldsymbol{f}'(t)\times\boldsymbol{g}(t)$ と $\boldsymbol{f}(t)\times\boldsymbol{g}'(t)$ を求めると，

・$\boldsymbol{f}'(t)\times\boldsymbol{g}(t)=[t',\ 0',\ (t^2)']\times[0,\ 1,\ 2t]$

$=[1,\ 0,\ 2t]\times[0,\ 1,\ 2t]$

$=\underline{\underline{[-2t,\ -2t,\ 1]}}$ となる。

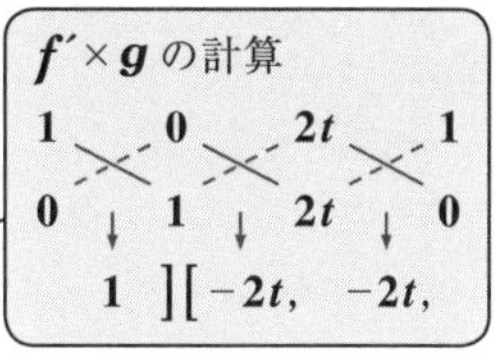

・$\boldsymbol{f}(t)\times\boldsymbol{g}'(t)=[t,\ 0,\ t^2]\times[0',\ 1',\ (2t)']$

$=[t,\ 0,\ t^2]\times[0,\ 0,\ 2]$

$=[0,\ -2t,\ 0]$ となる。

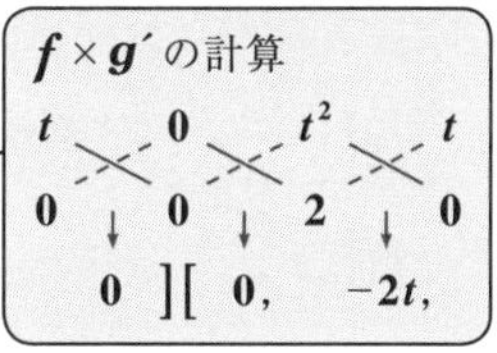

よって，

$\boldsymbol{f}'(t)\times\boldsymbol{g}(t)+\boldsymbol{f}(t)\times\boldsymbol{g}'(t)$

$=\underline{\underline{[-2t,\ -2t,\ 1]}}+[0,\ -2t,\ 0]$

$=[-2t,\ -4t,\ 1]$ ……④ となる。

以上(i)(ii)の③と④より，

公式：$(\boldsymbol{f}\times\boldsymbol{g})'=\boldsymbol{f}'\times\boldsymbol{g}+\boldsymbol{f}\times\boldsymbol{g}'$ ……(＊2) が成り立つことが確認できた。

………(終)

2つの公式：

$\begin{cases}(\boldsymbol{f}\cdot\boldsymbol{g})'=\boldsymbol{f}'\cdot\boldsymbol{g}+\boldsymbol{f}\cdot\boldsymbol{g}' & \cdots\cdots(*1)\\ (\boldsymbol{f}\times\boldsymbol{g})'=\boldsymbol{f}'\times\boldsymbol{g}+\boldsymbol{f}\times\boldsymbol{g}' & \cdots\cdots(*2)\end{cases}$ は，力学を勉強する上で，重要な公式なので，シッカリ頭に入れておこう。

演習問題 13 ● 偏微分の計算 ●

(1) 次の関数 $U(x,\ y)$ の偏微分 $\dfrac{\partial U}{\partial x}$ と $\dfrac{\partial U}{\partial y}$ を求めよ。

(i) $U(x,\ y)=x^2y^3$　　(ii) $U(x,\ y)=x\sin y+y\sin x$

(2) 次の関数 $U(x,\ y,\ z)$ の偏微分 $\dfrac{\partial U}{\partial x}$, $\dfrac{\partial U}{\partial y}$, $\dfrac{\partial U}{\partial z}$ を求めよ。

$U(x,\ y,\ z)=x^2y-3yz^2$

ヒント！ たとえば，2変数関数 $U(x,\ y)$ の x による偏微分 $\dfrac{\partial U}{\partial x}$ では，y は定数と考えて，x で偏微分するんだね。他も同様に偏微分計算すればいいんだね。

解答＆解説

(1) (i) $U(x,\ y)=x^2y^3$ の偏微分 $\dfrac{\partial U}{\partial x}$, $\dfrac{\partial U}{\partial y}$ を求めると，

$$\frac{\partial U}{\partial x}=\frac{\partial}{\partial x}(x^2\underbrace{y^3}_{\text{定数扱い}})=2xy^3,\quad \frac{\partial U}{\partial y}=\frac{\partial}{\partial y}(\underbrace{x^2}_{\text{定数扱い}}y^3)=x^2\cdot 3y^2=3x^2y^2\ \cdots\cdots(\text{答})$$

(ii) $U(x,\ y)=x\sin y+y\sin x$ の偏微分 $\dfrac{\partial U}{\partial x}$, $\dfrac{\partial U}{\partial y}$ を求めると，

$$\frac{\partial U}{\partial x}=\frac{\partial}{\partial x}(x\cdot\underbrace{\sin y}_{\text{定数扱い}}+\underbrace{y}_{}\cdot\sin x)=1\cdot\sin y+y\cdot\cos x=\sin y+y\cos x$$

$\cdots(\text{答})$

$$\frac{\partial U}{\partial y}=\frac{\partial}{\partial y}(\underbrace{x}_{\text{定数扱い}}\cdot\sin y+y\cdot\underbrace{\sin x}_{})=x\cdot\cos y+1\cdot\sin x=x\cos y+\sin x$$

(2) $U(x,\ y,\ z)=x^2y-3yz^2$ の偏微分 $\dfrac{\partial U}{\partial x}$, $\dfrac{\partial U}{\partial y}$, $\dfrac{\partial U}{\partial z}$ を求めると，

$$\frac{\partial U}{\partial x}=\frac{\partial}{\partial x}(x^2\underbrace{y}_{\text{定数扱い}}-\underbrace{\cancel{3yz^2}}_{})=2xy,\quad \frac{\partial U}{\partial y}=\frac{\partial}{\partial y}(\underbrace{x^2}_{\text{定数扱い}}y-3y\underbrace{z^2}_{})=x^2\cdot 1-3\cdot 1\cdot z^2$$

$$\therefore\ \frac{\partial U}{\partial y}=x^2-3z^2,\quad \frac{\partial U}{\partial z}=\frac{\partial}{\partial z}(\cancel{x^2y}-\underbrace{3y}_{\text{定数扱い}}\cdot z^2)=-3y\cdot 2z=-6yz\ \cdots\cdots\cdots\cdots(\text{答})$$

演習問題 14 ● 定積分の計算 ●

次の定積分を計算せよ。

(1) $\int_0^1 (2t+3)\,dt$　(2) $\int_1^2 (2t-1)^3\,dt$　(3) $\int_0^{\frac{\pi}{6}} \sin 3t\,dt$

(4) $\int_0^{\frac{1}{2}} \cos \pi t\,dt$　(5) $\int_{-1}^1 e^{-2t}\,dt$　(6) $\int_0^1 \frac{1}{2t+1}\,dt$

(7) $\int_0^{\frac{\pi}{2}} \sin^2 t \cos t\,dt$　(8) $\int_1^e \frac{\log t}{t}\,dt$　(9) $\int_0^1 t\cdot(2t^2+1)^3\,dt$

ヒント！ 定積分の基本計算問題だね。微分の逆の操作が積分であることを頭に入れて解いていこう。

解答＆解説

(1) $\int_0^1 (2t+3)\,dt = [t^2+3t]_0^1$ ← $(t^2+3t)' = 2t+3$ の逆の操作

$= 1^2+3\cdot 1-(0^2+3\cdot 0) = 4$ ……………（答）

(2) $\int_1^2 (2t-1)^3\,dt = \frac{1}{8}[(2t-1)^4]_1^2$ ← $\{(2t-1)^4\}' = 4(2t-1)^3\cdot 2$ の逆の操作（$2t-1$ を uとおく，$4(2t-1)^3\cdot 2$ は合成関数の微分）

$= \frac{1}{8}\{(2\cdot 2-1)^4-(2\cdot 1-1)^4\} = \frac{81-1}{8} = 10$ ……………（答）

これは，$u=2t-1$，$t:1\to 2$ のとき $u:1\to 3$，$du=2\cdot dt$ より，
$\int_1^2 (2t-1)^3dt = \int_1^3 u^3\cdot\frac{1}{2}du = \frac{1}{8}[u^4]_1^3 = \frac{1}{8}(3^4-1^4) = 10$ と解いてもよい。

(3) $\int_0^{\frac{\pi}{6}} \sin 3t\,dt = -\frac{1}{3}[\cos 3t]_0^{\frac{\pi}{6}}$ ← $(\cos 3t)' = -3\sin 3t$ の逆の操作

$= -\frac{1}{3}\Big(\underbrace{\cos\frac{\pi}{2}}_{0} - \underbrace{\cos 0}_{1}\Big) = -\frac{1}{3}(0-1) = \frac{1}{3}$ ……………（答）

(4) $\int_0^{\frac{1}{2}} \cos \pi t\,dt = \frac{1}{\pi}[\sin \pi t]_0^{\frac{1}{2}}$ ← $(\sin \pi t)' = \pi\cos \pi t$ の逆の操作

$= \frac{1}{\pi}\Big(\underbrace{\sin\frac{\pi}{2}}_{1} - \underbrace{\sin 0}_{0}\Big) = \frac{1}{\pi}$ ……………（答）

(5) $\displaystyle\int_{-1}^{1} e^{-2t}dt = -\frac{1}{2}\left[e^{-2t}\right]_{-1}^{1}$ ← $(e^{-2t})' = -2e^{-2t}$ の逆の操作

$\displaystyle = -\frac{1}{2}(e^{-2} - e^{2}) = \frac{1}{2}(e^{2} - e^{-2})$ ……………………(答)

(6) $\displaystyle\int_0^1 \frac{1}{2t+1}dt = \frac{1}{2}\int_0^1 \underbrace{\frac{2}{2t+1}}_{\frac{f'}{f}}dt$

公式：
$\displaystyle\int \frac{f'}{f}dt = \log|f|$

$\displaystyle = \frac{1}{2}\left[\log|2t+1|\right]_0^1 = \frac{1}{2}(\log 3 - \underbrace{\log 1}_{0}) = \frac{1}{2}\log 3$ ……………………(答)

(7) $\displaystyle\int_0^{\frac{\pi}{2}} \underbrace{\sin^2 t}_{f^2} \cdot \underbrace{\cos t}_{f'}\, dt$

公式：
$\displaystyle\int f^n \cdot f' dt = \frac{1}{n+1}f^{n+1}$

$\displaystyle = \Bigg[\underbrace{\frac{1}{3}\sin^3 t}_{\frac{1}{3}f^3}\Bigg]_0^{\frac{\pi}{2}} = \frac{1}{3}\Big(\underbrace{\sin^3\frac{\pi}{2}}_{1^3} - \underbrace{\sin^3 0}_{0^3}\Big) = \frac{1}{3}$ ……………………(答)

(8) $\displaystyle\int_1^e \frac{\log t}{t}dt = \int_1^e \underbrace{\log t}_{f} \cdot \underbrace{\frac{1}{t}}_{f'}dt = \Bigg[\underbrace{\frac{1}{2}(\log t)^2}_{\frac{1}{2}f^2}\Bigg]_1^e$

$\displaystyle = \frac{1}{2}\{\underbrace{(\log e)^2}_{1^2} - \underbrace{(\log 1)^2}_{0^2}\} = \frac{1}{2}$ ……………………(答)

(9) $\displaystyle\int_0^1 t\cdot(2t^2+1)^3 dt = \frac{1}{4}\int_0^1 \underbrace{(2t^2+1)^3}_{f^3} \cdot \underbrace{4t}_{f'}\, dt$

$\displaystyle = \frac{1}{4}\cdot\Bigg[\underbrace{\frac{1}{4}(2t^2+1)^4}_{\frac{1}{4}f^4}\Bigg]_0^1 = \frac{1}{16}(3^4 - 1^4)$

$\displaystyle = \frac{81-1}{16} = \frac{80}{16} = 5$ ……………………(答)

演習問題 15　● ベクトル値関数の定積分 ●

次の各問いに答えよ。

(1) $\boldsymbol{f}(t)=[2t-1,\ 3t^2]$ の定積分 $\displaystyle\int_0^2 \boldsymbol{f}(t)\,dt$ を求めよ。

(2) $\boldsymbol{g}(t)=[e^{2t},\ e^{-t},\ e^{t+1}]$ の定積分 $\displaystyle\int_{-1}^1 \boldsymbol{g}(t)\,dt$ を求めよ。

ヒント！ ベクトル値関数の定積分は，各成分毎に積分計算していけばいいんだね。ここで，その要領をマスターしておこう。

解答＆解説

(1) $\boldsymbol{f}(t)=[2t-1,\ 3t^2]$ より，求める定積分は，

$$\int_0^2 \boldsymbol{f}(t)\,dt=\int_0^2 [2t-1,\ 3t^2]\,dt$$

$$=\left[\int_0^2 (2t-1)\,dt,\ \int_0^2 3t^2\,dt\right]=[2,\ 8]$$ である。……………(答)

$\left(\int_0^2 (2t-1)\,dt = [t^2-t]_0^2 = 2^2-2=2,\quad \int_0^2 3t^2\,dt = [t^3]_0^2=2^3=8\right)$

(2) $\boldsymbol{g}(t)=[e^{2t},\ e^{-t},\ e^{t+1}]$ より，求める定積分は，

$$\int_{-1}^1 \boldsymbol{g}(t)\,dt=\int_{-1}^1 [e^{2t},\ e^{-t},\ e^{t+1}]\,dt$$

$$=\left[\int_{-1}^1 e^{2t}\,dt,\ \int_{-1}^1 e^{-t}\,dt,\ \int_{-1}^1 e^{t+1}\,dt\right]$$

$\left(\int_{-1}^1 e^{2t}\,dt = \frac{1}{2}[e^{2t}]_{-1}^1 = \frac{1}{2}(e^2-e^{-2}),\quad \int_{-1}^1 e^{-t}\,dt = -[e^{-t}]_{-1}^1 = -(e^{-1}-e^1) = e-e^{-1},\quad \int_{-1}^1 e^{t+1}\,dt = e\int_{-1}^1 e^t\,dt = e[e^t]_{-1}^1 = e(e^1-e^{-1}) = e^2-1\right)$

$$=\left[\frac{1}{2}(e^2-e^{-2}),\ e-e^{-1},\ e^2-1\right]$$ である。……………………(答)

演習問題 16　● 変数分離形の微分方程式 ●

次の各変数分離形の微分方程式の一般解を求めよ。

(1) $\dfrac{dx}{dt}=2t\cdot(2x+1)$　　(2) $\dfrac{dx}{dt}=\sin t\cdot\cos^2 x$

(3) $\dfrac{dy}{dt}=e^{2t}\cdot\tan y$　　(4) $\dfrac{dz}{dt}=(3t^2+1)(z^2-1)$

ヒント！ (1), (2) は，x と t の，そして，(3) は y と t の，(4) は z と t の微分方程式だね。これらは，いずれも変数分離形の微分方程式なので，たとえば，x と t の微分方程式の場合，$\int(x\text{の式})dx=\int(t\text{の式})dt$ の形にもち込んで，解いていけばいいんだね。他も同様だ。

解答＆解説

(1) $\dfrac{dx}{dt}=2t\cdot(2x+1)$ ……① より，

（これから，$\int(x\text{の式})dx=\int(t\text{の式})dt$ の形にもち込んで，積分すればいい。）

$\dfrac{1}{2x+1}dx=2t\,dt$

$\dfrac{1}{2}\underbrace{\int\dfrac{2}{2x+1}dx}_{\log|2x+1|}=\underbrace{\int 2t\,dt}_{t^2}$　　$\dfrac{1}{2}\log|2x+1|=t^2+C_1$

（$\int\dfrac{f'}{f}dx=\log|f|+C$）

（積分定数は，右辺に1つにまとめたものとすればいい。）

$\log|2x+1|=2t^2+C_2\quad(C_2=2C_1)$　　$|2x+1|=e^{2t^2+C_2}$

$2x+1=\underbrace{\pm e^{C_2}}_{\text{これを}C\text{とおく}}\cdot e^{2t^2}$　　∴①の一般解は，$2x+1=Ce^{2t^2}$ (C：定数) ……(答)

(2) $\dfrac{dx}{dt}=\sin t\cdot\cos^2 x$ ……② より，

$\underbrace{\int\dfrac{1}{\cos^2 x}dx}_{\tan x}=\underbrace{\int\sin t\,dt}_{-\cos t+C}$　　∴②の一般解は，$\tan x+\cos t=C$ (C：定数)

………(答)

（公式：$\int\dfrac{1}{\cos^2 x}dx=\tan x+C$）

(3) $\dfrac{dy}{dt}=e^{2t}\cdot\tan y$ ……③ より，変数を分離して，

$$\int\frac{1}{\tan y}dy=\int e^{2t}dt$$

$\int(y\text{の式})dy=\int(t\text{の式})dt$ の形にした。

$\int e^{2t}dt=\dfrac{1}{2}e^{2t}+C$

$\int\dfrac{1}{\tan y}dy=\int\dfrac{\cos y}{\sin y}dy=\log|\sin y|$ ← $\int\dfrac{f'}{f}dy=\log|f|$

∴③の一般解は，$\log|\sin y|=\dfrac{1}{2}e^{2t}+C$ （C：定数）である。…………(答)

これを，さらに $|\sin y|=e^{\frac{1}{2}e^{2t}+C}$　$\sin y=\pm e^{C}\cdot e^{\frac{1}{2}e^{2t}}$　$\sin y=C'e^{\frac{1}{2}e^{2t}}$
と変形してもよい。（$\pm e^{C}$ を C' とおく）

(4) $\dfrac{dz}{dt}=(3t^2+1)(z^2-1)$ ……④ より，変数を分離して，

$$\int\frac{1}{z^2-1}dz=\int(3t^2+1)dt$$

$\int(z\text{の式})dz=\int(t\text{の式})dt$ の形にした。

$\int(3t^2+1)dt=t^3+t+C_1$

$$\int\frac{1}{(z-1)(z+1)}dz=\frac{1}{2}\int\left(\frac{1}{z-1}-\frac{1}{z+1}\right)dz=\frac{1}{2}(\log|z-1|-\log|z+1|)$$

$$=\frac{1}{2}\log\left|\frac{z-1}{z+1}\right|$$

部分分数に分解して，2つの $\dfrac{f'}{f}$ の形を作った。

$\dfrac{1}{2}\log\left|\dfrac{z-1}{z+1}\right|=t^3+t+C_1$ （C_1：定数），$\log\left|\dfrac{z-1}{z+1}\right|=2t^3+2t+C_2$ （$C_2=2C_1$）

$\left|\dfrac{z-1}{z+1}\right|=e^{2t^3+2t+C_2}$　　$\dfrac{z-1}{z+1}=\pm e^{C_2}\cdot e^{2t^3+2t}=Ce^{2t^3+2t}$ （$C=\pm e^{C_2}$）（$\pm e^{C_2}$ を C とおく）

∴④の一般解は，$z-1=C(z+1)e^{2t^3+2t}$ （C：定数）である。…………(答)

講義 Lecture 2 位置，速度，加速度 methods & formulae

§ 1. 位置、速度、加速度の基本

1 次元運動の位置，速度，加速度の関係を下に示す。

1 次元運動の位置，速度，加速度

> x 軸上を運動する質点 $\mathrm{P}(x)$ について，位置，速度，加速度は次のように表される。
> (ⅰ) 位置 $x = x(t)$ (ⅱ) 速度 $v(t) = \dfrac{dx}{dt} = \dot{x}$ (ⅲ) 加速度 $a(t) = \dfrac{d^2x}{dt^2} = \ddot{x}$
> (ただし，t は時刻を表し，“・”(ドット) は t による微分を表す。)

x を t で微分して速度 v が求まり，そして，速度 v を t で微分して加速度 a が求まる。

図 1 位置 x，速度 v，加速度 a

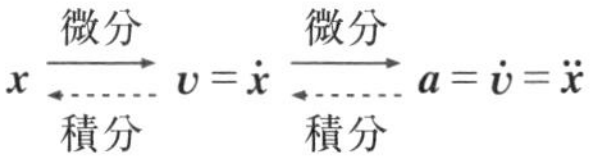

よって，図 **1** に示すように，これを逆にたどると，加速度 a を t で積分すると速度 v になり，この v をさらに t で積分すると，位置 x が求められる。

図 **2** に示すように，何の抵抗もない水平ばね振り子で表される“**単振動**(たんしんどう)”の位置 x を，

$x = A\sin\omega t$

(A：振幅，ω：角振動数，t：時刻)

で表すと，速度 v，加速度 a は，

$v = \dot{x} = A\omega\cos\omega t$，$a = \ddot{x} = \dot{v} = -A\omega^2\sin\omega t$ となる。

図 2 1 次元の運動
(単振動：$x = A\sin\omega t$)

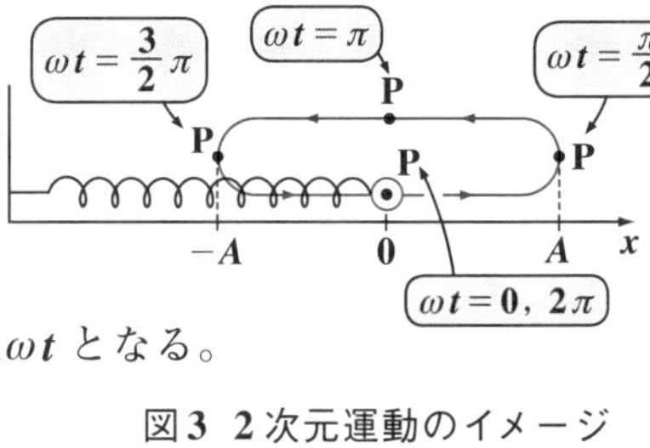

図 **3** に示すように，**2** 次元の xy 平面上を運動する動点 P の位置ベクトルを，

$\boldsymbol{r}(t) = [x(t),\ y(t)]$ (t：時刻)

とおくと，**2** 次元運動の速度 $\boldsymbol{v}(t)$ と，加速度 $\boldsymbol{a}(t)$ は次のように表される。

図 3 2 次元運動のイメージ

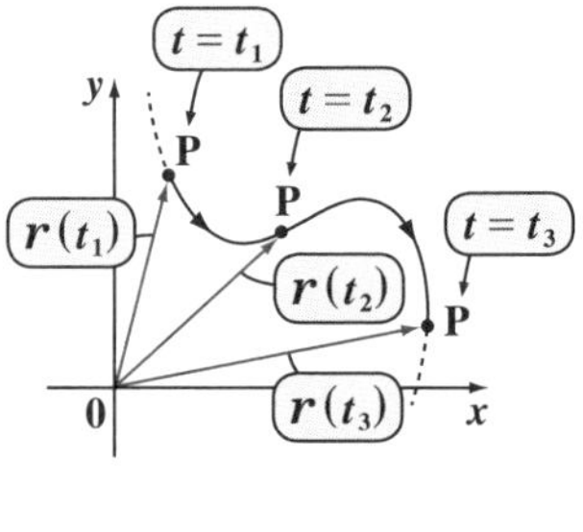

2次元運動の位置，速度，加速度

xy 座標平面上を運動する動点 P の位置 $\boldsymbol{r}(t)$，速度 $\boldsymbol{v}(t)$，加速度 $\boldsymbol{a}(t)$ は，次のように表される。

(i) 位置 $\boldsymbol{r}(t)=[x(t),\ y(t)]$

(ii) 速度 $\boldsymbol{v}(t)=\dot{\boldsymbol{r}}(t)=[\dot{x},\ \dot{y}]=\left[\dfrac{dx}{dt},\ \dfrac{dy}{dt}\right]$

(iii) 加速度 $\boldsymbol{a}(t)=\dot{\boldsymbol{v}}(t)=\ddot{\boldsymbol{r}}(t)=[\ddot{x},\ \ddot{y}]=\left[\dfrac{d^2x}{dt^2},\ \dfrac{d^2y}{dt^2}\right]$

図4に示すように，動点 P が原点 O を中心とする半径 A の円周上を一定の角速度 ω で等速円運動するとき，

位置 $\boldsymbol{r}(t)=[A\cos\omega t,\ A\sin\omega t]$

速度 $\boldsymbol{v}(t)=[-A\omega\sin\omega t,\ A\omega\cos\omega t]$

加速度 $\boldsymbol{a}(t)=[-A\omega^2\cos\omega t,\ -A\omega^2\sin\omega t]$

となる。これから，

$\boldsymbol{a}(t)=-\omega^2\boldsymbol{r}(t)$ となることが分かる。

図4　等速円運動

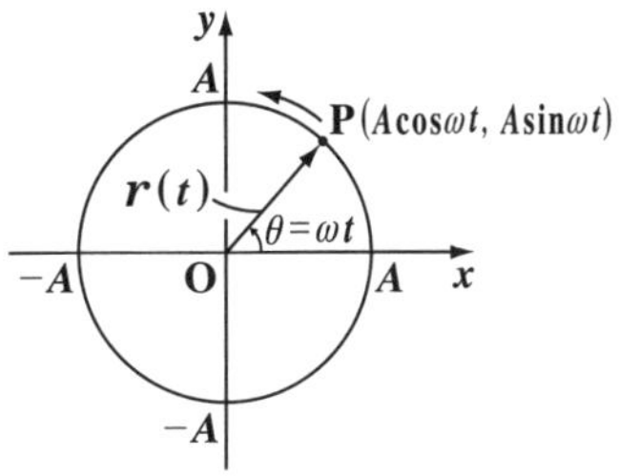

図5に示すように，2次元平面上を運動する動点 P の位置 $\boldsymbol{r}=[x,\ y]$ は，これを極座標で，

$\boldsymbol{r}=[r,\ \theta]$　$(r>0,\ 0\leqq\theta<2\pi)$

と表すこともできる。

xy 座標と極座標との変換公式は，次の通りである。

図5　直交座標と極座標

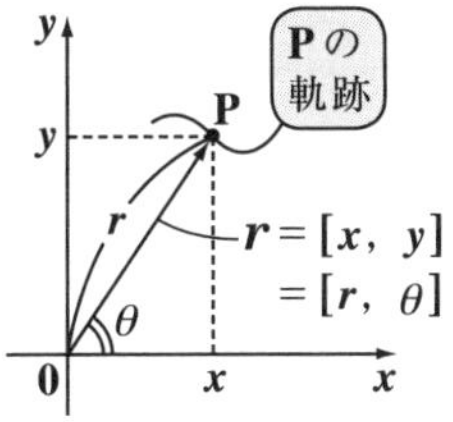

(i) $[r,\ \theta]\to[x,\ y]$ への変換

$$\begin{cases} x=r\cos\theta \\ y=r\sin\theta \end{cases}$$

(ii) $[x,\ y]\to[r,\ \theta]$ への変換

$$\begin{cases} r=\sqrt{x^2+y^2} \\ \theta=\tan^{-1}\dfrac{y}{x} \end{cases}$$

(ただし，$r>0,\ 0\leqq\theta<2\pi$)

図**6**に示すように，**3**次元のxyz座標空間上を運動する動点**P**の位置ベクトルを，

$\boldsymbol{r}(t)=[x(t),\ y(t),\ z(t)]$

(t：時刻)とおくと，**3**次元運動の速度$\boldsymbol{v}(t)$，加速度$\boldsymbol{a}(t)$は次のように表される。

図6 3次元運動のイメージ

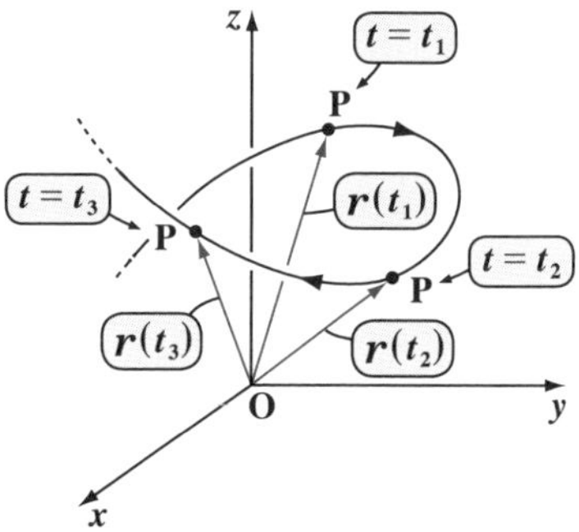

3次元運動の位置，速度，加速度

xyz座標空間上を運動する動点**P**の位置$\boldsymbol{r}(t)$，速度$\boldsymbol{v}(t)$，加速度$\boldsymbol{a}(t)$は，次のように表される。

(i) 位置 $\boldsymbol{r}(t)=[x(t),\ y(t),\ z(t)]$

(ii) 速度 $\boldsymbol{v}(t)=\dot{\boldsymbol{r}}(t)=[\dot{x},\ \dot{y},\ \dot{z}]=\left[\dfrac{dx}{dt},\ \dfrac{dy}{dt},\ \dfrac{dz}{dt}\right]$

(iii) 加速度 $\boldsymbol{a}(t)=\dot{\boldsymbol{v}}(t)=\ddot{\boldsymbol{r}}(t)=[\ddot{x},\ \ddot{y},\ \ddot{z}]=\left[\dfrac{d^2x}{dt^2},\ \dfrac{d^2y}{dt^2},\ \dfrac{d^2z}{dt^2}\right]$

§2. 加速度の応用

速度と加速度は，単位接線ベクトル$\boldsymbol{t}$と単位主法線ベクトル$\boldsymbol{n}$を用いて，次のように表すことができる。

速度，加速度の $\boldsymbol{t}$ と $\boldsymbol{n}$ による表現

質点**P**が位置ベクトル$\boldsymbol{r}(t)$に従って運動するとき，この速度$\boldsymbol{v}(t)$と加速度$\boldsymbol{a}(t)$は，単位接線ベクトル$\boldsymbol{t}$と単位主法線ベクトル$\boldsymbol{n}$を使って，次のように表せる。

(i) 速度ベクトル $\boldsymbol{v}(t)=v\boldsymbol{t}$ ……………………(*1)

(ii) 加速度ベクトル $\boldsymbol{a}(t)=\dfrac{dv}{dt}\boldsymbol{t}+\dfrac{v^2}{R}\boldsymbol{n}$ ……(*2)

(ただし，$v=\|\boldsymbol{v}\|$：速さ，R：曲率半径)

図 **1** に示すように，動点 **P** の描く軌跡(曲線)上の各点 **P** における曲率半径 R は，(*2) の公式の両辺のノルム(大きさ)をとって **2** 乗した方程式

$$\|\boldsymbol{a}(t)\|^2=\left\|\frac{dv}{dt}\boldsymbol{t}+\frac{v^2}{R}\boldsymbol{n}\right\|^2$$

を展開することにより，算出することができる。

図1　曲率半径 R

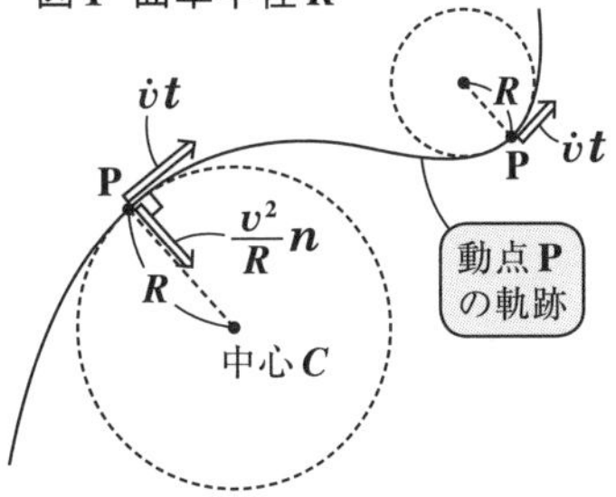

図 **2** に示すように，xy 座標平面上の動点 **P** の位置ベクトル $\boldsymbol{r}(t)$ を極座標で表す場合，**P** を原点として，$\overrightarrow{\mathbf{OP}}$ の向きにとった軸を r 軸，それと直交する向きに θ 軸をとると，$r\theta$ 座標系ができる。

図2　xy 座標と $r\theta$ 座標

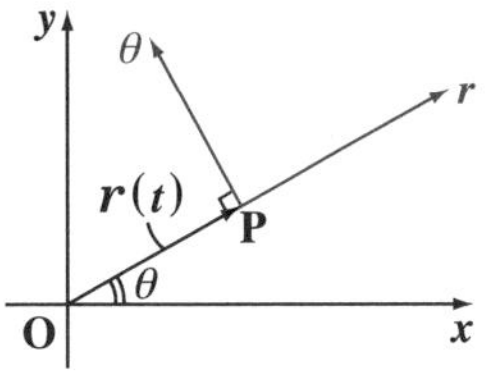

これから，xy 座標における速度を $\boldsymbol{v}=[v_x,\ v_y]$，加速度を $\boldsymbol{a}=[a_x,\ a_y]$ とおき，極座標における速度を $\boldsymbol{v}=[v_r,\ v_\theta]$，加速度を $\boldsymbol{a}=[a_r,\ a_\theta]$ とおくと，

$$\begin{bmatrix}v_x\\v_y\end{bmatrix}=\boldsymbol{R}(\theta)\begin{bmatrix}v_r\\v_\theta\end{bmatrix}\ \cdots\cdots ① \quad と \quad \begin{bmatrix}a_x\\a_y\end{bmatrix}=\boldsymbol{R}(\theta)\begin{bmatrix}a_r\\a_\theta\end{bmatrix}\ \cdots\cdots ②$$

($\boldsymbol{R}(\theta)$：回転の **1** 次変換の行列)が成り立つ。

①, ②を用いて計算すると，速度 $\boldsymbol{v}(t)$ と加速度 $\boldsymbol{a}(t)$ は，r と θ を用いて次のように表すことができる。

$\boldsymbol{v}(t)$ と $\boldsymbol{a}(t)$ の r と θ による表現

質点 **P** が，極座標表示された位置ベクトル $\boldsymbol{r}(t)=[r(t),\ \theta(t)]$ に従って運動するとき，この速度 $\boldsymbol{v}(t)$ と加速度 $\boldsymbol{a}(t)$ は r と θ により次のように表せる。

(i) 速度ベクトル　$\boldsymbol{v}(t)=[v_r,\ v_\theta]=[\dot{r},\ r\dot{\theta}]$

(ii) 加速度ベクトル $\boldsymbol{a}(t)=[a_r,\ a_\theta]=[\ddot{r}-r\dot{\theta}^2,\ 2\dot{r}\dot{\theta}+r\ddot{\theta}]$

演習問題 17	●1 次元の運動(Ⅰ)●

x 軸上を運動する動点 **P** の位置 $x(t)$ が次のように与えられているとき，点 **P** の速度 $v(t)$ と加速度 $a(t)$ を求め，動点 **P** の運動の様子を図示せよ。

(1) $x(t) = t^2 - 4t$　　　**(2)** $x(t) = e^{\frac{t}{2}}$

(3) $x(t) = \sqrt{2t+1}$　　　**(4)** $x(t) = \log(t^2+1)$

(ただし，t：時刻，$t \geqq 0$ である。)

ヒント！ 位置 $x(t)$ を時刻 t で，1 階，2 階微分することにより，速度 $v(t) = \dot{x}(t)$ と加速度 $a(t) = \ddot{x}(t)$ が求まるんだね。

解答＆解説

(1) $x(t) = t^2 - 4t$ のとき，速度 v と加速度 a を求めると，

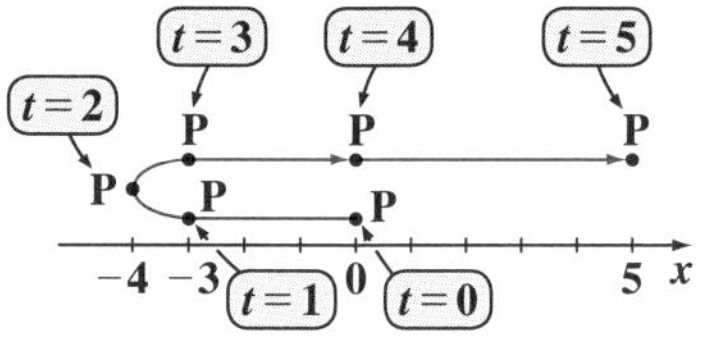

$$\begin{cases} 速度\ v = \dot{x} = (t^2 - 4t)' = 2t - 4 \\ 加速度\ a = \ddot{x} = \dot{v} = (2t-4)' = 2 \end{cases}$$

となる。……………………………(答)

$t = 0, 1, 2, 3, 4, 5, \cdots$ のとき，$x(0) = 0$，$x(1) = 1 - 4 = -3$，

$x(2) = 4 - 8 = -4$，$x(3) = 9 - 12 = -3$，$x(4) = 16 - 16 = 0$，

$x(5) = 25 - 20 = 5$，… となるので，動点 **P** の x 軸上での運動の様子は右上図のようになる。……………………………………………………………(答)

(2) $x(t) = e^{\frac{t}{2}}$ のとき，速度 v と加速度 a を求めると，

$$\begin{cases} 速度\ v = \dot{x} = \left(e^{\frac{t}{2}}\right)' = \frac{1}{2}e^{\frac{t}{2}} \\ 加速度\ a = \ddot{x} = \dot{v} = \left(\frac{1}{2}e^{\frac{t}{2}}\right)' = \frac{1}{4}e^{\frac{t}{2}} \end{cases}$$ となる。…………………………(答)

公式：$(e^{Ct})' = Ce^{Ct}$ (C：定数)

$t = 0, 1, 2, 3, 4, \cdots$ のとき，

$x(0) = e^0 = 1$，$x(1) = \underset{1.64\cdots}{e^{\frac{1}{2}}}$，

$x(2) = \underset{2.71\cdots}{e}$，　$x(3) = \underset{4.48\cdots}{e^{\frac{3}{2}}}$，

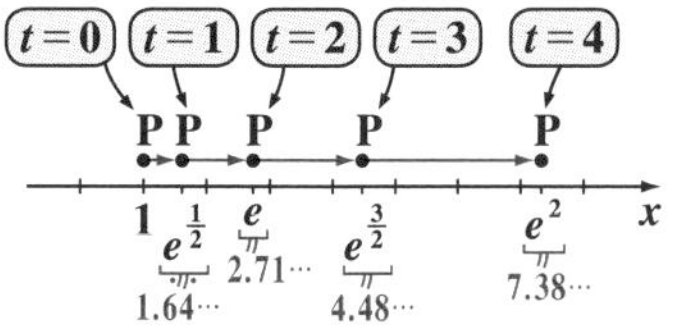

$x(4) = \underset{7.38\cdots}{e^2}$，… となるので，動点 **P** の x 軸上での運動の様子は上図のよう

になる。 ……………………………………………………………………………(答)

(3) $x(t)=\sqrt{2t+1}$ のとき，

速度 v と加速度 a を求めると，

合成関数の微分

$$\begin{cases} 速度\ v=\dot{x}=\left\{(2t+1)^{\frac{1}{2}}\right\}'=\frac{1}{2}(2t+1)^{-\frac{1}{2}}\cdot 2=(2t+1)^{-\frac{1}{2}}=\frac{1}{\sqrt{2t+1}} \\ 加速度\ a=\ddot{x}=\dot{v}=\left\{(2t+1)^{-\frac{1}{2}}\right\}'=-\frac{1}{2}(2t+1)^{-\frac{3}{2}}\cdot 2 \\ \qquad =-(2t+1)^{-\frac{3}{2}}=-\frac{1}{(2t+1)\sqrt{2t+1}} \end{cases}$$

となる。 …………………(答)

$t=0,\ 1,\ 2,\ 3,\ \cdots$ のとき，

$x(0)=\sqrt{1}=1,\ x(1)=\sqrt{2+1}=\sqrt{3},$

$x(2)=\sqrt{4+1}=\sqrt{5},\ x(3)=\sqrt{6+1}=\sqrt{7},$

…となるので，動点 P の x 軸上での運動の様子は右図のようになる。…………(答)

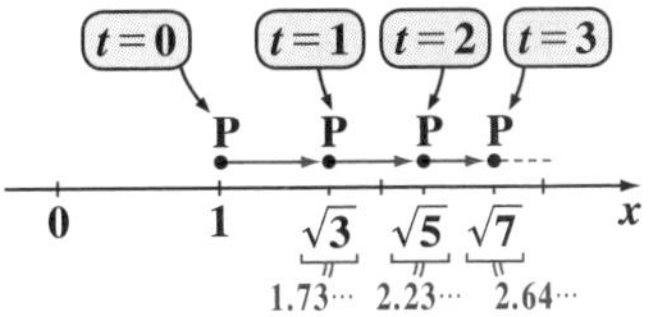

(4) $x(t)=\log(t^2+1)$ のとき，速度 v と加速度 a を求めると，

$$\left(\frac{g}{f}\right)'=\frac{g'\cdot f-g\cdot f'}{f^2}$$

$$\begin{cases} 速度\ v=\dot{x}=\{\log(t^2+1)\}'=\frac{2t}{t^2+1} \\ 加速度\ a=\ddot{x}=\dot{v}=\left(\frac{2t}{t^2+1}\right)'=\frac{2\cdot(t^2+1)-2t\cdot 2t}{(t^2+1)^2}=\frac{-2t^2+2}{(t^2+1)^2} \end{cases}$$

となる。 ……………………………………………………………………(答)

$t=0,\ 1,\ 2,\ 3,\ \cdots$ のとき，

$x(0)=\log 1=0,\ x(1)=\log(1+1)=\log 2,$

$x(2)=\log(4+1)=\log 5,$

$x(3)=\log(9+1)=\log 10,$ …となるので，動点 P の x 軸上での運動の様子は右図のようになる。…………(答)

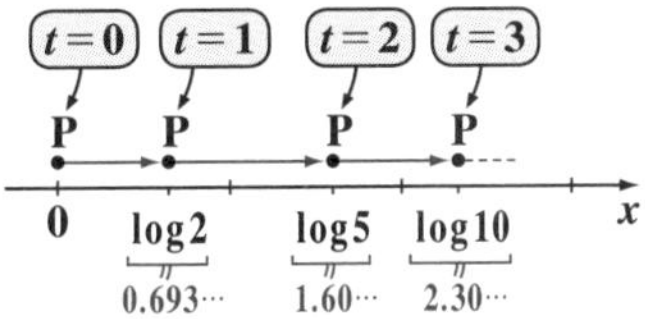

演習問題 18　●1次元の運動 (II)●

次の各条件の下で x 軸上を運動する動点 P の位置 $x(t)$ (t：時刻，$t \geqq 0$) を求めよ。

(1) $a(t)=2$　(初期条件：$v(0)=-2$，$x(0)=1$)

(2) $a(t)=e^{-t}$　(初期条件：$v(0)=0$，$x(0)=2$)

ヒント！ 加速度 a を t で積分して，速度 v を求め，v をさらに t で積分して位置 x になる。そして，各積分定数は，与えられた初期条件を使って決定していくんだね。

解答＆解説

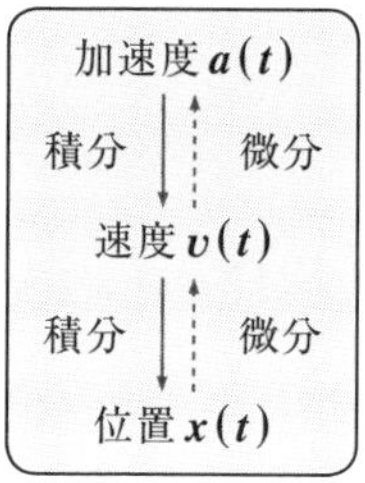

(1) 加速度 $a(t)=2$ を t で積分して，速度 $v(t)$ を求めると，

$$v(t)=\int \underbrace{2}_{a(t)}dt=2t+\underbrace{v_0}_{\text{初速度(定数)}}$$

初期条件：$v(0)=\cancel{2\cdot 0}+v_0=-2$ より，$v_0=-2$

$\therefore\ v(t)=2t-2$

$v(t)$ を t で積分して，位置 $x(t)$ を求めると，

$$x(t)=\int \underbrace{(2t-2)}_{v(t)}dt=t^2-2t+\underbrace{x_0}_{\text{初期の位置}}$$　初期条件：$x(0)=\underbrace{x_0}_{0^2-2\cdot 0+x_0}=1$ より，

∴位置 $x(t)=t^2-2t+1$　$(t \geqq 0)$ である。……………………………(答)

(2) 加速度 $a(t)=e^{-t}$ を t で積分して，速度 $v(t)$ を求めると，

$$v(t)=\int \underbrace{e^{-t}}_{a(t)}dt=-e^{-t}+v_0$$　ここで，初期条件：$v(0)=0$ より，

$v(0)=-e^0+v_0=\boxed{-1+v_0=0}$　$\therefore\ v_0=1$ より，$v(t)=-e^{-t}+1$

さらに，$v(t)$ を t で積分して，位置 $x(t)$ を求めると，

$$x(t)=\int \underbrace{(-e^{-t}+1)}_{v(t)}dt=e^{-t}+t+x_0$$　ここで，初期条件：$x(0)=2$ より，

$x(0)=e^0+0+x_0=\boxed{1+x_0=2}$　$\therefore\ x_0=1$

∴位置 $x(t)=e^{-t}+t+1$　$(t \geqq 0)$ である。……………………………(答)

演習問題 19 ● 単振動 ●

単振動の変位 x が，$x(t) = 4\sin\frac{\pi}{3}t$ ……① で表されている。このとき，次の問いに答えよ。(ただし，t：時刻，$t \geqq 0$)

(1) この単振動の (i) 振幅，(ii) 角振動数，(iii) 周期，(iv) 振動数を求めよ。

(2) この単振動の速度 $v(t)$ と加速度 $a(t)$ を求め，$a(t)$ を $x(t)$ で表せ。

ヒント！ (1) 単振動 $x = A\sin\omega t$ の振幅は A，角振動数は ω，周期は $T = \frac{2\pi}{\omega}$，振動数は $\nu = \frac{1}{T}$ となるんだね。(2) では，加速度 a は，$a = -\omega^2 x$ により，x で表される。

解答＆解説

(1) 単振動の位置 $x(t) = 4\sin\frac{\pi}{3}t$ ……① より，

（4：A(振幅)，$\frac{\pi}{3}$：ω(角振動数)）

(i) 振幅 $A = 4$，　(ii) 角振動数 $\omega = \frac{\pi}{3}$ である。 ……………………(答)

また，(iii) $\omega T = 2\pi$ より，周期 $T = \frac{2\pi}{\omega} = \frac{2\pi}{\frac{\pi}{3}} = 6$ である。 …………(答)

最後に (iv) 振動数 $\nu = \frac{1}{T} = \frac{1}{6}$ である。 ……………………………………(答)

(2) ①を時刻 t で，1階，2階微分して，速度 $v(t)$ と加速度 $a(t)$ を求めると，

$$v(t) = \dot{x}(t) = 4\left(\sin\frac{\pi}{3}t\right)' = 4\cdot\frac{\pi}{3}\cos\frac{\pi}{3}t = \frac{4}{3}\pi\cos\frac{\pi}{3}t$$ ………………(答)

$$a(t) = \ddot{x}(t) = \dot{v}(t) = \frac{4}{3}\pi\cdot\left(\cos\frac{\pi}{3}t\right)' = \frac{4}{3}\pi\times\left(-\frac{\pi}{3}\right)\sin\frac{\pi}{3}t$$

$$= -\frac{4\pi^2}{9}\sin\frac{\pi}{3}t$$ ……………………………………………………(答)

$\therefore a(t) = -\frac{\pi^2}{9}\cdot 4\sin\frac{\pi}{3}t = -\frac{\pi^2}{9}x(t)$ と表せる。 …………………………(答)

（$4\sin\frac{\pi}{3}t$：$x(t)$）

演習問題 20　● 2 次元運動 ●

次の各位置ベクトル $\boldsymbol{r}(t)$ で表される質点 P の運動の速度 $\boldsymbol{v}(t)$ と加速度 $\boldsymbol{a}(t)$ を求めよ。そして，質点 P の軌跡と，$t=0,\ 1,\ 2$ における速度 $\boldsymbol{v}(t)$ を図示せよ。(ただし，t：時刻，$t \geqq 0$ とする。)

(1) $\boldsymbol{r}(t)=\left[t,\ \frac{1}{2}t^2+1\right]$　　(2) $\boldsymbol{r}(t)=\left[\frac{1}{2}t,\ \log(t+1)\right]$

ヒント！ 位置 $\boldsymbol{r}(t)=[x,\ y]$ で表される 2 次元運動の速度 $\boldsymbol{v}(t)$ は $\boldsymbol{v}(t)=[\dot{x},\ \dot{y}]$ で，また，加速度 $\boldsymbol{a}(t)$ は $\boldsymbol{a}(t)=[\ddot{x},\ \ddot{y}]$ で求められるんだね。また，動点 P の描く曲線(軌跡)上の各点に対して，速度ベクトルは，その点の接線方向の向きをもつことも大丈夫だね。

解答＆解説

(1) xy 平面上を運動する動点 P の位置 $\boldsymbol{r}(t)$ が，

$$\boldsymbol{r}(t)=[x(t),\ y(t)]=\left[t,\ \frac{1}{2}t^2+1\right] \cdots\cdots ①\quad (t \geqq 0)$$ より，

①を t で 1 階，2 階微分することにより，次のように，速度 $\boldsymbol{v}(t)$ と加速度 $\boldsymbol{a}(t)$ が求められる。

$$\begin{cases} \boldsymbol{v}(t)=\dot{\boldsymbol{r}}(t)=\left[t',\ \left(\frac{1}{2}t^2+1\right)'\right]=[1,\ t] \cdots\cdots ② \\ \boldsymbol{a}(t)=\ddot{\boldsymbol{r}}(t)=\dot{\boldsymbol{v}}(t)=[1',\ t']=[0,\ 1] \end{cases}$$

となる。……………(答)

ここで，①より，$x=t,\ y=\frac{1}{2}t^2+1\quad (t \geqq 0)$　これから，t を消去すると，

P の描く曲線の方程式：$y=\frac{1}{2}x^2+1\quad (x \geqq 0)$ が得られる。

また，$t=0,\ 1,\ 2$ のときの速度 $\boldsymbol{v}(t)$ は，②より，

$\boldsymbol{v}(0)=[1,\ 0]$，$\boldsymbol{v}(1)=[1,\ 1]$，

$\boldsymbol{v}(2)=[1,\ 2]$ となる。以上より，右図に動点 P の描く曲線と，$t=0$，1，2 における速度 $\boldsymbol{v}(t)$ を示す。

………(答)

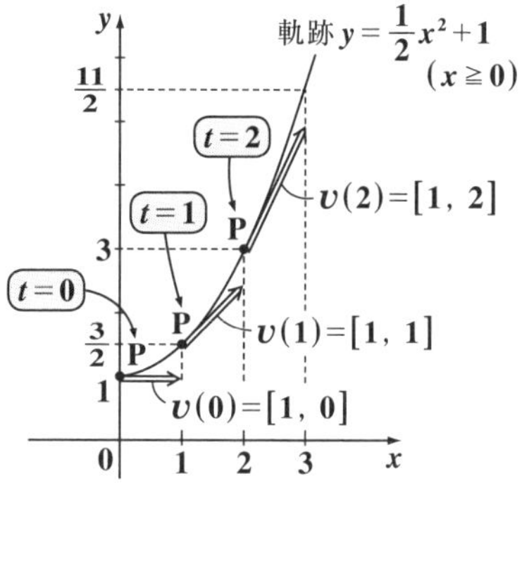

(2) xy 座標平面上を運動する動点 **P** の位置 $\boldsymbol{r}(t)$ が,

$\boldsymbol{r}(t)=[x(t),\ y(t)]=\left[\frac{1}{2}t,\ \log(t+1)\right]$ ……③ $(t \geqq 0)$ より,

③を t で **1** 階, **2** 階微分することにより, 次のように, 速度 $\boldsymbol{v}(t)$ と加速度 $\boldsymbol{a}(t)$ が求められる。

$$\begin{cases} \boldsymbol{v}(t)=\dot{\boldsymbol{r}}(t)=\left[\left(\frac{1}{2}t\right)',\ \{\log(t+1)\}'\right]=\left[\frac{1}{2},\ \frac{1}{t+1}\right] \quad \cdots\cdots④ \\ \boldsymbol{a}(t)=\ddot{\boldsymbol{r}}(t)=\dot{\boldsymbol{v}}(t)=\Big[\underbrace{\left(\frac{1}{2}\right)'}_{0},\ \underbrace{\{(t+1)^{-1}\}'}_{-1\cdot(t+1)^{-2}\cdot 1\ \leftarrow\ \text{合成関数の微分}}\Big] \\ \qquad =\left[0,\ -\frac{1}{(t+1)^2}\right] \end{cases}$$

となる。 ……………………………………(答)

ここで, ③より, $x=\frac{1}{2}t$, $y=\log(t+1)$ $(t \geqq 0)$ これから, t を消去すると, **P** の描く曲線の方程式 : $y=\log(2x+1)$ $(x \geqq 0)$ が得られる。

また, $t=0, 1, 2$ のときの速度 $\boldsymbol{v}(t)$ は, ④より,

$\boldsymbol{v}(0)=\left[\frac{1}{2},\ 1\right]$,

$\boldsymbol{v}(1)=\left[\frac{1}{2},\ \frac{1}{2}\right]$,

$\boldsymbol{v}(2)=\left[\frac{1}{2},\ \frac{1}{3}\right]$ となる。

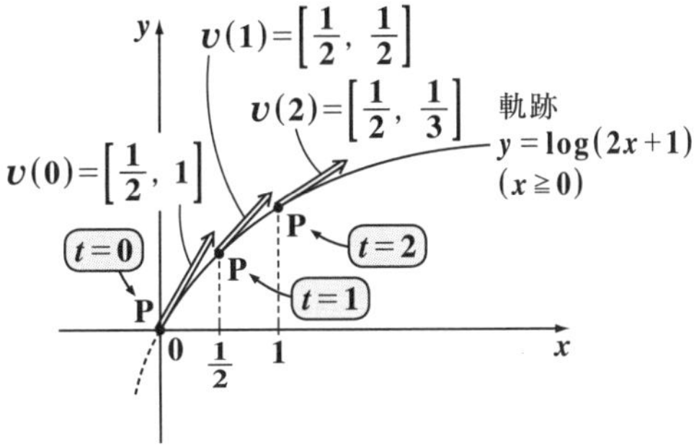

以上より, 右図に動点 **P** の描く曲線と, $t=0, 1, 2$ における速度 $\boldsymbol{v}(t)$ を示す。

………(答)

演習問題 21　● 等速円運動 ●

等速円運動をしている質点Pの位置 $\boldsymbol{r}(t)$ が次のように与えられている。このとき，この速度 $\boldsymbol{v}(t)$ と加速度 $\boldsymbol{a}(t)$，および速さ v と加速度の大きさ a を求めよ。

(1) $\boldsymbol{r}(t)=[3\cos 2t,\ 3\sin 2t]$　　(2) $\boldsymbol{r}(t)=[2\cos\pi t,\ 2\sin\pi t]$

ヒント！ 一般に，等速円運動する動点Pの位置 $\boldsymbol{r}(t)$ は，$\boldsymbol{r}(t)=[A\cos\omega t,\ A\sin\omega t]$ (A：半径，ω：角速度）で与えられる。このとき，速さ $v=A\omega$，加速度の大きさ $a=A\omega^2$ となることも覚えておいていい。

解答＆解説

(1) 等速円運動する動点Pの位置 $\boldsymbol{r}(t)=[\underbrace{3}_{A}\cos\underbrace{2}_{\omega}t,\ \underbrace{3}_{A}\sin\underbrace{2}_{\omega}t]$ より，この速度 $\boldsymbol{v}(t)$ と加速度 $\boldsymbol{a}(t)$ を求めると，次のようになる。

$$\begin{cases}\boldsymbol{v}(t)=\dot{\boldsymbol{r}}(t)=[3\underbrace{(\cos 2t)'}_{-2\sin 2t},\ 3\underbrace{(\sin 2t)'}_{2\cos 2t}]=[-6\sin 2t,\ 6\cos 2t] \\ \boldsymbol{a}(t)=\ddot{\boldsymbol{r}}(t)=\dot{\boldsymbol{v}}(t)=[-6\underbrace{(\sin 2t)'}_{2\cos 2t},\ 6\underbrace{(\cos 2t)'}_{-2\sin 2t}]=[-12\cos 2t,\ -12\sin 2t]\end{cases}$$ …(答)

また，$\boldsymbol{v}(t)$ と $\boldsymbol{a}(t)$ の大きさ（ノルム）v と a は，

$v=A\cdot\omega=3\cdot 2=6$，$a=A\cdot\omega^2=3\cdot 2^2=12$ となる。……………………(答)

$v=\|\boldsymbol{v}\|=\sqrt{(-6\sin 2t)^2+(6\cos 2t)^2}=\sqrt{36(\underbrace{\sin^2 2t+\cos^2 2t}_{1})}=\sqrt{36}=6$ から求めてもよい。$a=\|\boldsymbol{a}\|$ も同様だね。

(2) 等速円運動する動点Pの位置 $\boldsymbol{r}(t)=[\underbrace{2}_{A}\cos\underbrace{\pi}_{\omega}t,\ \underbrace{2}_{A}\sin\underbrace{\pi}_{\omega}t]$ より，この速度 $\boldsymbol{v}(t)$ と加速度 $\boldsymbol{a}(t)$ を求めると，次のようになる。

$$\begin{cases}\boldsymbol{v}(t)=\dot{\boldsymbol{r}}(t)=[2\underbrace{(\cos\pi t)'}_{-\pi\sin\pi t},\ 2\underbrace{(\sin\pi t)'}_{\pi\cos\pi t}]=[-2\pi\sin\pi t,\ 2\pi\cos\pi t] \\ \boldsymbol{a}(t)=\ddot{\boldsymbol{r}}(t)=\dot{\boldsymbol{v}}(t)=[-2\pi\cdot\underbrace{(\sin\pi t)'}_{\pi\cos\pi t},\ 2\pi\underbrace{(\cos\pi t)'}_{-\pi\sin\pi t}]=[-2\pi^2\cos\pi t,\ -2\pi^2\sin\pi t]\end{cases}$$ …(答)

また，$\boldsymbol{v}(t)$ と $\boldsymbol{a}(t)$ の大きさ（ノルム）v と a は，

$v=A\omega=2\cdot\pi=2\pi$，$a=A\omega^2=2\cdot\pi^2=2\pi^2$ となる。……………………(答)

演習問題 22 ● 2 次元運動の極座標表示 ●

次の xy 座標で表した各位置ベクトル $\boldsymbol{r}(t)$ を極座標で表せ。(ただし，$t>0$)

(1) $\boldsymbol{r}(t)=[2t,\ 2t^2+1]$　(2) $\boldsymbol{r}(t)=[-t,\ e^t]$　(3) $\boldsymbol{r}(t)=[3\cos 2t,\ 3\sin 2t]$

ヒント！ xy 座標表示の位置 $\boldsymbol{r}(t)=[x,\ y]$ を極座標で表すための公式：$r=\sqrt{x^2+y^2}$，$\theta=\tan^{-1}\dfrac{y}{x}$ を利用して，解けばいいんだね。

解答＆解説

$[x,\ y]\to[r,\ \theta]$ への変換

$$\begin{cases} r=\sqrt{x^2+y^2} \\ \theta=\tan^{-1}\dfrac{y}{x} \end{cases}$$

(1) $\boldsymbol{r}(t)=[x,\ y]=[2t,\ 2t^2+1]$ を極座標で表すと，

$$\begin{cases} r=\sqrt{x^2+y^2}=\sqrt{(2t)^2+(2t^2+1)^2}=\sqrt{4t^4+8t^2+1} \\ \theta=\tan^{-1}\dfrac{y}{x}=\tan^{-1}\dfrac{2t^2+1}{2t} \end{cases}$$ より，

$\therefore\ \boldsymbol{r}(t)=[r,\ \theta]=\left[\sqrt{4t^4+8t^2+1},\ \tan^{-1}\dfrac{2t^2+1}{2t}\right]$ となる。…………(答)

(2) $\boldsymbol{r}(t)=[x,\ y]=[-t,\ e^t]$ を極座標で表すと，

$$\begin{cases} r=\sqrt{x^2+y^2}=\sqrt{(-t)^2+(e^t)^2}=\sqrt{e^{2t}+t^2} \\ \theta=\tan^{-1}\dfrac{y}{x}=\tan^{-1}\dfrac{e^t}{-t}=\tan^{-1}\left(-\dfrac{e^t}{t}\right) \end{cases}$$ より，

$\therefore\ \boldsymbol{r}(t)=[r,\ \theta]=\left[\sqrt{e^{2t}+t^2},\ \tan^{-1}\left(-\dfrac{e^t}{t}\right)\right]$ となる。…………………(答)

(3) $\boldsymbol{r}(t)=[x,\ y]=\underline{[3\cos 2t,\ 3\sin 2t]}$ を極座標で表すと，

(これは，半径 $A=3$，角速度 $\omega=2$ の等速円運動の位置ベクトル)

$$\begin{cases} r=\sqrt{x^2+y^2}=\sqrt{(3\cos 2t)^2+(3\sin 2t)^2}=\sqrt{9(\underbrace{\cos^2 2t+\sin^2 2t}_{1})}=3 \\ \tan\theta=\dfrac{y}{x}=\dfrac{\cancel{3}\sin 2t}{\cancel{3}\cos 3t}=\tan 2t \end{cases}$$ より，$\theta=2t$

よって，$\boldsymbol{r}(t)=[r,\ \theta]=[3,\ 2t]$ となる。………………………………(答)

演習問題 23　● 3 次元運動 (Ⅰ) ●

次の各位置ベクトル $\boldsymbol{r}(t)$ で表される質点 **P** の運動の速度 $\boldsymbol{v}(t)$ と加速度 $\boldsymbol{a}(t)$ を求めよ。そして，質点 **P** の軌跡と，$t=0,\ 1,\ 2$ における速度 $\boldsymbol{v}(t)$ の様子を図示せよ。(ただし，t：時刻，$t \geqq 0$)

(1) $\boldsymbol{r}(t)=\left[t,\ 2t-1,\ \frac{1}{2}t^2\right]$　　(2) $\boldsymbol{r}(t)=\left[\frac{1}{2}t,\ t^2,\ 1-t\right]$

ヒント！ 位置 $\boldsymbol{r}(t)=[x,\ y,\ z]$ で表される 3 次元運動の速度 $\boldsymbol{v}(t)$ は，$\boldsymbol{v}(t)=[\dot{x},\ \dot{y},\ \dot{z}]$ で，また，加速度 $\boldsymbol{a}(t)$ は，$\boldsymbol{a}(t)=[\ddot{x},\ \ddot{y},\ \ddot{z}]$ で求められる。また，動点 **P** の描く軌跡上の各点に対して，速度ベクトル $\boldsymbol{r}(t)$ は，その点での接線方向の向きをもつんだね。

解答＆解説

(1) xyz 座標空間上を運動する動点 **P** の位置 $\boldsymbol{r}(t)$ が，

$$\boldsymbol{r}(t)=[x,\ y,\ z]=\left[t,\ 2t-1,\ \frac{1}{2}t^2\right] \cdots\cdots ① \quad (t \geqq 0)$$ より，

①を t で，1 階，2 階微分して，速度 $\boldsymbol{v}(t)$ と加速度 $\boldsymbol{a}(t)$ を求めると，

$$\begin{cases} \boldsymbol{v}(t)=\dot{\boldsymbol{r}}(t)=\left[t',\ (2t-1)',\ \left(\frac{1}{2}t^2\right)'\right]=[1,\ 2,\ t] \cdots\cdots ② \\ \boldsymbol{a}(t)=\ddot{\boldsymbol{r}}(t)=\dot{\boldsymbol{v}}(t)=[1',\ 2',\ t']=[0,\ 0,\ 1] \end{cases}$$ となる。……………(答)

ここで，①，②より，$t=0,\ 1,\ 2$ のときの $\boldsymbol{r}(t)$ と $\boldsymbol{v}(t)$ を求めると，

$\boldsymbol{r}(0)=[0,\ -1,\ 0]$，$\boldsymbol{r}(1)=\left[1,\ 1,\ \frac{1}{2}\right]$，

$\boldsymbol{r}(2)=[2,\ 3,\ 2]$ となり，

$\boldsymbol{v}(0)=[1,\ 2,\ 0]$，$\boldsymbol{v}(1)=[1,\ 2,\ 1]$，

$\boldsymbol{v}(2)=[1,\ 2,\ 2]$ となる。

以上より，右図に動点 **P** の描く軌跡と，$t=0,\ 1,\ 2$ における動点 **P** の速度 $\boldsymbol{v}(t)$ の概略図を示す。

………(答)

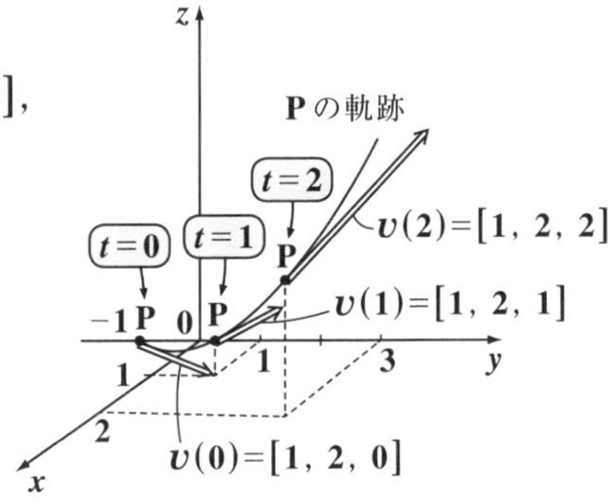

(2) xyz 座標空間上を運動する動点 P の位置 $\boldsymbol{r}(t)$ が，

$$\boldsymbol{r}(t)=\left[\frac{1}{2}t,\ t^2,\ 1-t\right] \cdots\cdots ③\ (t \geqq 0)$$ より，

③を t で，1 階，2 階微分して，速度 $\boldsymbol{v}(t)$ と加速度 $\boldsymbol{a}(t)$ を求めると，

$$\begin{cases} \boldsymbol{v}(t)=\dot{\boldsymbol{r}}(t)=\left[\left(\frac{1}{2}t\right)',\ (t^2)',\ (1-t)'\right]=\left[\frac{1}{2},\ 2t,\ -1\right] \cdots\cdots ④ \\ \boldsymbol{a}(t)=\ddot{\boldsymbol{r}}(t)=\dot{\boldsymbol{v}}(t)=\left[\left(\frac{1}{2}\right)',\ (2t)',\ (-1)'\right]=[0,\ 2,\ 0] \end{cases}$$ となる。…(答)

ここで，③，④より，$t=0,\ 1,\ 2$ のときの $\boldsymbol{r}(t)$ と $\boldsymbol{v}(t)$ を求めると，

$\boldsymbol{r}(0)=[0,\ 0,\ 1]$，$\boldsymbol{r}(1)=\left[\frac{1}{2},\ 1,\ 0\right]$，

$\boldsymbol{r}(2)=[1,\ 4,\ -1]$ となり，

$\boldsymbol{v}(0)=\left[\frac{1}{2},\ 0,\ -1\right]$，$\boldsymbol{v}(1)=\left[\frac{1}{2},\ 2,\ -1\right]$，

$\boldsymbol{v}(2)=\left[\frac{1}{2},\ 4,\ -1\right]$ となる。

以上より，右図に動点 P の描く軌跡と，$t=0,\ 1,\ 2$ における動点 P の速度 $\boldsymbol{v}(t)$ の概略図を示す。……(答)

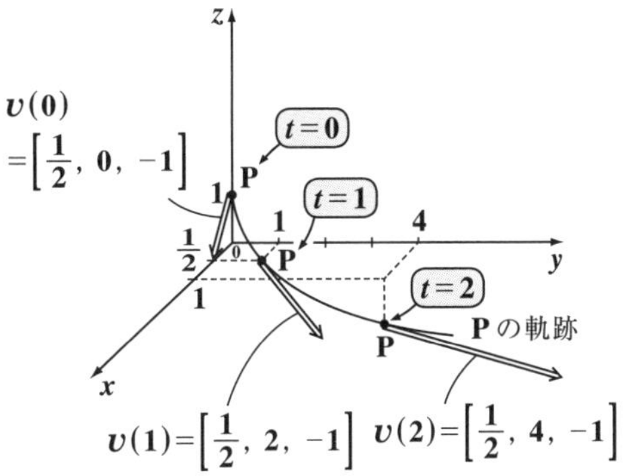

演習問題 24	● 3 次元運動 (Ⅱ) ●

次の各位置ベクトル $\boldsymbol{r}(t)$ で表される質点 P の運動の速度 $\boldsymbol{v}(t)$ と加速度 $\boldsymbol{a}(t)$ を求めよ。そして，質点 P の描く軌跡の概略図を示せ。
(ただし，t：時刻)

(1) $\boldsymbol{r}(t)=[3\cos t,\ 3\sin t,\ t]$　$(0 \leqq t \leqq 2\pi)$

(2) $\boldsymbol{r}(t)=[t\cos t,\ t\sin t,\ 2\pi-t]$　$(0 \leqq t \leqq 2\pi)$

ヒント！ (1), (2) 共に，$\boldsymbol{r}(t)$ から，これらを 1 階，2 階微分することにより，速度 $\boldsymbol{v}(t)$ と加速度 $\boldsymbol{a}(t)$ を求めればいいんだね。今回の位置 $\boldsymbol{r}(t)$ の x と y 成分が，$x=A\cos t$，$y=A\sin t$ の形をしているので，いずれも円形に回転しながら，ある 3 次元の曲線を描くことになるんだね。

解答＆解説

(1) xyz 座標空間上を運動する動点 P の位置 $\boldsymbol{r}(t)$ が，

$\boldsymbol{r}(t)=[x,\ y,\ z]=[3\cos t,\ 3\sin t,\ t]$ ……① $(0 \leqq t \leqq 2\pi)$ より，

①を時刻 t で，1 階，2 階微分して，速度 $\boldsymbol{v}(t)$ と加速度 $\boldsymbol{a}(t)$ を求めると，

$$\begin{cases} \boldsymbol{v}(t)=\dot{\boldsymbol{r}}(t)=[3\underbrace{(\cos t)'}_{-\sin t},\ 3\underbrace{(\sin t)'}_{\cos t},\ \underbrace{t'}_{1}]=[-3\sin t,\ 3\cos t,\ 1] \\ \boldsymbol{a}(t)=\ddot{\boldsymbol{r}}(t)=\dot{\boldsymbol{v}}(t)=[-3\underbrace{(\sin t)'}_{\cos t},\ 3\underbrace{(\cos t)'}_{-\sin t},\ \underbrace{1'}_{0}]=[-3\cos t,\ -3\sin t,\ 0] \end{cases}$$

となる。 ……………………………………………………………………(答)

$\boldsymbol{r}(t)$ の x，y 成分に着目すると $[x,\ y]=[3\cos t,\ 3\sin t]$ より，これは，角速度 $\omega=1$ で，半径 3 の円を描く。そして，z 成分は $z=t$ より，動点 P は，右図に示すように半径 3 の円を描きながら，半径 3 の円筒に巻きついた糸のように上方に移動することになる。 ……………………(答)

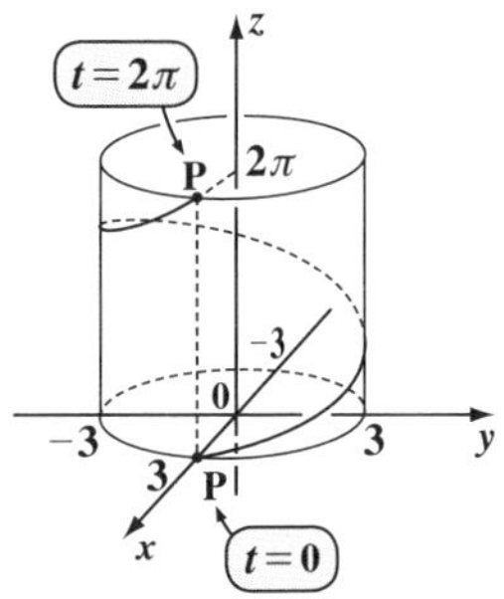

(2) xyz座標空間上を運動する動点Pの位置 $\boldsymbol{r}(t)$ が,

$\boldsymbol{r}(t)=[t\cos t,\ t\sin t,\ 2\pi-t]$ ……② $(0 \leqq t \leqq 2\pi)$ より,

②を時刻 t で, 1階, 2階微分して, 速度 $\boldsymbol{v}(t)$ と加速度 $\boldsymbol{a}(t)$ を求めると,

$$\begin{cases} \boldsymbol{v}(t)=\dot{\boldsymbol{r}}(t)=[\underbrace{(t\cos t)'}_{1\cdot\cos t+t\cdot(-\sin t)},\ \underbrace{(t\sin t)'}_{1\cdot\sin t+t\cdot\cos t},\ \underbrace{(2\pi-t)'}_{-1}] \\ \qquad =[\cos t-t\sin t,\ \sin t+t\cos t,\ -1] \\ \boldsymbol{a}(t)=\ddot{\boldsymbol{r}}(t)=\dot{\boldsymbol{v}}(t)=[\underbrace{(\cos t-t\sin t)'}_{-\sin t-(1\cdot\sin t+t\cos t)},\ \underbrace{(\sin t+t\cos t)'}_{\cos t+1\cdot\cos t+t\cdot(-\sin t)},\ \underbrace{(-1)'}_{0}] \\ \qquad =[-2\sin t-t\cos t,\ 2\cos t-t\sin t,\ 0] \end{cases}$$

となる。……………………(答)

$\boldsymbol{r}(t)$ の x, y 成分に着目すると, $[x,\ y]=[t\cos t,\ t\sin t]$ より, これは, 角速度 $\omega=1$ で, 半径は t より, 時刻 t が $0 \leqq t \leqq 2\pi$ で変化していくとき, これに伴って, その半径も大きくしながら, 回転していくことになる。$\boldsymbol{r}(t)$ の z 成分は, $z=2\pi-t$ より, $t:0\to 2\pi$ で変化するとき, $z:2\pi\to 0$ と変化するので, 右図に示すように, 動点Pは常に, xy 平面上に0を中心とする半径 t の円をもち, 高さ 2π の円すいの側面上に存在することが分かる。

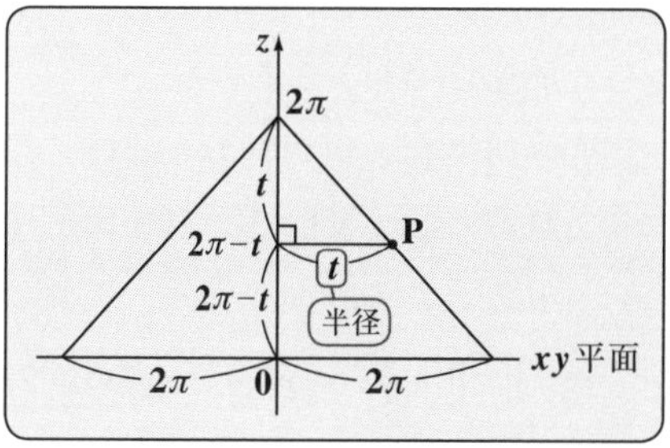

以上より, 動点Pは, 右図に示すように, $t=0$ のとき, 円すいの頂点 $(0,\ 0,\ 2\pi)$ を始点とし, この円すいの側面に巻きついた糸のように回転しながら, $t=2\pi$ のとき, xy 平面上の点 $(2\pi,\ 0,\ 0)$ に達する。これが, 動点Pの描く軌跡である。……………(答)

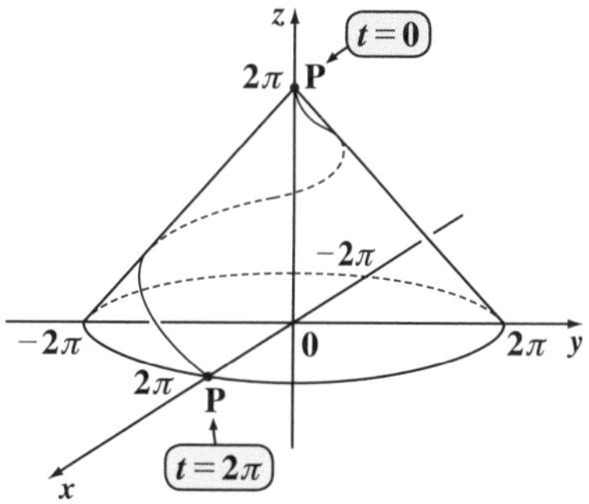

演習問題 25　●2次元運動の曲率半径●

次の2次元位置ベクトル $\boldsymbol{r}(t)$ で表される動点Pの軌跡の時刻 t における曲率半径 R を，次の公式 (*) を利用して，求めよ。(ただし，$t \geqq 0$ とする。)

$$\boldsymbol{a}(t) = \frac{dv}{dt}\boldsymbol{t} + \frac{v^2}{R}\boldsymbol{n} \quad \cdots\cdots(*) \quad \left(\begin{array}{l}\text{ただし，} \boldsymbol{t}\text{：単位接線ベクトル} \\ \qquad\quad \boldsymbol{n}\text{：単位主法線ベクトル}\end{array}\right)$$

(1) $\boldsymbol{r}(t) = [3\cos 2t,\ 3\sin 2t]$　　(2) $\boldsymbol{r}(t) = [t^2+1,\ 1-4t]$

ヒント！ まず，$\boldsymbol{r}(t)$ から，速度 $\boldsymbol{v}(t)$ と加速度 $\boldsymbol{a}(t)$，および，速さ $v = \|\boldsymbol{v}(t)\|$ を求める。そして，(*) の両辺のノルム (大きさ) を2乗することにより，曲率半径 R を導出できるんだね。

解答＆解説

(1) $\boldsymbol{r}(t) = [3\cos 2t,\ 3\sin 2t]$ ……① を，t で1階，2階微分して，速度 $\boldsymbol{v}(t)$ と加速度 $\boldsymbol{a}(t)$ を求めると，

$$\begin{cases} \boldsymbol{v}(t) = [\dot{x},\ \dot{y}] = [(3\cos 2t)',\ (3\sin 2t)'] = [-6\sin 2t,\ 6\cos 2t] & \cdots\cdots② \\ \boldsymbol{a}(t) = [\ddot{x},\ \ddot{y}] = [(-6\sin 2t)',\ (6\cos 2t)'] = [-12\cos 2t,\ -12\sin 2t] & \cdots\cdots③ \end{cases}$$

となる。②のノルムをとって速さ v を求めると，

$$v = \|\boldsymbol{v}\| = \sqrt{\dot{x}^2+\dot{y}^2} = \sqrt{36(\underbrace{\sin^2 2t + \cos^2 2t}_{1})} = \sqrt{36} = 6 \ (\text{定数}) \ \cdots④ \text{ より，}$$

$\dfrac{dv}{dt} = 0$ ……⑤ となる。④，⑤を公式 (*) に代入して，

$$\boldsymbol{a}(t) = \cancel{0\,\boldsymbol{t}} + \frac{6^2}{R}\boldsymbol{n} = \frac{36}{R}\boldsymbol{n} \qquad \therefore \boldsymbol{a}(t) = \frac{36}{R}\boldsymbol{n} \ \cdots\cdots(*)' \text{ となる。}$$

$(*)'$ の両辺のノルムの2乗を求めると，

$$\|\boldsymbol{a}(t)\|^2 = \left\|\frac{36}{R}\boldsymbol{n}\right\|^2 = \frac{36^2}{R^2}\underbrace{\|\boldsymbol{n}\|^2}_{1^2} \quad \text{よって，} 12^2 = \frac{36^2}{R^2} \text{ より，}$$

$\|\boldsymbol{a}(t)\|^2 = (-12\cos 2t)^2 + (-12\sin 2t)^2 = 144\cdot(\cos^2 2t + \sin^2 2t) = 12^2$ (③より)

$$R^2 = \frac{(3\times 12)^2}{12^2} = 3^2\cdot\frac{\cancel{12^2}}{\cancel{12^2}} = 9 \qquad \therefore \text{曲率半径 } R = 3 \text{ である。} \cdots\cdots\cdots\cdots\cdots(\text{答})$$

①は，原点0を中心に，半径3の円周上の等速円運動を表すので，この曲率半径 R は，当然 $R = 3$ (定数) となるんだね。大丈夫？

(2) $\boldsymbol{r}(t)=[t^2+1,\ 1-4t]$ ……⑥ を，t で 1 階，2 階微分して，速度 $\boldsymbol{v}(t)$と加速度 $\boldsymbol{a}(t)$ を求めると，

$$\begin{cases}\boldsymbol{v}(t)=[\dot{x},\ \dot{y}]=[(t^2+1)',\ (1-4t)']=[2t,\ -4] & \cdots\cdots ⑦\\ \boldsymbol{a}(t)=[\ddot{x},\ \ddot{y}]=[(2t)',\ (-4)']=[2,\ 0] & \cdots\cdots ⑧\end{cases}$$ となる。

⑦と⑧の大きさ（ノルム）を求めると，

$$\begin{cases}v=\|\boldsymbol{v}(t)\|=\sqrt{(2t)^2+(-4)^2}=\sqrt{4(t^2+4)}=2\sqrt{t^2+4} & \cdots\cdots ⑨\\ a=\|\boldsymbol{a}(t)\|=\sqrt{2^2+0^2}=\sqrt{4}=2 & \cdots\cdots ⑩\end{cases}$$ となる。

⑨を t で微分して，（$u=t^2+4$ とおいて，$\frac{dv}{dt}=\frac{dv}{du}\cdot\frac{du}{dt}$（合成関数の微分）とした。）

$$\frac{dv}{dt}=\left\{2(t^2+4)^{\frac{1}{2}}\right\}'=2\cdot\frac{1}{2}(t^2+4)^{-\frac{1}{2}}\cdot 2t=\frac{2t}{\sqrt{t^2+4}}\ \cdots\cdots ⑪$$ となる。

⑨，⑪より，公式 $(*)$ は次のようになる。

$$\boldsymbol{a}(t)=\frac{2t}{\sqrt{t^2+4}}\boldsymbol{t}+\frac{4(t^2+4)}{R}\boldsymbol{n}\ \cdots\cdots (*)''$$

$(*)''$ の両辺のノルムの 2 乗を求めると，

$$\underbrace{\|\boldsymbol{a}(t)\|^2}_{2^2\ (⑩より)}=\left\|\frac{2t}{\sqrt{t^2+4}}\boldsymbol{t}+\frac{4(t^2+4)}{R}\boldsymbol{n}\right\|^2$$

（$(pt+qn)^2=p^2t^2+2pqtn+q^2n^2$ と同様に，$\|p\boldsymbol{t}+q\boldsymbol{n}\|^2=p^2\|\boldsymbol{t}\|^2+2pq\boldsymbol{t}\cdot\boldsymbol{n}+q^2\|\boldsymbol{n}\|^2$ （$p,\ q$：実数）と変形できる。）

$$4=\frac{4t^2}{t^2+4}\underbrace{\|\boldsymbol{t}\|^2}_{1^2}+2\cdot\frac{2t}{\sqrt{t^2+4}}\cdot\frac{4(t^2+4)}{R}\underbrace{\boldsymbol{t}\cdot\boldsymbol{n}}_{0\ (\because\ \boldsymbol{t}\perp\boldsymbol{n}\ (直交))}+\frac{16(t^2+4)^2}{R^2}\underbrace{\|\boldsymbol{n}\|^2}_{1^2}$$

$$4=\frac{4t^2}{t^2+4}+\frac{16(t^2+4)^2}{R^2}\qquad \underbrace{4-\frac{4t^2}{t^2+4}}_{\frac{4(t^2+4)-4t^2}{t^2+4}=\frac{16}{t^2+4}}=\frac{16(t^2+4)^2}{R^2}$$

$$\frac{16}{t^2+4}=\frac{16(t^2+4)^2}{R^2}\qquad R^2=(t^2+4)^3$$

∴曲率半径 R は，$R=(t^2+4)^{\frac{3}{2}}=(t^2+4)\sqrt{t^2+4}$ である。 ……………(答)

演習問題 26	● 3 次元運動の曲率半径 ●

次の3次元位置ベクトル $\boldsymbol{r}(t)$ で表される動点Pの軌跡の時刻 t における曲率半径 R を，次の公式 $(*)$ を利用して，求めよ。(ただし，$t \geqq 0$ とする。)

$$\boldsymbol{a}(t) = \frac{dv}{dt}\boldsymbol{t} + \frac{v^2}{R}\boldsymbol{n} \quad \cdots\cdots(*) \qquad \left(\begin{array}{l} \text{ただし，}\boldsymbol{t}\text{：単位接線ベクトル} \\ \qquad\quad \boldsymbol{n}\text{：単位主法線ベクトル} \end{array}\right)$$

(1) $\boldsymbol{r}(t) = [3\cos t,\ 3\sin t,\ t]$　　(2) $\boldsymbol{r}(t) = [t^2,\ 2t,\ 1-t]$

ヒント！ 3次元運動でも，まず，$\boldsymbol{r}(t)$ から速度 $\boldsymbol{v}(t)$，加速度 $\boldsymbol{a}(t)$ とこれらのノルムを求める。後は，$(*)$ の両辺のノルムの2乗を計算して，曲率半径 R を求めればいい。

解答＆解説

(1) $\boldsymbol{r}(t) = [3\cos t,\ 3\sin t,\ t]$ ……① を，t で1階，2階微分して，速度 $\boldsymbol{v}(t)$ と加速度 $\boldsymbol{a}(t)$ を求めると，

$$\begin{cases} \boldsymbol{v}(t) = [\dot{x},\ \dot{y},\ \dot{z}] = [(3\cos t)',\ (3\sin t)',\ t'] \\ \qquad = [-3\sin t,\ 3\cos t,\ 1] \cdots\cdots ② \\ \boldsymbol{a}(t) = [\ddot{x},\ \ddot{y},\ \ddot{z}] = [(-3\sin t)',\ (3\cos t)',\ 1'] \\ \qquad = [-3\cos t,\ -3\sin t,\ 0] \cdots\cdots ③ \end{cases}$$ となる。

②のノルム v (速さ) を求めると，

$$v = \|\boldsymbol{v}(t)\| = \sqrt{\underbrace{(-3\sin t)^2 + (3\cos t)^2}_{9(\underbrace{\sin^2 t + \cos^2 t}_{1})} + 1^2} = \sqrt{9+1} = \sqrt{10}$$ (定数) …④より，

$$\frac{dv}{dt} = 0 \quad \cdots\cdots ⑤$$ となる。④，⑤を公式 $(*)$ に代入して，

$$\boldsymbol{a}(t) = \cancel{0 \cdot \boldsymbol{t}} + \frac{(\sqrt{10})^2}{R}\boldsymbol{n} = \frac{10}{R}\boldsymbol{n} \quad \cdots\cdots(*)'$$ となる。

$(*)'$ の両辺のノルムの2乗を求めると，

$$\underbrace{\|\boldsymbol{a}(t)\|^2}_{\substack{(-3\cos t)^2 + (-3\sin t)^2 + 0^2 \\ = 9(\cos^2 t + \sin^2 t) = 9\ (③より)}} = \left\|\frac{10}{R}\boldsymbol{n}\right\|^2 = \frac{100}{R^2}\underbrace{\|\boldsymbol{n}\|^2}_{1^2} \qquad 9 = \frac{100}{R^2} \qquad R^2 = \frac{100}{9}$$

$\therefore$曲率半径は，$R=\sqrt{\dfrac{100}{9}}=\dfrac{10}{3}$ である。……………………………………(答)

(2) $\boldsymbol{r}(t)=[t^2,\ 2t,\ 1-t]$ ……⑥ を，t で1階，2階微分して，速度 $\boldsymbol{v}(t)$ と加速度 $\boldsymbol{a}(t)$ を求めると，

$$\begin{cases}\boldsymbol{v}(t)=[\dot{x},\ \dot{y},\ \dot{z}]=[(t^2)',\ (2t)',\ (1-t)']=[2t,\ 2,\ -1] \quad \cdots\cdots⑦\\ \boldsymbol{a}(t)=[\ddot{x},\ \ddot{y},\ \ddot{z}]=[(2t)',\ 2',\ (-1)']=[2,\ 0,\ 0] \quad \cdots\cdots⑧\end{cases}$$ となる。

⑦と⑧の大きさ(ノルム)を求めると，

$$\begin{cases}v=\|\boldsymbol{v}(t)\|=\sqrt{(2t)^2+2^2+(-1)^2}=\sqrt{4t^2+5} \quad \cdots\cdots⑨\\ a=\|\boldsymbol{a}(t)\|=\sqrt{2^2+0^2+0^2}=\sqrt{4}=2 \quad \cdots\cdots⑩\end{cases}$$ となる。

⑨を t で微分して，

$u=4t^2+5$ とおいて，$\dfrac{dv}{dt}=\dfrac{dv}{du}\cdot\dfrac{du}{dt}$ (合成関数の微分)とした。

$$\frac{dv}{dt}=\left\{(4t^2+5)^{\frac{1}{2}}\right\}'=\frac{1}{2}(4t^2+5)^{-\frac{1}{2}}\cdot 8t=\frac{4t}{\sqrt{4t^2+5}} \quad \cdots\cdots⑪$$ となる。

⑨，⑪を，公式(∗)に代入して，

$$\boldsymbol{a}(t)=\frac{4t}{\sqrt{4t^2+5}}\boldsymbol{t}+\frac{4t^2+5}{R}\boldsymbol{n} \quad \cdots\cdots(*)''$$ (∗)″の両辺のノルムを2乗して，

$$\underbrace{\|\boldsymbol{a}(t)\|^2}_{2^2\ (⑩より)}=\left\|\frac{4t}{\sqrt{4t^2+5}}\boldsymbol{t}+\frac{4t^2+5}{R}\boldsymbol{n}\right\|^2$$

$$=\frac{16t^2}{4t^2+5}\underbrace{\|\boldsymbol{t}\|^2}_{1^2}+2\cdot\frac{4t}{\sqrt{4t^2+5}}\cdot\frac{4t^2+5}{R}\underbrace{\boldsymbol{t}\cdot\boldsymbol{n}}_{0}+\frac{(4t^2+5)^2}{R^2}\underbrace{\|\boldsymbol{n}\|^2}_{1^2}$$

$$4=\frac{16t^2}{4t^2+5}+\frac{(4t^2+5)^2}{R^2} \qquad \underbrace{4-\frac{16t^2}{4t^2+5}}_{\frac{4(4t^2+5)-16t^2}{4t^2+5}=\frac{20}{4t^2+5}}=\frac{(4t^2+5)^2}{R^2}$$

$$\frac{20}{4t^2+5}=\frac{(4t^2+5)^2}{R^2} \qquad R^2=\frac{(4t^2+5)^3}{20}$$

$\therefore$曲率半径 R は，$R=\sqrt{\dfrac{(4t^2+5)^3}{20}}=\dfrac{(4t^2+5)^{\frac{3}{2}}}{2\sqrt{5}}$

$=\dfrac{\sqrt{5}}{10}(4t^2+5)\sqrt{4t^2+5}$ ……………………………(答)

演習問題 27　● 速度・加速度の極座標表示 (I) ●

2 次元運動における位置，速度，加速度を

(i) xy 座標では，$\boldsymbol{r} = \begin{bmatrix} x \\ y \end{bmatrix}$，$\boldsymbol{v} = \begin{bmatrix} v_x \\ v_y \end{bmatrix}$，$\boldsymbol{a} = \begin{bmatrix} a_x \\ a_y \end{bmatrix}$ と表示し，

(ii) 極座標では，$\boldsymbol{r} = \begin{bmatrix} r \\ \theta \end{bmatrix}$，$\boldsymbol{v} = \begin{bmatrix} v_r \\ v_\theta \end{bmatrix}$，$\boldsymbol{a} = \begin{bmatrix} a_r \\ a_\theta \end{bmatrix}$ と表示する。

ここで，xy 座標と極座標の変換公式：$\begin{cases} x = r\cos\theta \\ y = r\sin\theta \end{cases}$ ……① と，$\boldsymbol{v}$ と $\boldsymbol{a}$ の変換

公式：$\begin{bmatrix} v_x \\ v_y \end{bmatrix} = R(\theta)\begin{bmatrix} v_r \\ v_\theta \end{bmatrix}$ ……②，　$\begin{bmatrix} a_x \\ a_y \end{bmatrix} = R(\theta)\begin{bmatrix} a_r \\ a_\theta \end{bmatrix}$ ……③

(ただし，$R(\theta)$：回転変換の行列) を用いて，次式が成り立つことを示せ。

(i) $\begin{bmatrix} v_r \\ v_\theta \end{bmatrix} = \begin{bmatrix} \dot{r} \\ r\dot{\theta} \end{bmatrix}$ ……(*1)　　　(ii) $\begin{bmatrix} a_r \\ a_\theta \end{bmatrix} = \begin{bmatrix} \ddot{r} - r\dot{\theta}^2 \\ 2\dot{r}\dot{\theta} + r\ddot{\theta} \end{bmatrix}$ ……(*2)

ヒント！ ①を時刻 t で **1** 階，**2** 階微分して，$\begin{bmatrix} v_x \\ v_y \end{bmatrix}$ と $\begin{bmatrix} a_x \\ a_y \end{bmatrix}$ を求めると，これらは共に $\begin{bmatrix} v_x \\ v_y \end{bmatrix} = \begin{bmatrix} \dot{x} \\ \dot{y} \end{bmatrix} = R(\theta)\begin{bmatrix} v_r \\ v_\theta \end{bmatrix}$ ……①，$\begin{bmatrix} a_x \\ a_y \end{bmatrix} = \begin{bmatrix} \ddot{x} \\ \ddot{y} \end{bmatrix} = R(\theta)\begin{bmatrix} a_r \\ a_\theta \end{bmatrix}$ ……②の形に変形できる。これから，$\begin{bmatrix} v_r \\ v_\theta \end{bmatrix}$ と $\begin{bmatrix} a_r \\ a_\theta \end{bmatrix}$ を求めることができる。頑張ろう！

解答＆解説

(i) $[x,\ y]$ と $[r,\ \theta]$ の変換公式は，

$$\begin{cases} x = r\cos\theta \\ y = r\sin\theta \end{cases} \quad \cdots\cdots ①\ \text{より，}$$

①の両辺を t で微分すると，

（x, y, r, θ はすべて時刻 t の関数だ！）

$$\begin{cases} \dot{x} = \dot{r}\cos\theta + r(\cos\theta)' = \dot{r}\cos\theta + r\cdot\dot{\theta}(-\sin\theta) \\ \dot{y} = \dot{r}\sin\theta + r(\sin\theta)' = \dot{r}\sin\theta + r\cdot\dot{\theta}\cos\theta \end{cases}$$

（$\dot{x}$：v_x のこと，$\dot{y}$：v_y のこと）

（$\dfrac{d(\cos\theta)}{dt} = \dfrac{d\theta}{dt}\cdot\dfrac{d(\cos\theta)}{d\theta}$）

（$\dfrac{d(\sin\theta)}{dt} = \dfrac{d\theta}{dt}\cdot\dfrac{d(\sin\theta)}{d\theta}$）

よって，

$$\begin{cases} v_x = \dot{x} = \dot{r}\cos\theta - r\dot{\theta}\sin\theta \\ v_y = \dot{y} = \dot{r}\sin\theta + r\dot{\theta}\cos\theta \end{cases}$$ より，これを行列やベクトルの形で表すと，

$$\begin{bmatrix} v_x \\ v_y \end{bmatrix} = \begin{bmatrix} \dot{r}\cos\theta - r\dot{\theta}\sin\theta \\ \dot{r}\sin\theta + r\dot{\theta}\cos\theta \end{bmatrix} = \underbrace{\begin{bmatrix} \cos\theta & -\sin\theta \\ \sin\theta & \cos\theta \end{bmatrix}}_{R(\theta)} \begin{bmatrix} \dot{r} \\ r\dot{\theta} \end{bmatrix} = R(\theta) \begin{bmatrix} \dot{r} \\ r\dot{\theta} \end{bmatrix} \cdots\cdots ④$$

（$\dot{r}$：v_rのこと，$r\dot{\theta}$：v_θのこと）

$R^{-1}(\theta)$が存在するので，④と②を比較して，速度$\boldsymbol{v}(t)$はrとθによる座標表示で，$\boldsymbol{v}(t) = \begin{bmatrix} v_r \\ v_\theta \end{bmatrix} = \begin{bmatrix} \dot{r} \\ r\dot{\theta} \end{bmatrix} \cdots\cdots(*1)$ と表せる。……………………(終)

(ii) $\boldsymbol{a}(t) = \begin{bmatrix} a_x \\ a_y \end{bmatrix} = \begin{bmatrix} \ddot{x} \\ \ddot{y} \end{bmatrix} = \begin{bmatrix} \dot{v}_x \\ \dot{v}_y \end{bmatrix}$より，④をさらに$t$で微分して，$a_x$と$a_y$を求めると，

$$a_x = \dot{v}_x = \ddot{x} = (\dot{r}\cos\theta)' - (r\dot{\theta}\sin\theta)'$$

（$(fgh)' = f'gh + fg'h + fgh'$）

$$= \ddot{r}\cos\theta + \dot{r}\dot{\theta}(-\sin\theta) - (\dot{r}\dot{\theta}\sin\theta + r\ddot{\theta}\sin\theta + r\dot{\theta}\cdot\dot{\theta}\cos\theta)$$

$$= (\ddot{r} - r\dot{\theta}^2)\cos\theta - (2\dot{r}\dot{\theta} + r\ddot{\theta})\sin\theta$$ ←（$\cos\theta$と$\sin\theta$でまとめる。）

$$a_y = \dot{v}_y = \ddot{y} = (\dot{r}\sin\theta)' + (r\dot{\theta}\cos\theta)'$$

$$= \ddot{r}\sin\theta + \dot{r}\dot{\theta}\cos\theta + \{\dot{r}\dot{\theta}\cos\theta + r\ddot{\theta}\cos\theta + r\dot{\theta}\cdot\dot{\theta}(-\sin\theta)\}$$

$$= (\ddot{r} - r\dot{\theta}^2)\sin\theta + (2\dot{r}\dot{\theta} + r\ddot{\theta})\cos\theta$$ ←（$\sin\theta$と$\cos\theta$でまとめる。）

よって，

$$\begin{cases} a_x = \ddot{x} = (\ddot{r} - r\dot{\theta}^2)\cos\theta - (2\dot{r}\dot{\theta} + r\ddot{\theta})\sin\theta \\ a_y = \ddot{y} = (\ddot{r} - r\dot{\theta}^2)\sin\theta + (2\dot{r}\dot{\theta} + r\ddot{\theta})\cos\theta \end{cases}$$ より，

$$\begin{bmatrix} a_x \\ a_y \end{bmatrix} = \begin{bmatrix} (\ddot{r} - r\dot{\theta}^2)\cos\theta - (2\dot{r}\dot{\theta} + r\ddot{\theta})\sin\theta \\ (\ddot{r} - r\dot{\theta}^2)\sin\theta + (2\dot{r}\dot{\theta} + r\ddot{\theta})\cos\theta \end{bmatrix} = \underbrace{\begin{bmatrix} \cos\theta & -\sin\theta \\ \sin\theta & \cos\theta \end{bmatrix}}_{R(\theta)} \begin{bmatrix} \ddot{r} - r\dot{\theta}^2 \\ 2\dot{r}\dot{\theta} + r\ddot{\theta} \end{bmatrix} \cdots ⑤$$

（$\ddot{r} - r\dot{\theta}^2$：$a_r$のこと，$2\dot{r}\dot{\theta} + r\ddot{\theta}$：$a_\theta$のこと）

ここで，$R(\theta)^{-1}$が存在するので，⑤と③を比較して，加速度$\boldsymbol{a}(t)$はrとθによる極座標表示で，$\boldsymbol{a}(t) = \begin{bmatrix} a_r \\ a_\theta \end{bmatrix} = \begin{bmatrix} \ddot{r} - r\dot{\theta}^2 \\ 2\dot{r}\dot{\theta} + r\ddot{\theta} \end{bmatrix} \cdots\cdots(*2)$ と表せる。

………(終)

演習問題 28	● 速度・加速度の極座標表示 (Ⅱ) ●

次のように2次元運動する動点Pの位置 $\boldsymbol{r}(t)$ が極座標で表されているとき，速度 $\boldsymbol{v}(t)$ と加速度 $\boldsymbol{a}(t)$ を極座標で表せ。その際，公式：

$\boldsymbol{v}(t)=[\dot{r},\ r\dot{\theta}]$ ……(∗1)，$\boldsymbol{a}(t)=[\ddot{r}-r\dot{\theta}^2,\ 2\dot{r}\dot{\theta}+r\ddot{\theta}]$ ……(∗2) を用いてもよい。(ただし，t は時刻を表し，$t \geqq 0$ とする。)

(1) $\boldsymbol{r}(t)=[r,\ \theta]=[3,\ 2t]$　　(2) $\boldsymbol{r}(t)=[r,\ \theta]=\left[2,\ \dfrac{\pi}{2}t\right]$

(3) $\boldsymbol{r}(t)=[r,\ \theta]=[2t^2,\ t+1]$　　(4) $\boldsymbol{r}(t)=[r,\ \theta]=[e^t+e^{-t},\ 2t]$

(5) $\boldsymbol{r}(t)=[r,\ \theta]=[t^2,\ \log(t^2+1)]$

ヒント！ 演習問題27で導いた公式(∗1)と(∗2)を用いて，速度 $\boldsymbol{v}(t)$ と加速度 $\boldsymbol{a}(t)$ を極座標で表せばいい。(5)の計算は少しメンドウかもしれない。

解答＆解説

(1) $\boldsymbol{r}(t)=[r,\ \theta]=[\underset{r}{3},\ \underset{\theta}{2t}]$ のとき，← これは，$\boldsymbol{r}(t)=[x,\ y]=[3\cos 2t,\ 3\sin 2t]$ つまり，等速円運動のことだね。

(∗1)，(∗2)より，$\boldsymbol{v}(t)$ と $\boldsymbol{a}(t)$ は，

$$\begin{cases} \boldsymbol{v}(t)=[\dot{r},\ r\dot{\theta}]=[3',\ 3\cdot(2t)']=[0,\ 3\times 2]=[0,\ 6] \text{ であり，} \\ \boldsymbol{a}(t)=[\ddot{r}-r\dot{\theta}^2,\ 2\dot{r}\dot{\theta}+r\ddot{\theta}]=[\underbrace{3''}_{0}-3\underbrace{\{(2t)'\}^2}_{2^2},\ \underbrace{2\cdot 3'}_{0}\cdot\underbrace{(2t)'}_{2}+3\cdot\underbrace{(2t)''}_{0}] \\ \qquad =[-3\cdot 2^2,\ 0]=[-12,\ 0] \text{ である。} \end{cases}$$
……………………………………(答)

(2) $\boldsymbol{r}(t)=[r,\ \theta]=\left[2,\ \dfrac{\pi}{2}t\right]$ のとき，

(∗1)，(∗2)より，$\boldsymbol{v}(t)$ と $\boldsymbol{a}(t)$ は，

$$\begin{cases} \boldsymbol{v}(t)=[\dot{r},\ r\dot{\theta}]=\left[2',\ 2\cdot\left(\dfrac{\pi}{2}t\right)'\right]=\left[0,\ 2\times\dfrac{\pi}{2}\right]=[0,\ \pi] \text{ であり，} \\ \boldsymbol{a}(t)=[\ddot{r}-r\dot{\theta}^2,\ 2\dot{r}\dot{\theta}+r\ddot{\theta}]=\left[\underbrace{2''}_{0}-2\underbrace{\left\{\left(\dfrac{\pi}{2}t\right)'\right\}^2}_{\left(\frac{\pi}{2}\right)^2=\frac{\pi^2}{4}},\ \underbrace{2\cdot 2'}_{0}\cdot\underbrace{\left(\dfrac{\pi}{2}t\right)'}_{\frac{\pi}{2}}+2\cdot\underbrace{\left(\dfrac{\pi}{2}t\right)''}_{0}\right] \\ \qquad =\left[-2\times\dfrac{\pi^2}{4},\ 0\right]=\left[-\dfrac{\pi^2}{2},\ 0\right] \text{ である。} \end{cases}$$
……………………………………(答)

(3) $\boldsymbol{r}(t)=[r,\ \theta]=[2t^2,\ t+1]$ のとき，(*1)，(*2) より，$\boldsymbol{v}(t)$ と $\boldsymbol{a}(t)$ は，

$$\begin{cases} \boldsymbol{v}(t)=[\dot{r},\ r\dot{\theta}]=[(2t^2)',\ 2t^2\cdot(t+1)']=[4t,\ 2t^2\cdot 1]=[4t,\ 2t^2] \text{ であり,} \\ \boldsymbol{a}(t)=[\ddot{r}-r\dot{\theta}^2,\ 2\dot{r}\dot{\theta}+r\ddot{\theta}]=[4-2t^2,\ 8t] \text{ である。} \end{cases}$$ ……………………(答)

$\ddot{r}-r\dot{\theta}^2 = (2t^2)''-2t^2\cdot\{(t+1)'\}^2 = 4-2t^2\times 1^2$

$2\dot{r}\dot{\theta}+r\ddot{\theta} = 2\cdot(2t^2)'\cdot(t+1)'+2t^2\cdot(t+1)'' = 2\cdot 4t\cdot 1+2t^2\cdot 0$

(4) $\boldsymbol{r}(t)=[r,\ \theta]=[e^t+e^{-t},\ 2t]$ のとき，(*1)，(*2) より，$\boldsymbol{v}(t)$ と $\boldsymbol{a}(t)$ は，

$$\begin{cases} \boldsymbol{v}(t)=[\dot{r},\ r\dot{\theta}]=[(e^t+e^{-t})',\ (e^t+e^{-t})\cdot(2t)']=[e^t-e^{-t},\ 2(e^t+e^{-t})] \text{ であり,} \\ \boldsymbol{a}(t)=[\ddot{r}-r\dot{\theta}^2,\ 2\dot{r}\dot{\theta}+r\ddot{\theta}]=[-3(e^t+e^{-t}),\ 4(e^t-e^{-t})] \text{ である。} \end{cases}$$ …(答)

$\ddot{r}-r\dot{\theta}^2 = (e^t+e^{-t})''-(e^t+e^{-t})\cdot\{(2t)'\}^2 = e^t+e^{-t}-4(e^t+e^{-t}) = -3(e^t+e^{-t})$

$2\dot{r}\dot{\theta}+r\ddot{\theta} = 2\cdot(e^t+e^{-t})'\cdot(2t)'+\cancel{(e^t+e^{-t})\cdot(2t)''} = 4(e^t-e^{-t})$ 　（$(2t)''=0$）

(5) $\boldsymbol{r}(t)=[r,\ \theta]=[t^2,\ \log(t^2+1)]$ のとき，

(*1)，(*2) より，$\boldsymbol{v}(t)$ と $\boldsymbol{a}(t)$ は，

公式：$(\log|f|)'=\dfrac{f'}{f}$

$$\boldsymbol{v}(t)=[\dot{r},\ r\dot{\theta}]=[(t^2)',\ t^2\cdot\{\log(t^2+1)\}']=\left[2t,\ \frac{2t^3}{t^2+1}\right] \text{ であり,}$$

$(t^2)'=2t$，　$t^2\cdot\dfrac{2t}{t^2+1}=\dfrac{2t^3}{t^2+1}$

$$\boldsymbol{a}(t)=[\ddot{r}-r\dot{\theta}^2,\ 2\dot{r}\dot{\theta}+r\ddot{\theta}]$$
$$=[(t^2)''-t^2[\{\log(t^2+1)\}']^2,\ 2(t^2)'\cdot\{\log(t^2+1)\}'+t^2\cdot\{\log(t^2+1)\}'']$$

$$=2-t^2\cdot\left(\frac{2t}{t^2+1}\right)^2 =2-t^2\cdot\frac{4t^2}{(t^2+1)^2} =\frac{2(t^2+1)^2-4t^4}{(t^2+1)^2}=\frac{-2t^4+4t^2+2}{(t^2+1)^2}$$

$$4t\cdot\frac{2t}{t^2+1}+t^2\cdot\left(\frac{2t}{t^2+1}\right)' =\frac{8t^2}{t^2+1}+t^2\cdot\frac{2\cdot(t^2+1)-2t\cdot 2t}{(t^2+1)^2} =\frac{8t^2(t^2+1)+t^2(-2t^2+2)}{(t^2+1)^2}=\frac{6t^4+10t^2}{(t^2+1)^2}$$

$$=\left[\frac{-2(t^4-2t^2-1)}{(t^2+1)^2},\ \frac{2t^2(3t^2+5)}{(t^2+1)^2}\right] \text{ である。}$$ ……………………(答)

演習問題 29　● 速度・加速度の極座標表示 (Ⅲ) ●

2 次元運動する動点 **P** の位置 $\boldsymbol{r}(t)$ が，$\boldsymbol{r}(t)=[x,\ y]=\left[e^{-\frac{t}{2}}\cos 2t,\ e^{-\frac{t}{2}}\sin 2t\right]$ で表されているとき，これを極座標表示した (ⅰ) 位置 $\boldsymbol{r}(t)=[r,\theta]$，(ⅱ) 速度 $\boldsymbol{v}(t)=[\dot{r},\ r\dot{\theta}]$，(ⅲ) 加速度 $\boldsymbol{a}(t)=[\ddot{r}-r\dot{\theta}^2,\ 2\dot{r}\dot{\theta}+r\ddot{\theta}]$ を求めよ。

ヒント！ xy 座標から極座標への変換公式：$r=\sqrt{x^2+y^2}$，$\tan\theta=\dfrac{y}{x}$ を用いて，$\boldsymbol{r}(t)$ を極座標で表した後，$\boldsymbol{v}(t)=[\dot{r},\ r\dot{\theta}]$ と $\boldsymbol{a}(t)=[\ddot{r}-r\dot{\theta}^2,\ 2\dot{r}\dot{\theta}+r\ddot{\theta}]$ を求めよう。

解答＆解説

$\boldsymbol{r}(t)=[x,\ y]=\left[e^{-\frac{t}{2}}\cos 2t,\ e^{-\frac{t}{2}}\sin 2t\right]$ より，

$x=e^{-\frac{t}{2}}\cos 2t,\ y=e^{-\frac{t}{2}}\sin 2t$ である。

よって，$(x,\ y)\to(r,\ \theta)$ への変換公式を用いると，

$$\begin{cases} r=\sqrt{x^2+y^2}=\sqrt{e^{-t}\cos^2 2t+e^{-t}\sin^2 2t}=\sqrt{e^{-t}(\underbrace{\cos^2 2t+\sin^2 2t}_{1})}=\sqrt{e^{-t}}=e^{-\frac{t}{2}}\ \cdots① \\ \tan\underline{\underline{\theta}}=\dfrac{y}{x}=\dfrac{\cancel{e^{-\frac{t}{2}}}\sin 2t}{\cancel{e^{-\frac{t}{2}}}\cos 2t}=\tan\underline{\underline{2t}}\qquad \therefore\ \theta=2t\ \cdots\cdots② \text{ となる。} \end{cases}$$

以上①，②より，位置 $\boldsymbol{r}(t)$ を極座標で表すと，

(ⅰ) $\boldsymbol{r}(t)=[r,\ \theta]=\left[e^{-\frac{t}{2}},\ 2t\right]$ ……③ となる。……………………………(答)

(ⅱ) ③より，速度 $\boldsymbol{v}(t)$ を極座標で表すと，

$$\boldsymbol{v}(t)=[\dot{r},\ r\dot{\theta}]=\Big[\underbrace{\left(e^{-\frac{t}{2}}\right)'}_{-\frac{1}{2}e^{-\frac{t}{2}}},\ \underbrace{e^{-\frac{t}{2}}(2t)'}_{e^{-\frac{t}{2}}\cdot 2}\Big]=\left[-\frac{1}{2}e^{-\frac{t}{2}},\ 2e^{-\frac{t}{2}}\right]$$ である。……(答)

(ⅲ) ③より，加速度 $\boldsymbol{a}(t)$ を極座標で表すと，

$$\boldsymbol{a}(t)=[\ddot{r}-r\dot{\theta}^2,\ 2\dot{r}\dot{\theta}+r\ddot{\theta}]$$

$$=\Big[\underbrace{\left(e^{-\frac{t}{2}}\right)''-e^{-\frac{t}{2}}\cdot\{(2t)'\}^2}_{\left(-\frac{1}{2}e^{-\frac{t}{2}}\right)'-e^{-\frac{t}{2}}\cdot 2^2=\frac{1}{4}e^{-\frac{t}{2}}-4e^{-\frac{t}{2}}=-\frac{15}{4}e^{-\frac{t}{2}}},\ \underbrace{2\cdot\left(e^{-\frac{t}{2}}\right)'(2t)'+e^{-\frac{t}{2}}(2t)''}_{2\cdot\left(-\frac{1}{2}\right)e^{-\frac{t}{2}}\cdot 2+\cancel{e^{-\frac{t}{2}}\cdot 0}=-2e^{-\frac{t}{2}}}\Big]$$

$$=\left[-\frac{15}{4}e^{-\frac{t}{2}},\ -2e^{-\frac{t}{2}}\right]$$ である。……………………………(答)

演習問題 30 ● 速度・加速度の極座標表示 (Ⅳ) ●

2次元運動する動点Pの位置 $\boldsymbol{r}(t)$ が，$\boldsymbol{r}(t)=[x,\ y]=[\sin t\cos 2t,\ \sin t\sin 2t]$ で表されているとき，これを極座標表示した (i) 位置 $\boldsymbol{r}(t)=[r,\ \theta]$，(ii) 速度 $\boldsymbol{v}(t)=[\dot{r},\ r\dot{\theta}]$，(iii) 加速度 $\boldsymbol{a}(t)=[\ddot{r}-r\dot{\theta}^2,\ 2\dot{r}\dot{\theta}+r\ddot{\theta}]$ を求めよ。（ただし，$0\leqq t\leqq\pi$）

ヒント！ $\boldsymbol{r}(t)=[x,\ y]$ を変換公式：$r=\sqrt{x^2+y^2}$，$\tan\theta=\dfrac{y}{x}$ により，極座標表示の $\boldsymbol{r}(t)=[r,\ \theta]$ にした後，速度 $\boldsymbol{v}(t)$ と加速度 $\boldsymbol{a}(t)$ を公式通りに求めればいいんだね。頑張ろう！

解答＆解説

$\boldsymbol{r}(t)=[x,\ y]=[\sin t\cos 2t,\ \sin t\sin 2t]$ より，

$x=\sin t\cos 2t$，$y=\sin t\sin 2t$ である。

よって，$(x,\ y)\to(r,\ \theta)$ への変換公式を用いると，

$$r=\sqrt{x^2+y^2}=\sqrt{\sin^2 t(\underbrace{\cos^2 2t+\sin^2 2t}_{1})}=|\underbrace{\sin t}_{0か\oplus\ (\because 0\leqq t\leqq\pi)}|=\sin t \quad\cdots\cdots①$$

$$\tan\theta=\frac{y}{x}=\frac{\sin t\sin 2t}{\sin t\cos 2t}=\tan 2t \qquad \therefore \theta=2t \quad\cdots\cdots②\ となる。$$

以上①，②より，位置 $\boldsymbol{r}(t)$ を極座標で表すと，

(i) $\boldsymbol{r}(t)=[r,\ \theta]=[\sin t,\ 2t]$ ……③ となる。………………………………(答)

(ii) ③より，速度 $\boldsymbol{v}(t)$ を極座標で表すと，

$$\boldsymbol{v}(t)=[\dot{r},\ r\dot{\theta}]=[\underbrace{(\sin t)'}_{\cos t},\ \sin t\cdot\underbrace{(2t)'}_{2}]=[\cos t,\ 2\sin t]$$ である。……(答)

(iii) ③より，加速度 $\boldsymbol{a}(t)$ を極座標で表すと，

$$\boldsymbol{a}(t)=[\ddot{r}-r\dot{\theta}^2,\ 2\dot{r}\dot{\theta}+r\ddot{\theta}]$$

$$=[\underbrace{(\sin t)''-\sin t\cdot\{(2t)'\}^2}_{(\cos t)'-\sin t\cdot 2^2=-\sin t-4\sin t=-5\sin t},\ \underbrace{2(\sin t)'\cdot(2t)'+\sin t\cdot(2t)''}_{2\cos t\cdot 2+\sin t\cdot 0=4\cos t}]$$

$=[-5\sin t,\ 4\cos t]$ である。………………………………(答)

講義 3 Lecture 運動の法則 ● methods & formulae

§1. 運動の第1、第2法則

ニュートンの運動の **3** つの法則の内，第 **1** 法則と第 **2** 法則を下に示す。

運動の第 1 法則：慣性の法則

物体に外力が作用しない限り，その物体は静止し続けるか，または等速度運動 (等速直線運動) を続ける。

運動の第 2 法則：運動方程式 (Ⅰ)

物体に外力 $\boldsymbol{f}$ が作用すると，物体には $\boldsymbol{f}$ に比例した，$\boldsymbol{f}$ と同じ向きの加速度 $\boldsymbol{a}$ が生じる。すなわち，次式が成り立つ。

$\boldsymbol{f} = m\boldsymbol{a}$ ……(*1)

(m：質量 (kg))

数学的に正の比例定数 (スカラー) のことだ。

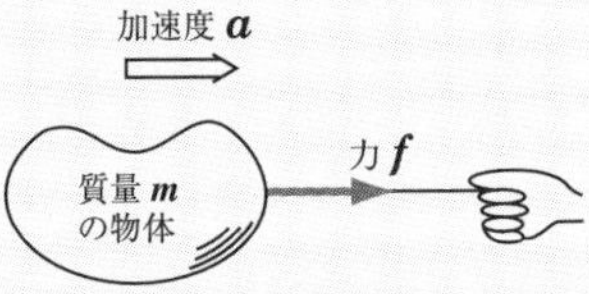

この (*1) を "**運動方程式**" (*equation of motion*) と呼ぶ。

運動の第 **2** 法則の運動方程式 (*1) において，物体に働く外力 $\boldsymbol{f}$ が $\boldsymbol{f} = \boldsymbol{0}$ のとき，$m\boldsymbol{a} = \boldsymbol{0}$，すなわち $\boldsymbol{a} = \dot{\boldsymbol{v}} = \dfrac{d\boldsymbol{v}}{dt} = \boldsymbol{0}$ となるので，速度 $\boldsymbol{v}$ は一定となる。よって，$\boldsymbol{f} = \boldsymbol{0}$ のとき，物体は静止も含めて等速度運動することになるので，これは第 **1** 法則と一致する。したがって，第 **1** 法則を不要という考え方もあるが，第 **1** 法則の主旨は「$\boldsymbol{f} = \boldsymbol{0}$ のときに，物体が静止または等速度運動をしているように見える慣性座標系を設置せよ。」ということであると考えればよい。

運動方程式 (*1) を (ⅰ) **1** 次元，(ⅱ) **2** 次元，(ⅲ) **3** 次元の運動の場合に分類して示すと，

(ⅰ) **1** 次元の運動の場合，$f = m\ddot{x} = m\dfrac{d^2x}{dt^2}$ と表せる。

(ⅱ) **2** 次元の運動の場合，$[f_x,\ f_y] = \left[m\dfrac{d^2x}{dt^2},\ m\dfrac{d^2y}{dt^2}\right]$ と表せる。

(iii) 3次元の運動の場合，$[f_x,\ f_y,\ f_z] = \left[m\dfrac{d^2x}{dt^2},\ m\dfrac{d^2y}{dt^2},\ m\dfrac{d^2z}{dt^2}\right]$ となる。

(*ex*1) 空気抵抗がない場合の落下(または，投げ上げ)の問題の運動方程式は，
$-mg = m\ddot{x}$ (m：物体の質量，g：重力加速度)より，$\ddot{x} = -g$ となる。

(*ex*2) 空気抵抗がある場合の落下(または，投げ上げ)の問題の運動方程式は，
$-mg - Bv = m\underbrace{\ddot{x}}_{\dot{v}}$ (B：正の定数)より，$\dot{v} = -(bv+g)$ $\left(b = \dfrac{B}{m}\right)$ となる。

"運動量(うんどうりょう)" $\boldsymbol{p}$ を $\boldsymbol{p} = m\boldsymbol{v}$ で定義すると，第2法則の運動方程式は，次のように表現することができる。

運動の第2法則：運動方程式(II)

物体の運動量 $\boldsymbol{p}(=m\boldsymbol{v})$ の変化率 $\dfrac{d\boldsymbol{p}}{dt}$ は，その物体に働く力 $\boldsymbol{f}$ に等しいので，運動方程式を次のように表せる。

$$\boldsymbol{f} = \frac{d\boldsymbol{p}}{dt} \quad \cdots\cdots(*2) \quad (\boldsymbol{p} = m\boldsymbol{v},\ m：質量,\ \boldsymbol{v}：速度)$$

$(*2)$ は，質量 m が一定ならば，

$$\boldsymbol{f} = \frac{d(m\boldsymbol{v})}{dt} = m\frac{d\boldsymbol{v}}{dt} = m\boldsymbol{a} \quad \cdots\cdots(*1)$$ となって，$(*1)$ と一致する。

ここで，力も運動量も時刻 t の関数として，$\boldsymbol{f}(t)$ と $\boldsymbol{p}(t)$ とおいて，力積と運動量の関係を示す。

$\boldsymbol{f}(t) = \dfrac{d\boldsymbol{p}(t)}{dt}$ $\cdots\cdots(*2)$ の両辺を，

積分区間 $t_1 \leqq t \leqq t_2$ で積分すると，

$$\int_{t_1}^{t_2} \boldsymbol{f}(t)\,dt = \underbrace{\int_{t_1}^{t_2} \frac{d\boldsymbol{p}(t)}{dt}\,dt}_{[\boldsymbol{p}(t)]_{t_1}^{t_2} = \boldsymbol{p}(t_2) - \boldsymbol{p}(t_1)}$$ より，

$$\underbrace{\int_{t_1}^{t_2} \boldsymbol{f}\,dt}_{t_1\text{から}t_2\text{までの“力積”}} = \underbrace{\boldsymbol{p}(t_2) - \boldsymbol{p}(t_1)}_{t_1\text{から}t_2\text{までの“運動量”の変化分}} \quad \cdots\cdots①$$ となる。

§2. 運動の第3法則

運動の第3法則(作用・反作用の法則)を下に示す。

運動の第3法則：作用・反作用の法則

物体1が物体2に力$\boldsymbol{f}_{12}$を及ぼしているとき，必ず物体2は物体1に，大きさが等しく逆向きの力$\boldsymbol{f}_{21}$を及ぼす。
すなわち，次式が成り立つ。

$$\boldsymbol{f}_{12}=-\boldsymbol{f}_{21} \quad \cdots\cdots(*1)$$

これを“**作用・反作用の法則**”という。

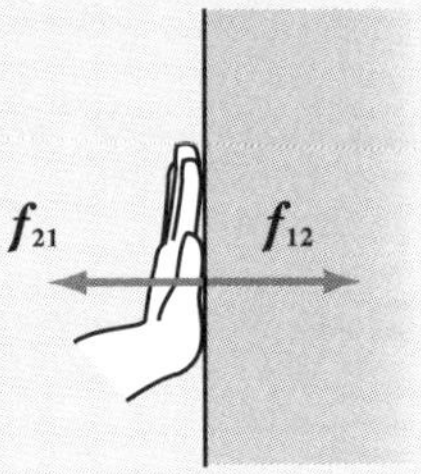

図1 作用・反作用の法則

(i) $\boldsymbol{f}_{12}$，$\boldsymbol{f}_{21}$が引力のイメージ　　(ii) $\boldsymbol{f}_{12}$，$\boldsymbol{f}_{21}$が斥力のイメージ

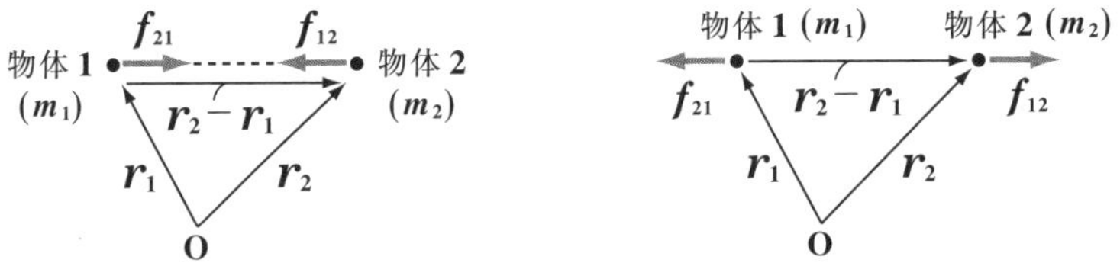

この作用・反作用の法則を用いると，2つの物体に外力が働かない場合，2つの物体について，次の“**運動量の保存則**”が成り立つことが示せる。

2つの物体の運動量保存則

時刻tが，$t_1 \leqq t \leqq t_2$の間，2つの物体1と2が外力を受けず相互作用(内力)のみで運動する場合，それぞれの運動量を$\boldsymbol{p}_1(t)$，$\boldsymbol{p}_2(t)$とおくと，次のように，“**運動量保存則**”が成り立つ。

$$\boldsymbol{p}_1(t_1)+\boldsymbol{p}_2(t_1)=\boldsymbol{p}_1(t_2)+\boldsymbol{p}_2(t_2) \quad \cdots\cdots(*2)$$

この運動量の保存則は，2つの物体の衝突のように，撃力(げきりょく)という大きな力が，微小な時間に働くような場合でも成り立つ。

次に，力のモーメント$\boldsymbol{N}(=\boldsymbol{r}\times\boldsymbol{f})$と角運動量$\boldsymbol{L}(=\boldsymbol{r}\times\boldsymbol{p})$($\boldsymbol{r}$：位置ベクトル，$\boldsymbol{f}$：物体に働く力，$\boldsymbol{p}$：運動量)の間に次の関係式が成り立つ。これを“**回転(かいてん)の運動方程式(うんどうほうていしき)**”という。

回転の運動方程式

物体の角運動量 $(\boldsymbol{L}=\boldsymbol{r}\times\boldsymbol{p})$ の変化率 $\left(\dfrac{d\boldsymbol{L}}{dt}\right)$ は，その物体に作用する力のモーメント $(\boldsymbol{N}=\boldsymbol{r}\times\boldsymbol{f})$ に等しい。

$\boldsymbol{N}=\dfrac{d\boldsymbol{L}}{dt}$ ……(＊3)　$(\boldsymbol{N}$：力のモーメント，$\boldsymbol{L}$：角運動量$)$

この回転の運動方程式(＊3)は，運動方程式：$\boldsymbol{f}=\dfrac{d\boldsymbol{p}}{dt}$ ……(＊2)と類似しているので，まとめて覚えておくとよい。

次に，万有引力(ばんゆういんりょく)の法則とケプラーの3つの法則を下に示す。

万有引力の法則

距離 r だけ離れた質量 M と m の2つの物体には常に互いに引き合う力が作用する。この力を"**万有引力**"と呼び，その大きさ f は質量の積 Mm に比例し，距離の2乗 r^2 に反比例する。よって，

万有引力の大きさ $f=G\dfrac{Mm}{r^2}$ ……(＊4)となる。

$\left(G：\text{万有引力定数}\ \ 6.672\times10^{-11}\,(\mathrm{Nm^2/kg^2})\right)$

ケプラーの法則

・第1法則：惑星は太陽を1つの焦点とするだ円軌道上を運動する。
・第2法則：惑星と太陽を結ぶ線分が同一時間に通過してできる図形の面積は一定である。
・第3法則：惑星の公転周期 T の2乗は惑星のだ円軌道の長半径 a の3乗に比例する。

このケプラーの第2法則は，"**面積速度一定の法則**(めんせきそくど)"と呼ばれ，これは，万有引力の法則(＊4)と回転の運動方程式(＊3)を用いることにより，証明することができる。(演習問題41(P83))

演習問題 31　●自由落下・投げ上げ●

質量 m (kg)の物体 P の自由落下と投げ上げについて，次の問いに答えよ。ただし，重力加速度 $g=9.8$ (m/s²)とし，空気抵抗は働かないものとする。

(1) 時刻 $t=0$ (s)に，物体 P を地面 $(x=0)$ より高さ $x=98$ (m)の位置から自由落下させるとき，地面に到達するまでの時間を求めよ。

(2) 時刻 $t=0$ (s)に，物体 P を地面 $(x=0)$ から初速度 $v_0=29.4$ (m/s)で鉛直上方に投げ上げるとき，P が達する最高点の位置と，それに達するまでの時間を求めよ。

ヒント！ いずれも，1次元の運動方程式：$m\ddot{x}=-mg$ を解けばよい。初期条件は，(1)では，$x(0)=98$，$v(0)=0$ であり，(2)では，$x(0)=0$，$v(0)=29.4$ となるんだね。

解答＆解説

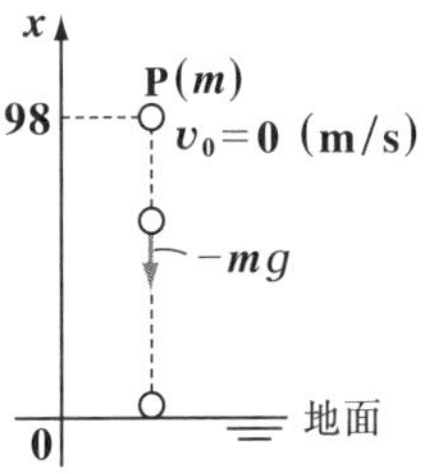

(1) 右図に示すように，地面を $x=0$ として，鉛直上向きに x 軸をとる。
$x=98$ (m)の位置から物体 P (質量 m (kg))を自由落下させたとき，P に働く力は，下向きの重力だけなので，この運動方程式は，

$\underline{m\ddot{x}=-mg}$ ……① となる。

（$f=-mg$，$ma=m\ddot{x}$ より，$-mg=m\ddot{x}$ となる。）

①の両辺を m で割ると，位置 $x(t)$ の微分方程式は，

$\ddot{x}=-g$ ……②　(初期条件：$x(0)=98$ (m)，$v(0)=v_0=0$ (m/s)) となり，

（$\dot{v}=\dfrac{dv}{dt}$）

速度を $v(t)$ とおくと，②は，$\dfrac{dv}{dt}=-g$ ……②′ となり，

この両辺を t で積分して，

$v(t)=-\int g\,dt=-gt+v_0=-gt$ ……………③ となる。

（初期条件：$v(0)=-g\cdot 0+v_0=0$ より，$v_0=0$ となる。）

加速度 $a=\ddot{x}$
↓ 積分
速度 $v=\dot{x}$
↓ 積分
位置 x

③をさらに，t で積分して，位置 x を求めると，初期条件：$x(0)=98$ より，

$$x(t)=\int(-gt)dt=-\frac{1}{2}gt^2+x_0=-4.9t^2+98 \quad \cdots\cdots④$$ となる。

（$\frac{1}{2}g$ = 4.9）（初期条件：$x(0)=-\frac{1}{2}g\cdot 0^2+x_0=98$ より，$x_0=98$ となる。）

④より，$x(t)=-4.9t^2+98=0$ のとき，P は地面に到達する。よって，

P の地面への到達時刻は，$t^2=\frac{98}{4.9}=20$ より，$t=\sqrt{20}=2\sqrt{5}$ (s) である。

………(答)

(2) 右図に示すように，地面 $(x=0)$ から，初速度 $v(0)=v_0=29.4$ (m/s) で，P を投げ上げたとき，P に働く力は重力 $-mg$ だけなので，運動方程式は，(1)と同様に，①より，

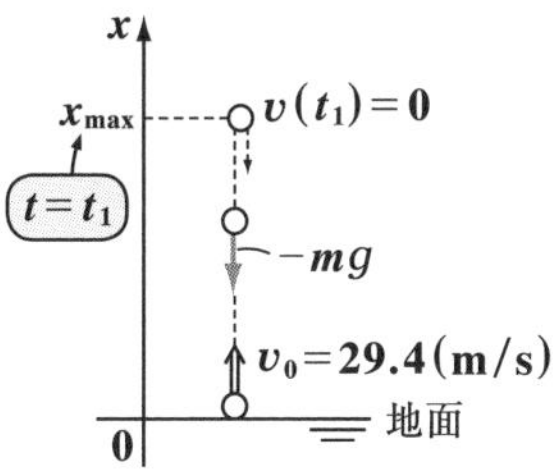

$\ddot{x}=-g \quad \cdots\cdots②$ $\left(\begin{array}{l}\text{初期条件：} x(0)=0\,(\text{m}),\\ \qquad\qquad v(0)=29.4\,(\text{m/s})\end{array}\right)$

となる。

②を t で積分して，

$$v(t)=\dot{x}=-\int g\,dt=-gt+29.4=9.8(3-t) \quad \cdots\cdots⑤$$ となる。

（g = 9.8）（$v(0)=3\times 9.8$（初期条件））

⑤をさらに，t で積分して，

$$x(t)=\int v\,dt=9.8\int(3-t)dt=9.8\left(3t-\frac{1}{2}t^2\right)+0=-4.9t^2+29.4t \quad \cdots\cdots⑥$$

（0 = $x(0)$（初期条件））

となる。P が最高点に達するときの時刻を $t=t_1$，最高点の位置を $x_{max}=x(t_1)$ とおく。P が最高点に達した瞬間，速度 v は 0 となるので，⑤より，

$v(t_1)=9.8(3-t_1)=0$ となる。よって，$t_1=3$ (s) である。

これを⑥に代入して，x_{max} を求めると，

$x_{max}=x(3)=-4.9\times 3^2+29.4\times 3=44.1$ (m) となる。

（$-4.9\times 9+3\times 9.8\times 3=9\cdot(9.8-4.9)=9\times 4.9=44.1$）

以上より，物体 P は，$t=t_1=3$ (s) のとき，最高点 $x(3)=44.1$ (m) に達する。

………(答)

演習問題 32　●2 次元と 3 次元の運動方程式●

次の各質量 m の物体 P に与えられた力 f が働くとき，それぞれの初期条件の下で，運動方程式を解いて，位置 $r(t)$ を求めよ。

(1) $m=\frac{1}{2}$, $f=[2,\ 1]$ （初期条件：$r(0)=[1,\ 2]$, $v(0)=[1,\ -1]$）

(2) $m=1$, $f=[-\cos t,\ -\sin t,\ 2]$ （初期条件：$r(0)=[2,\ 1,\ 0]$, $v(0)=[0,\ 1,\ 0]$）

ヒント！ (1)では，運動方程式は，$m[\ddot{x},\ \ddot{y}]=f$ に $m=\frac{1}{2}$, $f=[2,\ 1]$ を代入して，$\ddot{x}=4$, $\ddot{y}=2$ となる。これらを，t で 2 階積分して，x と y を求める。その際に生じる積分定数は，初期条件から決定するんだね。(2)も同様に解こう！

解答＆解説

(1) 2 次元の運動方程式：$m[\ddot{x},\ \ddot{y}]=f$ に，$m=\frac{1}{2}$, $f=[2,\ 1]$ を代入して，

（両辺に 2 をかけた）

$[\ddot{x},\ \ddot{y}]=[4,\ 2]$ ……① （初期条件：$r(0)=[\underset{x(0)}{1},\ \underset{y(0)}{2}]$, $v(0)=[\underset{v_x(0)}{1},\ \underset{v_y(0)}{-1}]$）

となる。よって，(i) $\ddot{x}=4$, (ii) $\ddot{y}=2$ となる。これらをそれぞれ解くと，

(i) $\ddot{x}=4$ ……①′ を t で積分して，

$$v_x(t)=\dot{x}(t)=\int 4dt=4t+v_{0x}=4t+1$$

（初期条件：$v_x(0)=4\cdot 0+v_{0x}=1$ より，$v_{0x}=1$）

これを，もう 1 階 t で積分して，

$$x(t)=\int(4t+1)dt=2t^2+t+x_0=2t^2+t+1 \quad \cdots\cdots②$$

（初期条件：$x(0)=2\cdot 0^2+0+x_0=1$ より，$x_0=1$）

（$a_x=\ddot{x}$ →積分→ $v_x=\dot{x}$ →積分→ x）

(ii) $\ddot{y}=2$ ……①″ を t で 2 階積分して，

$$v_y(t)=\dot{y}(t)=\int 2dt=2t-1 \qquad y(t)=\int(2t-1)dt=t^2-t+2 \quad \cdots\cdots②'$$

（$v_y(0)=-1$（初期条件））　（$y(0)=2$（初期条件））

以上 (i), (ii) の②, ②′ より，動点 P の位置 $r(t)$ は，

$r(t)=[x(t),\ y(t)]=[2t^2+t+1,\ t^2-t+2]$ である。 ………………(答)

(2) 3次元の運動方程式：$\underset{1}{m}[\ddot{x},\ \ddot{y},\ \ddot{z}] = \underset{[-\cos t,\ -\sin t,\ 2]}{f}$ に，$m=1$，$f=[-\cos t,\ -\sin t,\ 2]$

を代入して，$[\ddot{x},\ \ddot{y},\ \ddot{z}] = [-\cos t,\ -\sin t,\ 2]$ ……③

（初期条件：$r(0)=[2,\ 1,\ 0]$，$v(0)=[0,\ 1,\ 0]$）となる。

$x(0)$　$y(0)$　$z(0)$　　$v_x(0)$　$v_y(0)$　$v_z(0)$

よって，(ⅰ) $\ddot{x}=-\cos t$，(ⅱ) $\ddot{y}=-\sin t$，(ⅲ) $\ddot{z}=2$ となる。これらを，それぞれ解くと，

(ⅰ) $\ddot{x}=-\cos t$ ……③′ を，t で1階，2階積分すると，

$$v_x(t)=\dot{x}(t)=-\int \cos t\,dt=-\sin t+v_{0x}=-\sin t$$

$v_x(t)=-\sin t+v_{0x}$，$v_x(0)=\boxed{-0+v_{0x}=0}$ より，$v_{0x}=0$ となる。

$$x(t)=\int(-\sin t)dt=\cos t+1 \quad \cdots\cdots ④$$

$x(t)=\cos t+x_0$，$x(0)=\cos 0+x_0=\boxed{1+x_0=2}$　$\therefore x_0=1$ となる。

(ⅱ) $\ddot{y}=-\sin t$ ……③″ を，t で1階，2階積分すると，

$$v_y(t)=\dot{y}(t)=-\int \sin t\,dt=\cos t+v_{0y}=\cos t$$

$v_y(t)=\cos t+v_{0y}$，$v_y(0)=\cos 0+v_{0y}=\boxed{1+v_{0y}=1}$　$\therefore v_{0y}=0$

$$y(t)=\int \cos t\,dt=\sin t+y_0=\sin t+1 \quad \cdots\cdots ④'$$

$y(t)=\sin t+y_0$，$y(0)=\cancel{\sin 0}+y_0=\boxed{y_0=1}$　$\therefore y_0=1$

(ⅲ) $\ddot{z}=2$ ……③‴ を，t で1階，2階積分すると，

$$v_z(t)=\dot{z}(t)=\int 2\,dt=2t+v_{0z}=2t$$

$v_z(t)=2t+v_{0z}$，$v_z(0)=\cancel{2\cdot 0}+v_{0z}=\boxed{v_{0z}=0}$　$\therefore v_{0z}=0$

$$z(t)=\int 2t\,dt=t^2+z_0=t^2 \quad \cdots\cdots ④''$$

$z(t)=t^2+z_0$，$z(0)=0^2+z_0=\boxed{z_0=0}$　$\therefore z_0=0$

以上 (ⅰ), (ⅱ), (ⅲ) の④, ④′, ④″ より，動点Pの位置 $r(t)$ は，

$r(t)=[x(t),\ y(t),\ z(t)]=[\cos t+1,\ \sin t+1,\ t^2]$ である。………(答)

演習問題 33　● 空気抵抗がある場合の落下 ●

時刻 $t=0$ (s) のとき，質量 m (kg) の物体 P を，地面 ($x=0$) より高さ $x=98$ (m) の位置から落下させる。ただし，重力加速度 $g=9.8$ (m/s²) とし，速度に比例する空気抵抗が働くものとする。次の各問いに答えよ。

(1) 物体 P の運動方程式が $\ddot{x}=-(b\dot{x}+g)$ ……① で表されることを示せ。

(2) $b=1$ のとき，①の運動方程式を解いて，位置 $x(t)$ を求めよ。

ヒント！ 演習問題 31 (1) と同じ設定の落下の問題だけど，今回は空気抵抗がある場合の問題だ。(1) では，P に重力以外に空気抵抗 $-Bv$ が働くので，その運動方程式は $m\ddot{x}=-mg-Bv$ となるんだね。これは，変数分離形の微分方程式になっているんだね。

解答＆解説

(1) 右図に示すように，x 軸をとり，$x=98$ (m) の位置から物体 P (質量 m (kg)) を落下させたとき，P に働く力は，下向きに重力 $-mg$ と上向きに空気抵抗 $-Bv$ (B：正の定数) である

$v<0$，$B>0$ より，$-Bv>0$ となって，上向きの力だ。

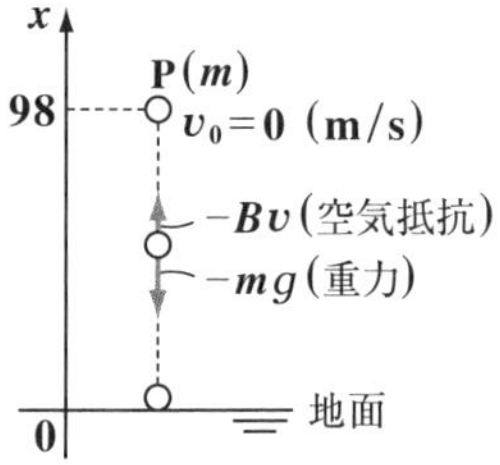

ので，この運動方程式は，

$m\ddot{x}=-mg-B\underset{\dot{x}}{v}$ となる。この両辺を $m\ (>0)$ で割ると，

$\underset{\dot{v}}{\ddot{x}}=-(b\underset{v}{\dot{x}}+g)$ ……①　$\left(\text{ただし，} b=\dfrac{B}{m}\right)$ が導かれる。………………(終)

(2) $b=1$ のとき，①に，$\ddot{x}=\dot{v}$，$\dot{x}=v$ を代入すると，

$\dot{v}=-(1\cdot v+g)$　　$\dfrac{dv}{dt}=-(v+\underset{9.8}{g})$ ……② となる。

変数分数形の微分方程式より，$\int(v\text{の式})dv=\int(t\text{の式})dt$ として解く。

(初期条件：$x(0)=98$，$v(0)=0$)

②より，$\int \frac{1}{v+g}dv = \int(-1)dt$ ←変数分離して，積分した！

$\log|v+g| = -t + C_1$　(C_1：積分定数)

$|v+g| = e^{-t+C_1}$　　$v+g = \pm e^{C_1}\cdot e^{-t}$（$g$は9.8，$\pm e^{C_1}$は$C$とおく）

よって，$v(t) = C\cdot e^{-t} - 9.8$ ……③ ($C = \pm e^{C_1}$) となる。

ここで，初期条件：$v(0)=0$ より，③に $t=0$ を代入すると，

$v(0) = C\cdot e^0 - 9.8 =$ $C - 9.8 = 0$ より，$C = 9.8$（e^0は1）

これを③に代入すると，$v(t) = 9.8(e^{-t}-1)$ ……④ となる。

④をさらに t で積分して，位置 $x(t)$ を求めると，

$x(t) = \int v(t)dt = 9.8\int(e^{-t}-1)dt = 9.8(-e^{-t}-t) + C_2$ …⑤ (C_2：積分定数)

ここで，初期条件：$x(0) = 98$ より，⑤に $t=0$ を代入すると，

$x(0) = 9.8(-e^0 - 0) + C_2 =$ $-9.8 + C_2 = 98$ より，（e^0は1）

$C_2 = 98 + 9.8 = 9.8\times 11$ となる。これを⑤に代入すると，

位置 $x(t) = 9.8(-e^{-t}-t) + 9.8\times 11 = 9.8(11 - e^{-t} - t)$ …⑥ となる。…(答)

参考

演習問題 **31 (1)** の空気抵抗がない場合，地上 **98 (m)** から自由落下させた物体 **P** が地面に達するまでの時間は $t = 2\sqrt{5} \fallingdotseq 4.47$ (s) だったんだね。（$\sqrt{5}$は2.236…）

これに対して今回の問題では，$b=1$ だから，かなり強い空気抵抗が働く場合で，物体 **P** が地面に到達する時間を t_1 とおくと，⑥に $t=t_1$ を代入して，

$x(t_1) =$ $9.8(11 - e^{-t_1} - t_1) = 0$，すなわち $11 - e^{-t_1} - t_1 = 0$ となる。

ここで，$t_1 \fallingdotseq 11$ となるのは分かる？このとき，$e^{-11} \fallingdotseq 1.67\times 10^{-5}$ となって，これはほぼ **0** として無視できるからなんだね。したがって，強い空気抵抗が働く場合，**P** が地面に到達するまで，空気抵抗のない場合に比べて，**2** 倍以上も時間がかかることが分かったんだね。面白かった？

演習問題 34　● 空気抵抗がある場合の投げ上げ ●

時刻 $t=0$ (s)のとき，質量 m (kg)の物体Pを地面($x=0$)から初速度 $v_0=29.4$ (m/s)で鉛直上方に投げ上げる。ただし，重力加速度 $g=9.8$ (m/s²)とし，速度に比例する空気抵抗が働くものとする。このとき，物体Pの運動方程式は，$\ddot{x}=-(bv+g)$ ……① で表される。$b=1$ として①の運動方程式を解き，Pが達する最高点の位置と，それに達するまでの時間を求めよ。

ヒント！ 今回は，空気抵抗が働く場合を考えるが，それ以外の問題の設定条件は演習問題31(2)と同様なんだね。空気抵抗が働く投げ上げの場合の運動方程式は，演習問題33と同様に，$m\ddot{x}=-mg-Bv$ から，$\ddot{x}=-(bv+g)$ ……① $\left(b=\frac{B}{m}\right)$ が導ける。今回は，この①を，初期条件：$x(0)=0$，$v(0)=29.4$ の下で解いていけばいい。最高点に達した瞬間，$v=0$ となることも，もちろん利用する。

解答＆解説

右図に示すように，地面($x=0$)から，初速度 $v(0)=v_0=29.4$ (m/s)で，Pを投げ上げたとき，Pに働く力は，重力 $-mg$ と空気抵抗 $-Bv$

($v>0$ のとき，$B>0$ より，$-Bv<0$ となって，下向きの力になる。)

の2つなので，Pの運動方程式は，

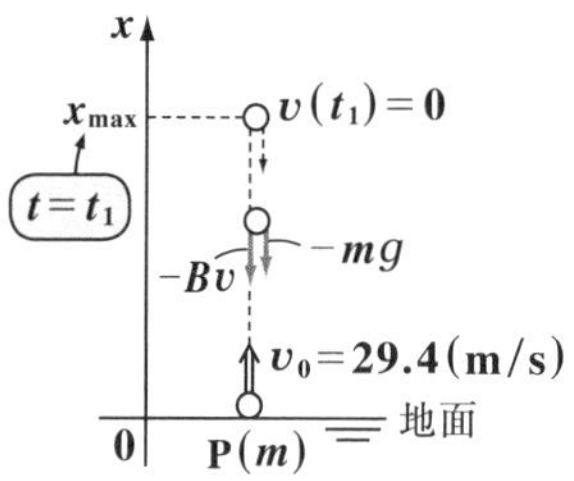

$m\ddot{x}=-mg-Bv$　この両辺を m (>0)で割って，

$\ddot{x}=-(bv+g)$ ……① となる。$\left(b=\frac{B}{m}\right)$

(初期条件：$x(0)=0$ (m)，$v(0)=29.4$ (m/s))

$b=1$ のとき，$\ddot{x}=\dot{v}$ より，①は，

$\dot{v}=\frac{dv}{dt}=-(1\cdot v+g)$ より，変数を分離して積分すると，

(変数分離形の微分方程式)

$\int\frac{1}{v+g}dv=\int(-1)dt$　　$\log|v+g|=-t+C_1$ (積分定数)

$\therefore v(t)=C\cdot e^{-t}-9.8$ ……② ($C=\pm e^{C_1}$) となる。

($v+g=\pm e^{C_1}\cdot e^{-t}$，$g=9.8$，$\pm e^{C_1}$ を C とおく
$v=Ce^{-t}-9.8$
(演習問題33と同様))

ここで，初期条件：$v(0)=29.4=3\times9.8$ より，②に $t=0$ を代入して，

$v(0)=$ $C\cdot e^0-9.8=3\times9.8$ より，$C=4\times9.8$

これを②に代入して，

$v(t)=4\times9.8e^{-t}-9.8=9.8(4e^{-t}-1)$ ……③

③をさらに t で積分して，

$$x(t)=\int v(t)dt=9.8\int(4e^{-t}-1)dt=9.8(-4e^{-t}-t)+\underbrace{C_2}_{\text{積分定数}} \quad \cdots\cdots④$$

ここで，初期条件：$x(0)=0$ より，④に $t=0$ を代入して，

$x(0)=9.8\cdot(-4e^0-0)+C_2=$ $-4\times9.8+C_2=0$ $\therefore C_2=4\times9.8$

これを④に代入して，位置 $x(t)$ は，

$x(t)=9.8(-4e^{-t}-t+4)$ ……⑤ となる。………………………………………(答)

ここで，物体Pが最高点に達する時の時刻を $t=t_1$ とおき，最高点の位置を $x_{max}=x(t_1)$ とおく。$t=t_1$ のとき，$v(t_1)=0$ となるので，③より，

$v(t_1)=$ $9.8(4\cdot e^{-t_1}-1)=0$，$4e^{-t_1}-1=0$，$e^{-t_1}=\frac{1}{4}$ よって，

$-t_1=\log\frac{1}{4}=\log4^{-1}=-\log4$ $\therefore t_1=\log4$ $(\fallingdotseq1.386)$

このとき，最高点の位置 $x_{max}=x(t_1)$ は，⑤より，

$$x_{max}=x(t_1)=9.8(-4\cdot\underbrace{e^{-t_1}}_{\frac{1}{4}}-\underbrace{t_1}_{\log4}+4)=9.8\Big(\underbrace{-4\times\frac{1}{4}}_{-1}-\log4+4\Big)$$

$$\therefore x_{max}=9.8\cdot(3-\underbrace{\log4}_{1.386})\ (\fallingdotseq15.814)$$

以上より，物体Pは，時刻 $t=t_1=\log4\,(\mathrm{s})$ のとき，最高点の位置 $x_{max}=x(\log4)=9.8(3-\log4)\,(\mathrm{m})$ に達する。……………………………(答)

参考

空気抵抗のない場合の演習問題 **31**(**2**)では，時刻 $t=t_1=3$ のとき，最高点の位置 $x_{max}=44.1\,(\mathrm{m})$ に達するが，今回の空気抵抗がある場合の最高点の位置 $x_{max}\fallingdotseq15.814(\mathrm{m})$ となって，約 **3** 分の **1** の高さにまでしか達しないことが分かったんだね。

演習問題 35　●2 次元運動 力積と運動量の関係●

(1) 時刻 $t=1$ のとき，運動量 $\boldsymbol{p}(1)=[1,\ -2]$ をもっていた物体に，時刻 $1 \leqq t \leqq 3$ の間に力 $\boldsymbol{f}(t)=[1+2t,\ 2-3t^2]$ が作用したとき，時刻 $t=3$ における物体の運動量 $\boldsymbol{p}(3)$ を求めよ。

(2) 時刻 $t=0$ のとき，運動量 $\boldsymbol{p}(0)=[2e^{-1},\ 2e]$ をもっていた物体に，時刻 $0 \leqq t \leqq 2$ の間に力 $\boldsymbol{f}(t)=\left[e^{-\frac{t}{2}},\ -e^{\frac{t}{2}}\right]$ が作用したとき，時刻 $t=2$ における物体の運動量 $\boldsymbol{p}(2)$ を求めよ。

ヒント！ $t=t_1$ のとき，運動量 $\boldsymbol{p}(t_1)$ をもっていた物体に，$t_1 \leqq t \leqq t_2$ の時間に力 $\boldsymbol{f}(t)$ が作用すると，$t=t_2$ における運動量 $\boldsymbol{p}(t_2)$ は，$\boldsymbol{p}(t_2)=\boldsymbol{p}(t_1)+\int_{t_1}^{t_2}\boldsymbol{f}(t)dt$ となるんだね。

解答＆解説

$\boldsymbol{p}(t_2)=\boldsymbol{p}(t_1)+\int_{t_1}^{t_2}\boldsymbol{f}(t)dt$

(1) 力積と運動量の関係より，求める運動量 $\boldsymbol{p}(3)$ は，

$$\boldsymbol{p}(3)=\boldsymbol{p}(1)+\int_1^3\boldsymbol{f}(t)dt=[1,\ -2]+\int_1^3[1+2t,\ 2-3t^2]dt$$

$$=[1,\ -2]+\left[\int_1^3(1+2t)dt,\ \int_1^3(2-3t^2)dt\right]$$

$[t+t^2]_1^3=3+3^2-(1+1^2)=10$　　$[2t-t^3]_1^3=2\cdot3-3^3-(2\cdot1-1^3)=6-27-1=-22$

$=[1,\ -2]+[10,\ -22]=[11,\ -24]$ となる。……………………(答)

(2) 力積と運動量の関係より，求める運動量 $\boldsymbol{p}(2)$ は，

$$\boldsymbol{p}(2)=\boldsymbol{p}(0)+\int_0^2\boldsymbol{f}(t)dt=[2e^{-1},\ 2e]+\int_0^2\left[e^{-\frac{t}{2}},\ -e^{\frac{t}{2}}\right]dt$$

$$=[2e^{-1},\ 2e]+\left[\int_0^2 e^{-\frac{t}{2}}dt,\ -\int_0^2 e^{\frac{t}{2}}dt\right]$$

$-2\left[e^{-\frac{t}{2}}\right]_0^2=-2(e^{-1}-1)=2-2e^{-1}$　　$2\left[e^{\frac{t}{2}}\right]_0^2=2(e^1-e^0)=2e-2$

$=[2e^{-1},\ 2e]+[2-2e^{-1},\ -(2e-2)]$

$=[2e^{-1}+2-2e^{-1},\ 2e-2e+2]=[2,\ 2]$ となる。………………(答)

演習問題 36 ● 3 次元運動 力積と運動量の関係 ●

時刻 $t=\frac{\pi}{2}$ のとき，運動量 $\boldsymbol{p}\left(\frac{\pi}{2}\right)=\left[-\frac{\pi}{4},\ \frac{3}{4}\pi,\ -\frac{3}{2}\right]$ をもっていた物体に，時刻 $\frac{\pi}{2}\leqq t\leqq\pi$ の間に力 $\boldsymbol{f}(t)=[\cos^2 t,\ \sin^2 t,\ \sin t\cos t]$ が作用したとき，時刻 $t=\pi$ における物体の運動量 $\boldsymbol{p}(\pi)$ を求めよ。

ヒント! 力積は運動量の変化分に等しいので，$\boldsymbol{p}(\pi)=\boldsymbol{p}\left(\frac{\pi}{2}\right)+\int_{\frac{\pi}{2}}^{\pi}\boldsymbol{f}(t)dt$ の関係式が成り立つ。これから，$t=\pi$ における物体の運動量 $\boldsymbol{p}(\pi)$ を求めよう。

解答＆解説

物体に加えられた力積 $\int_{\frac{\pi}{2}}^{\pi}\boldsymbol{f}(t)dt$ は，運動量の変化分 $\boldsymbol{p}(\pi)-\boldsymbol{p}\left(\frac{\pi}{2}\right)$ に等しい。よって，$\boldsymbol{p}(\pi)$ は次式により求められる。

$$\boldsymbol{p}(\pi)=\boldsymbol{p}\left(\frac{\pi}{2}\right)+\int_{\frac{\pi}{2}}^{\pi}\boldsymbol{f}(t)dt=\left[-\frac{\pi}{4},\ \frac{3}{4}\pi,\ -\frac{3}{2}\right]+\int_{\frac{\pi}{2}}^{\pi}[\cos^2 t,\ \sin^2 t,\ \sin t\cos t]dt$$

$$=\left[-\frac{\pi}{4},\ \frac{3}{4}\pi,\ -\frac{3}{2}\right]+\left[\int_{\frac{\pi}{2}}^{\pi}\underbrace{\cos^2 t}_{\frac{1}{2}(1+\cos 2t)}dt,\ \int_{\frac{\pi}{2}}^{\pi}\underbrace{\sin^2 t}_{\frac{1}{2}(1-\cos 2t)}dt,\ \int_{\frac{\pi}{2}}^{\pi}\underbrace{\sin t\cos t}_{f\cdot f'\text{の形}}dt\right]$$

$$=\left[-\frac{\pi}{4},\ \frac{3}{4}\pi,\ -\frac{3}{2}\right]+\left[\frac{1}{2}\int_{\frac{\pi}{2}}^{\pi}(1+\cos 2t)dt,\ \frac{1}{2}\int_{\frac{\pi}{2}}^{\pi}(1-\cos 2t)dt,\ \int_{\frac{\pi}{2}}^{\pi}\sin t\cos t\,dt\right]$$

$\left[t+\frac{1}{2}\sin 2t\right]_{\frac{\pi}{2}}^{\pi}=\pi-\frac{\pi}{2}=\frac{\pi}{2}$

$\left[t-\frac{1}{2}\sin 2t\right]_{\frac{\pi}{2}}^{\pi}=\pi-\frac{\pi}{2}=\frac{\pi}{2}$

$\frac{1}{2}\left[\sin^2 t\right]_{\frac{\pi}{2}}^{\pi}=\frac{1}{2}(0^2-1^2)=-\frac{1}{2}$

$$=\left[-\frac{\pi}{4},\ \frac{3}{4}\pi,\ -\frac{3}{2}\right]+\left[\frac{1}{2}\times\frac{\pi}{2},\ \frac{1}{2}\times\frac{\pi}{2},\ -\frac{1}{2}\right]$$

$$=\left[-\frac{\pi}{4}+\frac{\pi}{4},\ \frac{3}{4}\pi+\frac{\pi}{4},\ -\frac{3}{2}-\frac{1}{2}\right]=[0,\ \pi,\ -2]$$ である。………(答)

演習問題 37　● 運動量保存則 ●

他の天体から十分に離れた宇宙空間におけるロケットの 1 次元の運動について，次の各問いに答えよ。

(1) 質量 M，速度 $v = 100$ (m/s) で等速直線運動しているロケットが，後方にロケットから見て相対速度 $-u = -1500$ (m/s) で質量 $\frac{M}{3}$ のガスを噴射した。噴射後のロケットの速度 v' (m/s) を求めよ。

(2) 質量 M，速度 $v = 200$ (m/s) で等速直線運動しているロケットが，前方にロケットから見て相対速度 $u = 500$ (m/s) で質量 $\frac{M}{10}$ のガスを噴射した。噴射後のロケットの速度 v' (m/s) を求めよ。

ヒント！ (1), (2) いずれも，ロケットに外力は働いていないので，噴射前後におけるこのロケットの運動量は保存される。よって，(i) 噴射前と (ii) 噴射後の運動量をそれぞれ求めて，これらが等しいとおいて，解けばいいんだね。

解答＆解説

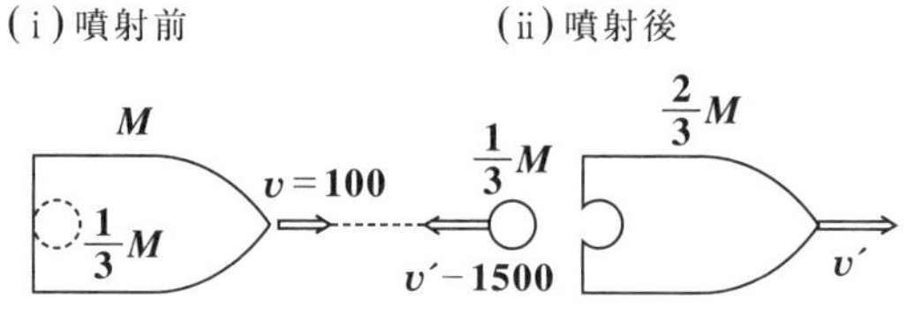

(1) 右図に示すように，

(i) 噴射前は，質量 M のロケットが，速度 $v = 100$ (m/s) で，等速直線運動しており，

(ii) 噴射後は，質量 $\frac{2}{3}M$ のロケット本体は，速度 v' (m/s) で等速直線運動し，噴射された質量 $\frac{M}{3}$ のガスは，速度 $v'-1500$ (m/s) で同一直線上を等速度運動している。

噴射前後に外力は働いていないので，噴射前後の運動量は保存される。よって，噴射前後の運動量を調べると，

$$\begin{cases} \text{(i) 噴射前：} M\cdot 100 \cdots\cdots ① \\ \text{(ii) 噴射後：} \left(M-\frac{1}{3}M\right)\cdot v' + \frac{1}{3}M\cdot(v'-1500) \cdots\cdots ② \end{cases}$$

①＝②（運動量保存則）より，

$$100M=\left(M-\frac{1}{3}M\right)\cdot v'+\frac{1}{3}M\cdot(v'-1500)$$

$100M=Mv'-500M$　　両辺を $M\,(>0)$ で割ると，

$\therefore v'=600$ (m/s) である。……………………………………………………（答）

(2) 右図に示すように，

（ⅰ）噴射前は，質量 M のロケットが，速度 $v=200$ (m/s) で，等速直線運動しており，

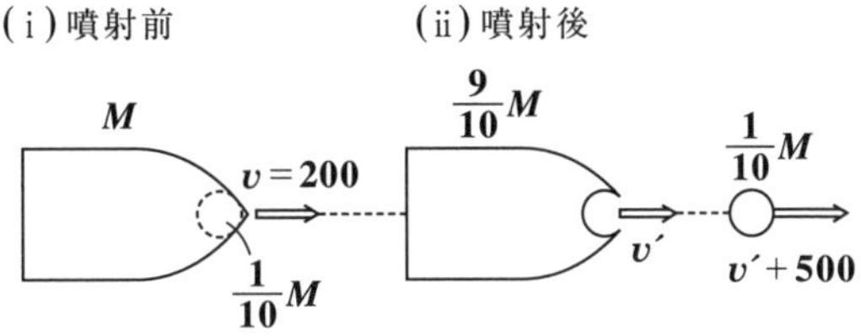

（ⅱ）噴射後は，質量 $\frac{9}{10}M$ のロケット本体は，速度 v' (m/s) で等速直線運動し，噴射された質量 $\frac{1}{10}M$ のガスは，速度 $v'+500$ (m/s) で同一直線上を等速度運動している。

噴射前後に外力は働いていないので，噴射前後の運動量は保存される。

よって，噴射前後の運動量を調べると，

（ⅰ）噴射前：$M\cdot 200$ ……………………………………………③

（ⅱ）噴射後：$\left(M-\frac{1}{10}M\right)\cdot v'+\frac{1}{10}M\cdot(v'+500)$ ……④

③＝④（運動量保存則）より，

$$200M=\left(M-\frac{1}{10}M\right)\cdot v'+\frac{1}{10}M\cdot(v'+500)$$

$200M=Mv'+50M$　　両辺を $M\,(>0)$ で割ると，

$200=v'+50$

$\therefore v'=150$ (m/s) である。……………………………………………………（答）

演習問題 38	● 2物体の衝突問題（2次元）●

2次元運動する2物体の衝突について，次の問いに答えよ。

(1) 質量 $2m$ の物体 P_1 は速度 $\boldsymbol{v}_1=[3,\ 2]$ で，また質量 $3m$ の物体 P_2 は速度 $\boldsymbol{v}_2=[-1,\ 4]$ で等速度運動していたが，これらはある点で衝突した後，P_1 は速度 $\boldsymbol{v}_1'=[-3,\ 5]$ で，また，P_2 は速度 $\boldsymbol{v}_2'$ で再び等速度運動をした。このとき，$\boldsymbol{v}_2'$ と P_2 が受けた力積 $\boldsymbol{I}_2$ を求めよ。

(2) 質量 $5m$ の物体 P_1 は速度 $\boldsymbol{v}_1=[-1,\ 1]$ で，また質量 $4m$ の物体 P_2 は速度 $\boldsymbol{v}_2=[4,\ -1]$ で等速度運動していたが，これらはある点で衝突した後，P_1 は速度 $\boldsymbol{v}_1'$ で，また，P_2 は速度 $\boldsymbol{v}_2'=[2,\ 1]$ で再び等速度運動をした。このとき，$\boldsymbol{v}_1'$ と P_1 が受けた力積 $\boldsymbol{I}_1$ を求めよ。

ヒント！ (1) 衝突の前後で2物体 P_1 と P_2 の運動量は保存される。よって，運動量保存則の式：$2m\boldsymbol{v}_1+3m\boldsymbol{v}_2=2m\boldsymbol{v}_1'+3m\boldsymbol{v}_2'$ から $\boldsymbol{v}_2'$ を求めよう。また，P_2 が受けた力積 $\boldsymbol{I}_2$ は，$\boldsymbol{I}_2=3m\boldsymbol{v}_2'-3m\boldsymbol{v}_2$ から求めればいいんだね。(2) も同様だね。

解答＆解説

衝突のイメージ

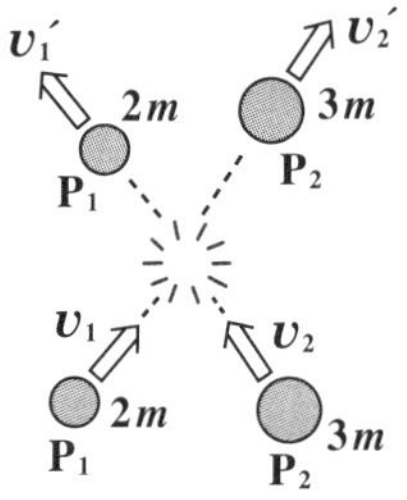

(1) 衝突の前後で，2つの物体 P_1 と P_2 の運動量は保存される。よって，

$$2m\boldsymbol{v}_1+3m\boldsymbol{v}_2=2m\boldsymbol{v}_1'+3m\boldsymbol{v}_2' \quad \cdots\cdots①$$

（$\boldsymbol{v}_1=[3,\ 2]$，$\boldsymbol{v}_2=[-1,\ 4]$：衝突前，$\boldsymbol{v}_1'=[-3,\ 5]$：衝突後）

が成り立つ。①より，

$$2m[3,\ 2]+3m[-1,\ 4]=2m[-3,\ 5]+3m\boldsymbol{v}_2'$$

両辺を $m\,(>0)$ で割って，$\boldsymbol{v}_2'$ を求めると，

$$3\boldsymbol{v}_2'=[6,\ 4]+[-3,\ 12]-[-6,\ 10]=[6-3+6,\ 4+12-10]=[9,\ 6]$$

$\therefore \boldsymbol{v}_2'=[3,\ 2]$ である。 ……………………………………………………(答)

次に，衝突により，P_2 が受けた力積 $\boldsymbol{I}_2$ は，その運動量の変化分に等しいので，

$$\underbrace{\boldsymbol{I}_2}_{\text{力積}} = \underbrace{3m\underbrace{\boldsymbol{v}_2'}_{[3,\ 2]} - 3m\underbrace{\boldsymbol{v}_2}_{[-1,\ 4]}}_{\text{運動量の変化分}} = 3m([3,\ 2]-[-1,\ 4])$$

$\therefore \boldsymbol{I}_2 = 3m[4,\ -2] = [12m,\ -6m]$ である。 ……………………………(答)

$\boldsymbol{I}_1 = -\boldsymbol{I}_2$ より，P_1 が受けた力積 $\boldsymbol{I}_1$ は，$\boldsymbol{I}_1 = [-12m,\ 6m]$ となるのも大丈夫だね。

(2) 衝突の前後で，2つの物体 P_1 と P_2 の運動量は保存される。よって，

衝突のイメージ

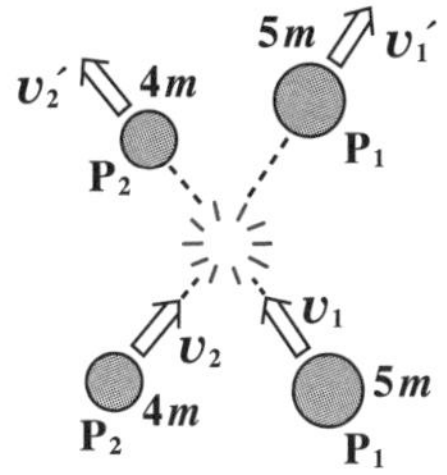

$$\underbrace{5m\underbrace{\boldsymbol{v}_1}_{[-1,\ 1]} + 4m\underbrace{\boldsymbol{v}_2}_{[4,\ -1]}}_{\text{衝突前}} = \underbrace{5m\boldsymbol{v}_1' + 4m\underbrace{\boldsymbol{v}_2'}_{[2,\ 1]}}_{\text{衝突後}} \quad \cdots\cdots ②$$

が成り立つ。②より，

$$5\cancel{m}[-1,\ 1] + 4\cancel{m}[4,\ -1] = 5\cancel{m}\boldsymbol{v}_1' + 4\cancel{m}[2,\ 1]$$

両辺を $m\,(>0)$ で割って，$\boldsymbol{v}_1'$ を求めると，

$$5\boldsymbol{v}_1' = [-5,\ 5] + [16,\ -4] - [8,\ 4] = [-5+16-8,\ 5-4-4]$$

$$5\boldsymbol{v}_1' = [3,\ -3]$$

$\therefore \boldsymbol{v}_1' = \left[\dfrac{3}{5},\ -\dfrac{3}{5}\right]$ である。 ……………………………………………(答)

次に，衝突により，P_1 が受けた力積 $\boldsymbol{I}_1$ は，その運動量の変化分に等しいので，

$$\underbrace{\boldsymbol{I}_1}_{\text{力積}} = \underbrace{5m\underbrace{\boldsymbol{v}_1'}_{\left[\frac{3}{5},\ -\frac{3}{5}\right]} - 5m\underbrace{\boldsymbol{v}_1}_{[-1,\ 1]}}_{\text{運動量の変化分}}$$

$$= 5m\left(\left[\frac{3}{5},\ -\frac{3}{5}\right] - [-1,\ 1]\right) = 5m\left[\frac{8}{5},\ -\frac{8}{5}\right]$$

$\therefore \boldsymbol{I}_1 = [8m,\ -8m]$ である。 ……………………………………………(答)

$\boldsymbol{I}_2 = 4m\boldsymbol{v}_2' - 4m\boldsymbol{v}_2 = 4m(\boldsymbol{v}_2' - \boldsymbol{v}_2) = 4m([2,\ 1] - [4,\ -1])$
$= 4m[-2,\ 2] = [-8m,\ 8m]$ となるので，$\boldsymbol{I}_2 = -\boldsymbol{I}_1$ が成り立っていることも分かるんだね。

演習問題 39　●2物体の衝突問題(3次元)●

3次元運動する2物体の衝突問題について，次の問いに答えよ。

(1) 質量 m の物体 P_1 は速度 $\boldsymbol{v}_1=[1,\ -1,\ 2]$ で，また質量 $2m$ の物体 P_2 は速度 $\boldsymbol{v}_2=[2,\ 1,\ -1]$ で等速度運動していたが，これらはある点で衝突した後，P_1 は速度 $\boldsymbol{v}_1'=[0,\ 1,\ -1]$ で，また，P_2 は速度 $\boldsymbol{v}_2'$ で再び等速度運動をした。このとき，$\boldsymbol{v}_2'$ と P_2 が受けた力積 $\boldsymbol{I}_2$ を求めよ。

(2) 質量 $4m$ の物体 P_1 は速度 $\boldsymbol{v}_1=[-1,\ 3,\ 2]$ で，また質量 $3m$ の物体 P_2 は速度 $\boldsymbol{v}_2=[2,\ 2,\ -1]$ で等速度運動していたが，これらはある点で衝突した後，P_1 は速度 $\boldsymbol{v}_1'$ で，また，P_2 は速度 $\boldsymbol{v}_2'=[-1,\ 1,\ 2]$ で再び等速度運動をした。このとき，$\boldsymbol{v}_1'$ と P_1 が受けた力積 $\boldsymbol{I}_1$ を求めよ。

ヒント！ (1) 衝突の前後で2物体 P_1 と P_2 の運動量は保存されるので，$m\boldsymbol{v}_1+2m\boldsymbol{v}_2=m\boldsymbol{v}_1'+2m\boldsymbol{v}_2'$ となる。これから $\boldsymbol{v}_2'$ を求め，さらに，$\boldsymbol{I}_2=2m\boldsymbol{v}_2'-2m\boldsymbol{v}_2$ から，P_2 が衝突時に受けた力積 $\boldsymbol{I}_2$ を求めればいいんだね。

解答＆解説

衝突のイメージ

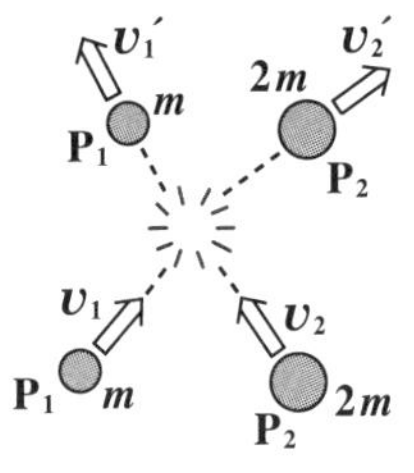

(1) 衝突の前後で，2つの物体 P_1 と P_2 の運動量は保存される。よって，

$$m\boldsymbol{v}_1 + 2m\boldsymbol{v}_2 = m\boldsymbol{v}_1' + 2m\boldsymbol{v}_2' \quad \cdots\cdots①$$

（$\boldsymbol{v}_1=[1,\ -1,\ 2]$，$\boldsymbol{v}_2=[2,\ 1,\ -1]$：衝突前，$\boldsymbol{v}_1'=[0,\ 1,\ -1]$：衝突後）

が成り立つ。①より，

$$m[1,\ -1,\ 2]+2m[2,\ 1,\ -1]=m[0,\ 1,\ -1]+2m\boldsymbol{v}_2'$$

両辺を $m\,(>0)$ で割って，$\boldsymbol{v}_2'$ を求めると，

$$2\boldsymbol{v}_2'=[1,\ -1,\ 2]+[4,\ 2,\ -2]-[0,\ 1,\ -1]=[5,\ 0,\ 1]$$

$$\therefore \boldsymbol{v}_2'=\frac{1}{2}[5,\ 0,\ 1]=\left[\frac{5}{2},\ 0,\ \frac{1}{2}\right]$$ である。……………………………(答)

次に，衝突により，P_2 が受けた力積 $\boldsymbol{I}_2$ は，

$$\underbrace{I_2}_{\text{力積}} = \underbrace{2m v_2' - 2m v_2}_{\text{運動量の変化分}} = 2m\left(\left[\frac{5}{2},\ 0,\ \frac{1}{2}\right] - [2,\ 1,\ -1]\right)$$

$\therefore I_2 = 2m\left[\frac{1}{2},\ -1,\ \frac{3}{2}\right] = [m,\ -2m,\ 3m]$ である。……………………(答)

$I_1 = m v_1' - m v_1 = m[-1,\ 2,\ -3] = [-m,\ 2m,\ -3m]$ より，$I_2 = -I_1$ が成り立つ。

(2) 衝突の前後で，2つの物体 P_1 と P_2 の運動量は保存される。よって，

衝突のイメージ

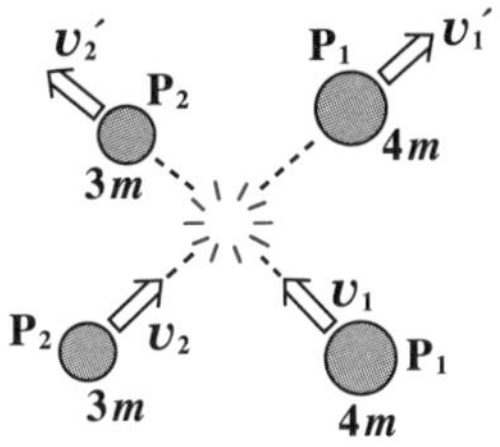

$$4m\underbrace{v_1}_{[-1,\ 3,\ 2]} + 3m\underbrace{v_2}_{[2,\ 2,\ -1]} = 4m v_1' + 3m\underbrace{v_2'}_{[-1,\ 1,\ 2]} \quad \cdots\cdots②$$

（左辺：衝突前，右辺：衝突後）

が成り立つ。②より，

$$4m[-1,\ 3,\ 2] + 3m[2,\ 2,\ -1] = 4m v_1' + 3m[-1,\ 1,\ 2]$$

両辺を $m\,(>0)$ で割って，v_1' を求めると，

$$4v_1' = [-4,\ 12,\ 8] + [6,\ 6,\ -3] - [-3,\ 3,\ 6] = [5,\ 15,\ -1]$$

$\therefore v_1' = \frac{1}{4}[5,\ 15,\ -1] = \left[\frac{5}{4},\ \frac{15}{4},\ -\frac{1}{4}\right]$ である。……………………(答)

次に，衝突により，P_1 が受けた力積 I_1 は，

$$\underbrace{I_1}_{\text{力積}} = \underbrace{4m v_1' - 4m v_1}_{\text{運動量の変化分}} = 4m\left(\left[\frac{5}{4},\ \frac{15}{4},\ -\frac{1}{4}\right] - [-1,\ 3,\ 2]\right)$$

$= 4m\left[\frac{9}{4},\ \frac{3}{4},\ -\frac{9}{4}\right] = [9m,\ 3m,\ -9m]$ である。……………………(答)

$I_2 = 3m v_2' - 3m v_2 = 3m([-1,\ 1,\ 2] - [2,\ 2,\ -1])$
$= 3m[-3,\ -1,\ 3] = [-9m,\ -3m,\ 9m]$ となって，
$I_2 = -I_1$ が成り立っていることが分かる。

演習問題 40　● 回転の運動方程式 ●

回転の運動方程式について，次の各問いに答えよ。(ただし，時刻：t)

(1) 運動する物体の角運動量 $\boldsymbol{L}(=\boldsymbol{r}\times\boldsymbol{p})$ と力のモーメント $\boldsymbol{N}(=\boldsymbol{r}\times\boldsymbol{f})$ について，回転の運動方程式：$\dfrac{d\boldsymbol{L}}{dt}=\boldsymbol{N}$ ……(＊) が成り立つことを示せ。(ただし，$\boldsymbol{p}$：運動量，$\boldsymbol{f}$：力，t：時刻)

(2) 運動する質量 m の物体 P の位置ベクトル $\boldsymbol{r}(t)$ が $\boldsymbol{r}(t)=[2t^2,\ 1-2t,\ t^2]$ で与えられているとき，(i) 角運動量 $\boldsymbol{L}$ と (ii) 力のモーメント $\boldsymbol{N}$ を求め，さらに，回転の運動方程式 (＊) が成り立つことを確認せよ。

(3) 運動する質量 m の物体 P の位置ベクトル $\boldsymbol{r}(t)$ が $\boldsymbol{r}(t)=[\cos t,\ \sin t,\ 2t]$ で与えられているとき，(i) 角運動量 $\boldsymbol{L}$ と (ii) 力のモーメント $\boldsymbol{N}$ を求め，さらに，回転の運動方程式 (＊) が成り立つことを確認せよ。

ヒント！ (1) ベクトルの外積の微分公式：$(\boldsymbol{a}\times\boldsymbol{b})'=\boldsymbol{a}'\times\boldsymbol{b}+\boldsymbol{a}\times\boldsymbol{b}'$ と，平行な 2 つのベクトルの外積は $\boldsymbol{0}$ となることを利用する。(2)(3) $\boldsymbol{r}(t)$ から，$\boldsymbol{v}(t)$，$\boldsymbol{a}(t)$ を求めて，運動量 $\boldsymbol{p}(=m\boldsymbol{v})$，力 $\boldsymbol{f}(=m\boldsymbol{a})$ を求め，角運動量 $\boldsymbol{L}(=\boldsymbol{r}\times\boldsymbol{p})$ と力のモーメント $\boldsymbol{N}(=\boldsymbol{r}\times\boldsymbol{f})$ を求めよう。そして，$\boldsymbol{L}$ を t で微分して，これが $\boldsymbol{N}$ と一致することを確かめよう。

解答＆解説

(1) 回転の運動方程式 (＊) が成り立つことを示す。

公式：$(\boldsymbol{a}\times\boldsymbol{b})'=\boldsymbol{a}'\times\boldsymbol{b}+\boldsymbol{a}\times\boldsymbol{b}'$

$$((＊)の左辺)=\frac{d\boldsymbol{L}}{dt}=\frac{d}{dt}(\boldsymbol{r}\times\boldsymbol{p})=(\boldsymbol{r}\times\boldsymbol{p})'$$

$$=\underbrace{\dot{\boldsymbol{r}}}_{\boldsymbol{v}}\times\underbrace{\boldsymbol{p}}_{m\boldsymbol{v}}+\boldsymbol{r}\times\underbrace{\dot{\boldsymbol{p}}}_{\boldsymbol{f}}=\underbrace{\boldsymbol{v}\times m\boldsymbol{v}}_{\boldsymbol{0}\ (\because\ \boldsymbol{v}/\!/m\boldsymbol{v}\ (平行))}+\boldsymbol{r}\times\boldsymbol{f}=\boldsymbol{N}=((＊)の右辺)$$

よって，回転の運動方程式 (＊) は成り立つ。……………………………(終)

(2) 質量 m の物体 P の位置ベクトル $\boldsymbol{r}(t)=[2t^2,\ 1-2t,\ t^2]$ ……① を，時刻 t で 1 階，2 階微分して，速度 $\boldsymbol{v}(t)$ と加速度 $\boldsymbol{a}(t)$ を求めると，

$$\begin{cases}\boldsymbol{v}(t)=\dot{\boldsymbol{r}}(t)=[(2t^2)',\ (1-2t)',\ (t^2)']=[4t,\ -2,\ 2t]\\ \boldsymbol{a}(t)=\dot{\boldsymbol{v}}(t)=[(4t)',\ (-2)',\ (2t)']=[4,\ 0,\ 2]\end{cases}$$ となる。

よって，物体 $\mathbf{P}$ の運動量 $\boldsymbol{p}$ と，これに働く力 $\boldsymbol{f}$ は，

$$\begin{cases} \boldsymbol{p} = m\boldsymbol{v} = m[4t, \ -2, \ 2t] = [4mt, \ -2m, \ 2mt] \ \cdots\cdots② \\ \boldsymbol{f} = m\boldsymbol{a} = m[4, \ 0, \ 2] = [4m, \ 0, \ 2m] \ \cdots\cdots\cdots\cdots③ \ となる。\end{cases}$$

（ i ）①，②より，角運動量 $\boldsymbol{L}$ を求めると，

$$\begin{aligned} \boldsymbol{L} &= \boldsymbol{r} \times \boldsymbol{p} \\ &= [2mt - 4mt^2 + 2mt^2, \ 0, \\ &\qquad -4mt^2 - 4mt + 8mt^2] \\ &= [2mt - 2mt^2, \ 0, \ -4mt + 4mt^2] \\ &= [2m(t-t^2), \ 0, \ -4m(t-t^2)] \ \cdots\cdots④ \ である。\cdots\cdots\cdots\cdots(答)\end{aligned}$$

外積 $\boldsymbol{r}\times\boldsymbol{p}$ の計算

$$\begin{array}{cccc} 2t^2 & 1-2t & t^2 & 2t^2 \\ 4mt & -2m & 2mt & 4mt \\ -4mt^2 & & & \\ -4mt(1-2t) & & & \end{array}$$

$$\begin{bmatrix} 2mt(1-2t) & 4mt^3 \\ +2mt^2, & -4mt^3, \end{bmatrix}$$

（ ii ）①，③より，力のモーメント $\boldsymbol{N}$ を求めると，

$$\begin{aligned} \boldsymbol{N} &= \boldsymbol{r} \times \boldsymbol{f} \\ &= [2m(1-2t), \ 0, \ -4m(1-2t)] \\ &\qquad \cdots\cdots⑤ \ である。\cdots\cdots(答)\end{aligned}$$

外積 $\boldsymbol{r}\times\boldsymbol{f}$ の計算

$$\begin{array}{cccc} 2t^2 & 1-2t & t^2 & 2t^2 \\ 4m & 0 & 2m & 4m \\ -4m(1-2t) & & & \end{array}$$

$$\begin{bmatrix} 2m(1-2t), & 0, \end{bmatrix}$$

以上（ i ）（ ii ）の④，⑤より，

角運動量 $\boldsymbol{L} = [2m(t-t^2), \ 0, \ -4m(t-t^2)]$ を時刻 t で微分すると，

$$\dfrac{d\boldsymbol{L}}{dt} = \dot{\boldsymbol{L}} = [\underbrace{2m}_{定数}(t-t^2)', \ 0', \ \underbrace{-4m}_{定数}(t-t^2)']$$

$$= \underbrace{[2m(1-2t), \ 0, \ -4m(1-2t)]}_{これは，⑤の \boldsymbol{N} と一致する。} = \boldsymbol{N} \ となる。$$

よって，今回の問題でも，回転の運動方程式：$\dfrac{d\boldsymbol{L}}{dt} = \boldsymbol{N}$ $\cdots\cdots(*)$ が成り立つことが確認できた。$\cdots\cdots\cdots\cdots\cdots\cdots\cdots\cdots\cdots\cdots\cdots\cdots\cdots$(終)

(3) 質量 m の物体 $\mathbf{P}$ の位置ベクトル $\boldsymbol{r}(t) = [\cos t, \ \sin t, \ 2t]$ $\cdots\cdots⑥$ を，時刻 t で 1 階，2 階微分して，速度 $\boldsymbol{v}(t)$ と加速度 $\boldsymbol{a}(t)$ を求めると，

$$\begin{cases} \boldsymbol{v}(t) = \dot{\boldsymbol{r}}(t) = [(\cos t)', \ (\sin t)', \ (2t)'] = [-\sin t, \ \cos t, \ 2] \\ \boldsymbol{a}(t) = \dot{\boldsymbol{v}}(t) = [(-\sin t)', \ (\cos t)', \ 2'] = [-\cos t, \ -\sin t, \ 0] \ となる。\end{cases}$$

よって，物体Pの運動量 $\boldsymbol{p}$ と，これに働く力 $\boldsymbol{f}$ は，

$$\begin{cases} \boldsymbol{p} = m\boldsymbol{v} = m[-\sin t,\ \cos t,\ 2] = [-m\sin t,\ m\cos t,\ 2m] \cdots\cdots ⑦ \\ \boldsymbol{f} = m\boldsymbol{a} = m[-\cos t,\ -\sin t,\ 0] = [-m\cos t,\ -m\sin t,\ 0] \cdots\cdots ⑧ \end{cases}$$

となる。

$\boldsymbol{r} = [\cos t,\ \sin t,\ 2t] \cdots\cdots\cdots\cdots\cdots ⑥$

(i) ⑥, ⑦より，角運動量 $\boldsymbol{L}$ を求めると，

$$\boldsymbol{L} = \boldsymbol{r} \times \boldsymbol{p}$$
$$= [2m(\sin t - t\cos t),\ -2m(t\sin t + \cos t),\ m]$$

……⑨ である。………(答)

外積 $\boldsymbol{r} \times \boldsymbol{p}$ の計算

$\cos t \quad \sin t \quad 2t \quad \cos t$

$-m\sin t \quad m\cos t \quad 2m \quad -m\sin t$

$m(\underbrace{\cos^2 t + \sin^2 t}_{1})\ ][\ 2m\sin t \quad -2mt\sin t$

$-2mt\cos t,\ -2m\cos t,$

(ii) ⑥, ⑧より，力のモーメント $\boldsymbol{N}$ を求めると，

$$\boldsymbol{N} = \boldsymbol{r} \times \boldsymbol{f}$$
$$= [2mt\sin t,\ -2mt\cos t,\ 0]$$

……⑩ である。………(答)

外積 $\boldsymbol{r} \times \boldsymbol{f}$ の計算

$\cos t \quad \sin t \quad 2t \quad \cos t$

$-m\cos t \quad -m\sin t \quad 0 \quad -m\cos t$

$0\ ][\ 2mt\sin t,\ -2mt\cos t,$

以上 (i)(ii) の⑨, ⑩より，

角運動量 $\boldsymbol{L} = [2m(\sin t - t\cos t),\ -2m(t\sin t + \cos t),\ m]$ を時刻 t で微分すると，

$$\frac{d\boldsymbol{L}}{dt} = \dot{\boldsymbol{L}} = [\underbrace{2m}_{定数}\underbrace{(\sin t - t\cos t)'}_{(\cos t - 1\cdot\cos t + t\sin t) = t\sin t},\ \underbrace{-2m}_{定数}\underbrace{(t\sin t + \cos t)'}_{(1\cdot\sin t + t\cos t - \sin t) = t\cos t},\ \underbrace{m'}_{0}]$$

$$= \underbrace{[2mt\sin t,\ -2mt\cos t,\ 0]}_{これは，⑩と一致する。} = \boldsymbol{N} となる。$$

よって，今回の問題でも，回転の運動方程式：$\dfrac{d\boldsymbol{L}}{dt} = \boldsymbol{N} \cdots\cdots (*)$ が成り立つことが確認できた。……………………………………………………(終)

演習問題 41 ● 面積速度一定の法則 ●

惑星 **P** が太陽 **O** のまわりをだ円軌道を描きながら運動するとき，**O** を原点として，**P** の位置ベクトルを $\boldsymbol{r}$，また速度を $\boldsymbol{v}$ とおく。**P** の **O** への向心力 $\boldsymbol{f}$ は，万有引力の法則により，$\boldsymbol{f}=-k\boldsymbol{r}$ ……① (k：正の係数) で表される。このとき，動径 **OP** が単位時間に通過する面積 $A(t)=\frac{1}{2}\|\boldsymbol{r}\times\boldsymbol{v}\|$ が時刻 t によらず一定となることを示せ。

ヒント！ これは，ケプラーの第2法則(面積速度一定の法則)の証明問題なんだね。惑星 **P** に働く力は，①の万有引力 $\boldsymbol{f}=-k\boldsymbol{r}$ だけなので，力のモーメント $\boldsymbol{N}=\boldsymbol{r}\times\boldsymbol{f}=\boldsymbol{0}$ ($\because \boldsymbol{r}/\!/\boldsymbol{f}$) となるから，回転の運動方程式：$\frac{d\boldsymbol{L}}{dt}=\boldsymbol{N}$ を利用すればいいことが分かるはずだ。

解答＆解説

右図に示すように，惑星 **P** は太陽 **O** のまわりを，だ円軌道を描きながら運動する。

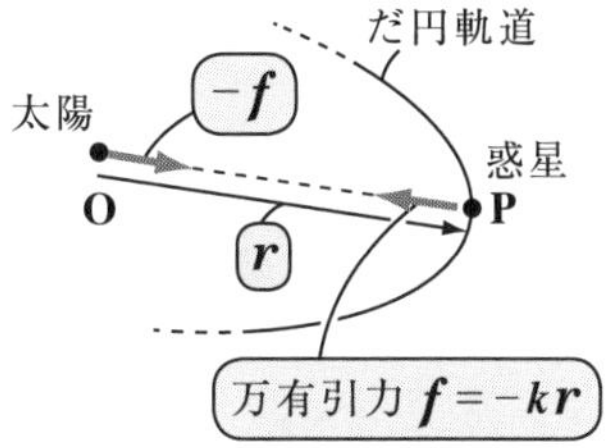

P に働く力は，万有引力：$\boldsymbol{f}=-k\boldsymbol{r}$ ……①
(k：正の係数) だけなので，**P** に働く力のモーメント $\boldsymbol{N}$ を求めると，

$\boldsymbol{N}=\boldsymbol{r}\times\boldsymbol{f}=\boldsymbol{r}\times(-k\boldsymbol{r})=\boldsymbol{0}$ ……② ($\because \boldsymbol{r}/\!/\boldsymbol{f}$ (平行))

②を，回転の運動方程式：$\frac{d\boldsymbol{L}}{dt}=\boldsymbol{N}$ ……(*) に代入すると，

$\frac{d\boldsymbol{L}}{dt}=\boldsymbol{0}$ となるので，角運動量 $\boldsymbol{L}=\boldsymbol{r}\times\underbrace{\boldsymbol{p}}_{m\boldsymbol{v}\ (m:\text{惑星の質量})}=\boldsymbol{r}\times m\boldsymbol{v}=$(定ベクトル) となる。

ここで，m は惑星の質量で，これは正の定数である。よって，$\boldsymbol{r}\times\boldsymbol{v}$ も定ベクトルであるので，このノルム(大きさ)は一定，すなわち $\|\boldsymbol{r}\times\boldsymbol{v}\|=$(定数) となる。

ここで，動径 **OP** が単位時間に通過する面積速度 $A(t)$ は，

$A(t)=\frac{1}{2}\underbrace{\|\boldsymbol{r}\times\boldsymbol{v}\|}_{\text{定数}}$ で与えられるので，$A(t)$ も定数となる。

以上より，面積速度 $A(t)$ は時刻 t によらず常に一定であることが示された。

………(終)

講義 Lecture 4 仕事とエネルギー ● methods & formulae

§1. 仕事と運動エネルギー

物体に作用する力 $\boldsymbol{f}$ が点 P_1 から点 P_2 までになす仕事 W は,

$W=\int_{P_1}^{P_2}\boldsymbol{f}\cdot d\boldsymbol{r}$ ……(∗1) で計算する。具体的に,

(i) 2 次元の力 $\boldsymbol{f}=[f_x,\ f_y]$ がなす仕事 W は,

$W=\int_{P_1}^{P_2}\boldsymbol{f}\cdot d\boldsymbol{r}=\int_{P_1}^{P_2}(f_x dx+f_y dy)$ ……………(∗2) である。

(ii) 3 次元の力 $\boldsymbol{f}=[f_x,\ f_y,\ f_z]$ がなす仕事 W は,

$W=\int_{P_1}^{P_2}\boldsymbol{f}\cdot d\boldsymbol{r}=\int_{P_1}^{P_2}(f_x dx+f_y dy+f_z dz)$ ……(∗2)′ である。

ここで,時刻 t_1, t_2, すなわち点 P_1, P_2 における質点 P の速さをそれぞれ v_1, v_2 とおくと,仕事 W は次のように表すことができる。
($v_1 = v(t_1)$, $v_2 = v(t_2)$)

$W=\frac{1}{2}mv_2^2-\frac{1}{2}mv_1^2$ ……(∗3)

この $\frac{1}{2}mv^2$ という量(スカラー)を "**運動エネルギー**" と呼び,これを K で表す。

3 次元の力 $\boldsymbol{f}$ について,以上の内容をまとめると,次のようになる。

仕事と運動エネルギー

力 $\boldsymbol{f}=[f_x,\ f_y,\ f_z]=m\frac{dv}{dt}\boldsymbol{t}+m\frac{v^2}{R}\boldsymbol{n}$ を受けながら,質量 m をもった質点 P が,点 P_1 から点 P_2 まである軌道 $\boldsymbol{r}(t)$ を描いて運動するとき,この力 $\boldsymbol{f}$ が P になした仕事 W は次式で求められる。

$$W=\underbrace{\int_{P_1}^{P_2}\boldsymbol{f}\cdot d\boldsymbol{r}}_{(*1)}=\underbrace{\int_{P_1}^{P_2}(f_x dx+f_y dy+f_z dz)}_{(*2)'}=\underbrace{\frac{1}{2}mv_2^2-\frac{1}{2}mv_1^2}_{(*3)}$$

(ただし,v_1, v_2 は点 P_1, P_2 における質点 P の速さ)

(*1) と **(*3)** から，次の仕事と運動エネルギーの関係が得られる。これは力積と運動量の関係と類似しているので，一緒に覚えておくとよい。

○仕事と運動エネルギーの関係

$$\underbrace{\frac{1}{2}mv_2{}^2}_{\text{仕事後の運動エネルギー}} = \underbrace{\frac{1}{2}mv_1{}^2}_{\text{はじめの運動エネルギー}} + \underbrace{\int_{P_1}^{P_2} \boldsymbol{f}\cdot d\boldsymbol{r}}_{\text{なされた仕事}}$$

○力積と運動量の関係

$$\underbrace{m\boldsymbol{v}_2}_{\text{力積後の運動量}} = \underbrace{m\boldsymbol{v}_1}_{\text{はじめの運動量}} + \underbrace{\int_{t_1}^{t_2} \boldsymbol{f}\,dt}_{\text{加えられた力積}}$$

§2. 保存力とポテンシャル

物体に作用する力 $\boldsymbol{f}$ のすべての成分が1つのポテンシャル U で次のように表されるとき，この力を“**保存力**(ほぞんりょく)”といい，$\boldsymbol{f}_c$ で表す。具体的に示すと，

(i) 保存力 f_c が1次元の場合，$f_c = -\dfrac{dU}{dx}$ …………(*a) と表され，また，

(ii) 保存力 $\boldsymbol{f}_c$ が2次元の場合，

$$\boldsymbol{f}_c = [f_x,\ f_y] = \left[-\frac{\partial U}{\partial x},\ -\frac{\partial U}{\partial y}\right] \quad \cdots\cdots\cdots\cdots(*b)$$ と表され，また，

(iii) 保存力 $\boldsymbol{f}_c$ が3次元の場合，

$$\boldsymbol{f}_c = [f_x,\ f_y,\ f_z] = \left[-\frac{\partial U}{\partial x},\ -\frac{\partial U}{\partial y},\ -\frac{\partial U}{\partial z}\right] \quad \cdots\cdots(*c)$$ と表される。

ここで，“**全微分**(ぜんびぶん)”と“**偏微分**(へんびぶん)”の関係を下にまとめて示す。

全微分と偏微分

(Ⅰ) 2変数関数 $U(x,\ y)$ について，これが全微分可能であるとき，

$$dU = \underbrace{\frac{\partial U}{\partial x}}_{\text{偏微分}}dx + \underbrace{\frac{\partial U}{\partial y}}_{\text{偏微分}}dy \quad \cdots\cdots(*d)$$ と表され，この dU を“**全微分**”という。

(Ⅱ) 3変数関数 $U(x,\ y,\ z)$ について，これが全微分可能であるとき，

$$dU = \underbrace{\frac{\partial U}{\partial x}}_{\text{偏微分}}dx + \underbrace{\frac{\partial U}{\partial y}}_{\text{偏微分}}dy + \underbrace{\frac{\partial U}{\partial z}}_{\text{偏微分}}dz \quad \cdots(*e)$$ と表され，この dU を“**全微分**”という。

保存力 $\boldsymbol{f}_c$ のみが質点 **P** に作用して，点 $\mathbf{P}_1$ から点 $\mathbf{P}_2$ までなした仕事を W_c とおくと，W_c は，その途中の経路によらず，**2** 点 $\mathbf{P}_1$ と $\mathbf{P}_2$ におけるポテンシャルの差 U_1-U_2 だけで決まる。つまり，

$W_c=U_1-U_2$ ……(＊4) が成り立つ。(ただし，U は全微分可能とする。)

((＊4)の証明)

保存力 $\boldsymbol{f}_c=[f_x,\ f_y,\ f_z]=\left[-\dfrac{\partial U}{\partial x},\ -\dfrac{\partial U}{\partial y},\ -\dfrac{\partial U}{\partial z}\right]$ ……① によりなされる仕事 W_c は，

$$W_c=\int_{\mathrm{P}_1}^{\mathrm{P}_2}\boldsymbol{f}_c\cdot d\boldsymbol{r}=\int_{\mathrm{P}_1}^{\mathrm{P}_2}[f_x,\ f_y,\ f_z]\cdot[dx,\ dy,\ dz]$$

$$=\int_{\mathrm{P}_1}^{\mathrm{P}_2}(\underbrace{f_x}_{-\frac{\partial U}{\partial x}}dx+\underbrace{f_y}_{-\frac{\partial U}{\partial y}}dy+\underbrace{f_z}_{-\frac{\partial U}{\partial z}\ (①より)}dz)$$

$$=-\int_{\mathrm{P}_1}^{\mathrm{P}_2}\underbrace{\left(\frac{\partial U}{\partial x}dx+\frac{\partial U}{\partial y}dy+\frac{\partial U}{\partial z}dz\right)}_{dU\ (\because U\text{は全微分可能})}\quad (①より)$$

ここで，ポテンシャル U は全微分可能な関数なので，

$$W_c=-\int_{\mathrm{P}_1}^{\mathrm{P}_2}dU=-[U(\mathrm{P})]_{\mathrm{P}_1}^{\mathrm{P}_2}=-\{\underbrace{U(\mathrm{P}_2)}_{\text{点}\mathrm{P}_2\text{におけるポテンシャルで，}U_2\text{とおく。}}-\underbrace{U(\mathrm{P}_1)}_{\text{点}\mathrm{P}_1\text{におけるポテンシャルで，}U_1\text{とおく。}}\}$$

$=-U_2+U_1$　　$\therefore W_c=U_1-U_2$ ……(＊4) は成り立つ。

さらに，質点 **P** に働く力が保存力 $\boldsymbol{f}_c$ のみで，非保存力 $\widetilde{\boldsymbol{f}}$ は $\mathbf{0}$ か，または仕事に寄与しないとき，運動エネルギー $K\left(=\dfrac{1}{2}mv^2\right)$ と位置エネルギー(ポテンシャル) U の和である(全)力学的エネルギー $E(=K+U)$ は保存されて，

$$\underbrace{K_1+U_1}_{\text{点}\mathrm{P}_1\text{での全力学的エネルギー}}=\underbrace{K_2+U_2}_{\text{点}\mathrm{P}_2\text{での全力学的エネルギー}}=E\ (\text{一定})\ \cdots\cdots(*5)$$ が成り立つ。

これを，**(全)力学的エネルギーの保存則**という。

2 次元や **3** 次元の保存力 $\boldsymbol{f}_c$ とポテンシャル $\boldsymbol{U}$ の関係は，∇(ナブラ)や **grad**(グラディエント)の記号法を利用して，次のように簡潔に表せる。

(i) **2** 次元の保存力 $\boldsymbol{f}_c = [f_x,\ f_y]$ の場合，

$$\boldsymbol{f}_c = [f_x,\ f_y] = \underbrace{-\nabla U}_{\text{これを，}-\mathbf{grad}\,U\text{ と表してもよい。}} = -\left[\frac{\partial}{\partial x},\ \frac{\partial}{\partial y}\right]U = \left[-\frac{\partial U}{\partial x},\ -\frac{\partial U}{\partial y}\right] \text{ と表せる。}$$

(ii) **3** 次元の保存力 $\boldsymbol{f}_c = [f_x,\ f_y,\ f_z]$ の場合，

$$\boldsymbol{f}_c = [f_x,\ f_y,\ f_z] = \underbrace{-\nabla U}_{\text{これを，}-\mathbf{grad}\,U\text{ と表してもよい。}} = -\left[\frac{\partial}{\partial x},\ \frac{\partial}{\partial y},\ \frac{\partial}{\partial z}\right]U$$

$$= \left[-\frac{\partial U}{\partial x},\ -\frac{\partial U}{\partial y},\ -\frac{\partial U}{\partial z}\right] \text{ と表せる。}$$

つまり，∇(または，**grad**)は $\left[\dfrac{\partial}{\partial x},\ \dfrac{\partial}{\partial y}\right]$ や $\left[\dfrac{\partial}{\partial x},\ \dfrac{\partial}{\partial y},\ \dfrac{\partial}{\partial z}\right]$ と表され，スカラー値関数 U に作用する演算子のことである。

次に，**2** 次元の保存力 $\boldsymbol{f}_c = [f_x,\ f_y]$ のポテンシャル $U(x,\ y)$ について，点 $\mathrm{P_0}(x_0,\ y_0)$ に対応する値を $U(x_0,\ y_0)$ とおくと，$U(x,\ y) = \underbrace{U(x_0,\ y_0)}_{\text{これは，ある値}}$ は，右図に示すような曲線(等ポテンシャル線)を描く。このとき，点 $\mathrm{P_0}$ における保存力 $\boldsymbol{f}_c$ は，等ポテンシャル線と直交する。

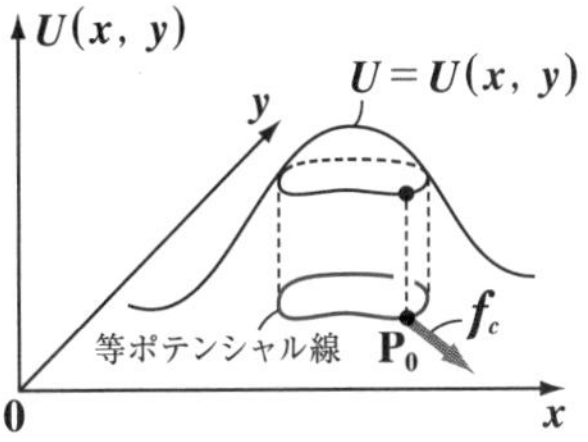

1 次元や **2** 次元の力が保存力か，否かの判定法について，

(i) **1** 次元の場合，$f = f(x)$ が保存力であるための条件は，$f(x)$ が積分可能であることである。このとき，U は，$U = -\int f(x)dx$ で求められる。

(ii) **2** 次元の力 $\boldsymbol{f} = [f_x,\ f_y]$ が，保存力 $\boldsymbol{f}_c = -\nabla U = \left[-\dfrac{\partial U}{\partial x},\ -\dfrac{\partial U}{\partial y}\right]$ となるための条件は，$\dfrac{\partial f_x}{\partial y} = \dfrac{\partial f_y}{\partial x}$ が成り立つことである。

演習問題 42　●2 次元運動と仕事●

次の各問いに答えよ。

(1) xy 平面上で，質点 P が力 $\boldsymbol{f}=[2,\ -1]$ を受けながら，位置ベクトル $\boldsymbol{r}(x)=[x,\ 4-x^2]$ で，点 $P_1(0,\ 4)$ から点 $P_2(2,\ 0)$ まで移動する。このとき，力 $\boldsymbol{f}$ がなした仕事 W を求めよ。

(2) xy 平面上で，質点 P が力 $\boldsymbol{f}=[1,\ 2]$ を受けながら，位置ベクトル $\boldsymbol{r}(x)=[x,\ 2\sin x]$ で，点 O(0, 0) から点 $A\left(\frac{\pi}{2},\ 2\right)$ まで移動する。このとき，力 $\boldsymbol{f}$ がなした仕事 W を求めよ。

ヒント！ (1), (2) 共に，力 $\boldsymbol{f}=[f_x,\ f_y]$ を受けながら 2 次元運動する質点 P に $\boldsymbol{f}$ がなす仕事 W を求める問題だ。このとき，仕事 W は，$W=\int_{P_1}^{P_2}(f_x dx+f_y dy)$ となる。ここで，$dy=\frac{dy}{dx}dx$ として，すべて x での積分にもち込めば，うまく積分できるはずだ。

解答＆解説

(1) 位置ベクトル $\boldsymbol{r}(x)=[x,\ \underbrace{4-x^2}_{y}]$ より，質点 P

（$\boldsymbol{r}$ は t ではなく，x の関数）

は，力 $\boldsymbol{f}=[2,\ -1]$ を受けながら，右図のような曲線(軌跡) $y=4-x^2\ (0 \leqq x \leqq 2)$ を描いて，点 $P_1(0,\ 4)$ から点 $P_2(2,\ 0)$ まで運動する。

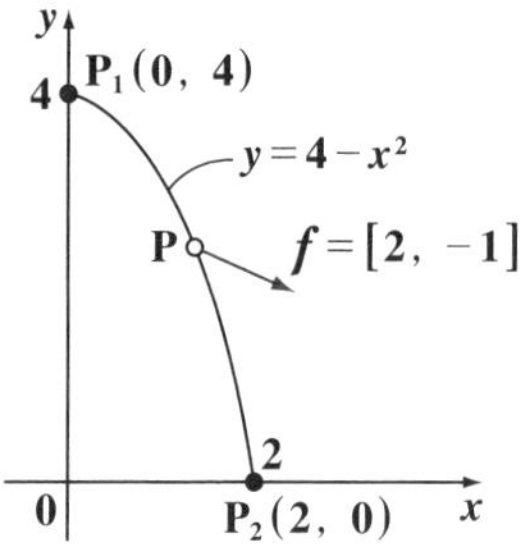

このとき，力 $\boldsymbol{f}$ がなした仕事 W を求めると，

$$W=\int_{P_1}^{P_2}\underbrace{\boldsymbol{f}}_{[2,\ -1]}\cdot \underbrace{d\boldsymbol{r}}_{[dx,\ dy]}=\int_{P_1}^{P_2}[2,\ -1]\cdot[dx,\ dy]$$

$$=\int_{P_1}^{P_2}(2dx-\underbrace{dy}_{\frac{dy}{dx}dx=-2xdx\ (\because y=4-x^2)})\ \cdots\cdots①$$ ←（これを，x のみによる積分に切り替える。）

ここで，$y=4-x^2$ より，$dy=\frac{dy}{dx}dx=(4-x^2)'dx=-2xdx$

また，$P_1 \to P_2$ のとき，$x:0\to 2$ より，①を x での積分に置き換えると，

$$W=\int_0^2\{2dx-(-2x)dx\}=\int_0^2(2+2x)dx$$

$=[2x+x^2]_0^2=2^2+2^2=8$ である。……………………………………(答)

(2) 位置ベクトル $\boldsymbol{r}(x)=[x,\ \underbrace{2\sin x}_{y}]$ より，

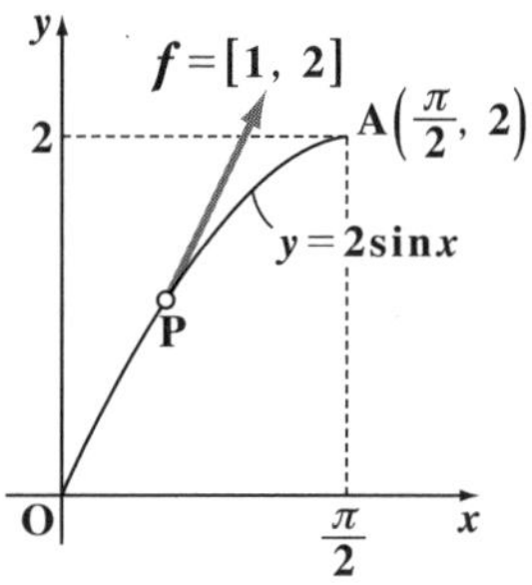

質点 P は力 $\boldsymbol{f}=[1,\ 2]$ を受けながら，右図のような曲線 $y=2\sin x$ $\left(0\leqq x\leqq\frac{\pi}{2}\right)$ を描いて，原点 O から点 $A\left(\frac{\pi}{2},\ 2\right)$ まで運動する。

このとき，力 $\boldsymbol{f}$ がなした仕事 W を求めると，

これを，x のみによる積分にする。

$$W=\int_O^A\underbrace{\boldsymbol{f}}_{[1,\ 2]}\cdot\underbrace{d\boldsymbol{r}}_{[dx,\ dy]}=\int_O^A[1,\ 2]\cdot[dx,\ dy]=\int_O^A(dx+2\underbrace{dy}_{\frac{dy}{dx}dx=2\cos x dx})\ \cdots\cdots②$$ となる。

ここで，$y=2\sin x$ より，$dy=\frac{dy}{dx}dx=(2\sin x)'dx=2\cos xdx$

また，O → A とき，$x:0\to\frac{\pi}{2}$ となる。

以上より，②をすべて x での積分に置き換えると，

$$W=\int_0^{\frac{\pi}{2}}(dx+4\cos xdx)=\int_0^{\frac{\pi}{2}}(1+4\cos x)dx$$

$=[x+4\sin x]_0^{\frac{\pi}{2}}=\frac{\pi}{2}+4\underbrace{\sin\frac{\pi}{2}}_{1}=4+\frac{\pi}{2}$ となる。…………………………(答)

演習問題 43　● 3 次元運動と仕事 ●

次の各問いに答えよ。

(1) xyz 空間上で，質点 P が力 $\boldsymbol{f}=[1,\ 2,\ -1]$ を受けながら，位置ベクトル $\boldsymbol{r}(t)=[t,\ t^2,\ 1-t]$ $(0 \leqq t \leqq 2)$ で，点 $P_1(0,\ 0,\ 1)$ から点 $P_2(2,\ 4,\ -1)$ まで移動する。このとき，力 $\boldsymbol{f}$ がなした仕事 W を求めよ。

(2) xyz 空間上で，質点 P が力 $\boldsymbol{f}=[-1,\ 1,\ 2]$ を受けながら，位置ベクトル $\boldsymbol{r}(t)=[\cos t,\ \sin t,\ t]$ $\left(0 \leqq t \leqq \frac{\pi}{2}\right)$ で，点 $P_1(1,\ 0,\ 0)$ から点 $P_2\left(0,\ 1,\ \frac{\pi}{2}\right)$ まで移動する。このとき，力 $\boldsymbol{f}$ がなした仕事 W を求めよ。

ヒント！ (1)，(2) 共に，力 $\boldsymbol{f}=[f_x,\ f_y,\ f_z]$ を受けながら 3 次元運動する質点 P に $\boldsymbol{f}$ がなす仕事 W を求める問題だね。このとき，仕事 W は，$W=\int_{P_1}^{P_2}(f_x dx+f_y dy+f_z dz)$ となる。ここで，$dx=\frac{dx}{dt}dt$，$dy=\frac{dy}{dt}dt$，$dz=\frac{dz}{dt}dt$ として，すべて t での積分に置き換えて解いていけばいいんだね。

解答＆解説

(1) 位置ベクトル $\boldsymbol{r}(t)=[x,\ y,\ z]=[t,\ t^2,\ 1-t]$ ……① $(0 \leqq t \leqq 2)$ により，質点 P は，力 $\boldsymbol{f}=[1,\ 2,\ -1]$ を受けながら，点 $P_1(0,\ 0,\ 1)$ から点 $P_2(2,\ 4,\ -1)$ まで運動する。

P_1: $\boldsymbol{r}(0)=[0,\ 0^2,\ 1-0]$

P_2: $\boldsymbol{r}(2)=[2,\ 2^2,\ 1-2]$

このとき，力 $\boldsymbol{f}$ が P になした仕事 W を求めると，

$$W=\int_{P_1}^{P_2}\boldsymbol{f}\cdot d\boldsymbol{r}=\int_{P_1}^{P_2}[1,\ 2,\ -1]\cdot[dx,\ dy,\ dz]$$

（$\boldsymbol{f}=[1,\ 2,\ -1]$，$d\boldsymbol{r}=[dx,\ dy,\ dz]$）

$$=\int_{P_1}^{P_2}(1\cdot dx+2\cdot dy-1\cdot dz)\ \cdots\cdots ②\ となる。$$

ここで，①より，$x=t$，$y=t^2$，$z=1-t$ だから，

（t は，物理的には時刻だけれど，数学的には媒介変数と考えて解いていけばいいんだね。）

$dx=\frac{dx}{dt}dt=t'\cdot dt=dt$, $dy=\frac{dy}{dt}dt=(t^2)'dt=2t\cdot dt$

$dz=\frac{dz}{dt}dt=(1-t)'dt=-1\cdot dt$ となる。また，$P_1 \to P_2$ とき，$t：0\to 2$

となる。以上より，②の積分をすべて t での積分に置き換えて，

$$W=\int_0^2\{dt+2\cdot 2tdt-1\cdot(-1)dt\}=\int_0^2(4t+2)dt$$

$$=[2t^2+2t]_0^2=2\cdot 2^2+2\cdot 2=8+4=12$$ となる。 ……………………(答)

(2) 位置ベクトル $\boldsymbol{r}(t)=[x,\ y,\ z]=[\cos t,\ \sin t,\ t]$ ……③ $\left(0\leqq t\leqq\frac{\pi}{2}\right)$ より，

質点 P は，力 $\boldsymbol{f}=[-1,\ 1,\ 2]$ を受けながら，点 $\mathrm{P}_1(1,\ 0,\ 0)$ から点 P_2 $\left(0,\ 1,\ \frac{\pi}{2}\right)$ まで運動する。

$\boldsymbol{r}(0)=[\cos 0,\ \sin 0,\ 0]$

$\boldsymbol{r}\left(\frac{\pi}{2}\right)=\left[\cos\frac{\pi}{2},\ \sin\frac{\pi}{2},\ \frac{\pi}{2}\right]$

このとき，力 $\boldsymbol{f}$ が P になした仕事 W を求めると，

$$W=\int_{\mathrm{P}_1}^{\mathrm{P}_2}\boldsymbol{f}\cdot d\boldsymbol{r}=\int_{\mathrm{P}_1}^{\mathrm{P}_2}[-1,\ 1,\ 2]\cdot[dx,\ dy,\ dz]$$

$[-1,\ 1,\ 2]$ $[dx,\ dy,\ dz]$

$$=\int_{\mathrm{P}_1}^{\mathrm{P}_2}(-dx+dy+2dz)$$ ……④ となる。

ここで，③より，$x=\cos t$，$y=\sin t$，$z=t$ だから，

$dx=\frac{dx}{dt}dt=(\cos t)'dt=-\sin t\cdot dt$，$dy=\frac{dy}{dt}dt=(\sin t)'dt=\cos t dt$

$dz=\frac{dz}{dt}dt=t'\cdot dt=dt$ 　また，$\mathrm{P}_1\to\mathrm{P}_2$ とき，$t：0\to\frac{\pi}{2}$ となる。

以上より，④の積分をすべて t での積分に置き換えて，

$$W=\int_0^{\frac{\pi}{2}}\{-1\cdot(-\sin t)dt+\cos t\cdot dt+2dt\}$$

$$=\int_0^{\frac{\pi}{2}}(\sin t+\cos t+2)dt=[-\cos t+\sin t+2t]_0^{\frac{\pi}{2}}$$

$$=-0+1+\pi-(-1+0+0)=\pi+2$$ となる。 ……………………(答)

演習問題 44　● 仕事と運動エネルギー(I) ●

次の各問いに答えよ。

(1) 運動する質点 **P** の加速度 $\boldsymbol{a}$ が,

$$\boldsymbol{a}=\frac{dv}{dt}\boldsymbol{t}+\frac{v^2}{R}\boldsymbol{n}\ \cdots\cdots①\ \left(\begin{array}{l}v：速さ，R：曲率半径，\boldsymbol{t}：単位接線\\ベクトル，\boldsymbol{n}：単位主法線ベクトル\end{array}\right)$$

で表され，また，微小変位 $d\boldsymbol{r}$ が,

$d\boldsymbol{r}=ds\cdot\boldsymbol{t}$ ……② $(ds=\|d\boldsymbol{r}\|)$ と表されることを用いて，**P** に働く力 $\boldsymbol{f}=m\boldsymbol{a}$ (m：質量) が，点 P_1 から点 P_2 までに，**P** になす仕事 W が

$W=m\int_{P_1}^{P_2}\frac{dv}{dt}\cdot ds$ ……(*1) と表されることを示せ。

(2) (*1)を基に，次の仕事 W と運動エネルギーの公式：

$\frac{1}{2}mv_2{}^2=\frac{1}{2}mv_1{}^2+W$ ……(*2) が成り立つことを示せ。(ただし，$\frac{1}{2}mv_1{}^2$：点 P_1 での運動エネルギー，$\frac{1}{2}mv_2{}^2$：点 P_2 での運動エネルギー)

ヒント！ (1) 仕事の公式：$W=\int_{P_1}^{P_2}\boldsymbol{f}\cdot d\boldsymbol{r}$ に①と②を代入して(*1)を導こう。(2) (*1)の ds を，$ds=\frac{ds}{dt}dt=v\,dt$ と変形して，(*2)を導くことができる。

解答＆解説

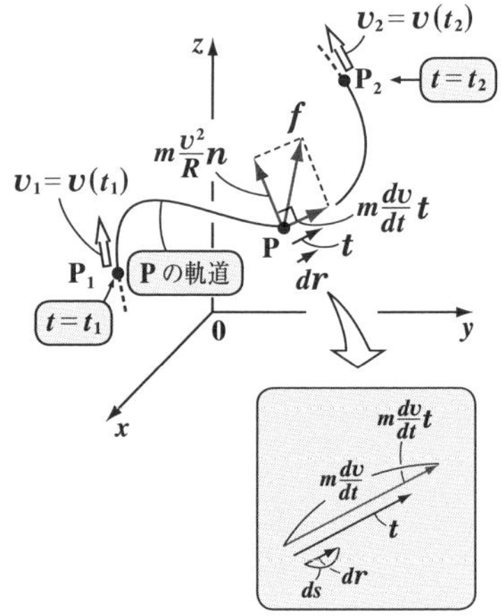

(1) 右図に示すように，xyz 座標空間上を P_1 から P_2 まで運動する質点 **P** の加速度 $\boldsymbol{a}$ は,

$\boldsymbol{a}=\frac{dv}{dt}\boldsymbol{t}+\frac{v^2}{R}\boldsymbol{n}$ ……① と表され，

また，微小変位 $d\boldsymbol{r}$ のノルムを $\|d\boldsymbol{r}\|=ds$ とおくと,

$d\boldsymbol{r}=ds\boldsymbol{t}$ ……②と表される。

よって，P_1 から P_2 までの間に，力 $\boldsymbol{f}=m\boldsymbol{a}$ が **P** になす仕事 W は,

①，②より，

$$W=\int_{P_1}^{P_2}\underbrace{\boldsymbol{f}}_{m\boldsymbol{a}}\cdot\underbrace{d\boldsymbol{r}}_{ds\boldsymbol{t}}=m\int_{P_1}^{P_2}\underbrace{\boldsymbol{a}}_{\left(\frac{dv}{dt}\boldsymbol{t}+\frac{v^2}{R}\boldsymbol{n}\right)}\cdot ds\boldsymbol{t}=m\int_{P_1}^{P_2}\left(\frac{dv}{dt}\boldsymbol{t}+\frac{v^2}{R}\boldsymbol{n}\right)\cdot\boldsymbol{t}\cdot ds$$

$$=m\int_{P_1}^{P_2}\left(\frac{dv}{dt}\underbrace{\|\boldsymbol{t}\|^2}_{1^2}+\frac{v^2}{R}\underbrace{\boldsymbol{t}\cdot\boldsymbol{n}}_{0\ (\because\ \boldsymbol{t}\perp\boldsymbol{n}\ (\text{直交}))}\right)ds$$

ここで，$\|\boldsymbol{t}\|^2=1$，$\boldsymbol{t}\cdot\boldsymbol{n}=0$ $(\because\ \boldsymbol{t}\perp\boldsymbol{n})$ より，

$W=m\int_{P_1}^{P_2}\frac{dv}{dt}ds$ ……(＊1) が導かれる。……………………………………(終)

(2) (＊1)の $ds(=\|d\boldsymbol{r}\|)$ について，

$ds=\underbrace{\frac{ds}{dt}}_{v=\left\|\frac{d\boldsymbol{r}}{dt}\right\|}dt=vdt$ ……③ となる。③を(＊1)に代入すると，

$$W=m\int_{P_1}^{P_2}\underbrace{\frac{dv}{dt}}_{\dot{v}}\cdot vdt=\underbrace{m\int_{P_1}^{P_2}v\cdot\dot{v}\,dt}_{\left[\frac{1}{2}v^2\right]_{P_1}^{P_2}}$$

公式
$\int f\cdot f'dx=\frac{1}{2}f^2+C$

$$=\frac{1}{2}m[v^2]_{P_1}^{P_2}=\frac{1}{2}m\underbrace{v(P_2)^2}-\frac{1}{2}m\underbrace{v(P_1)^2}$$

P_2 における速さを v_2 とおくと，これは $v_2{}^2$ と表せる。

P_1 における速さを v_1 とおくと，これは $v_1{}^2$ と表せる。

$\therefore W=\frac{1}{2}mv_2{}^2-\frac{1}{2}mv_1{}^2$ ……④ となる。

（ただし，$v_2=v(P_2)$，$v_1=v(P_1)$）

よって，④より，求める公式：

$\frac{1}{2}mv_2{}^2=\frac{1}{2}mv_1{}^2+W$ ……(＊2) が導ける。……………………………………(終)

演習問題 45　● 仕事と運動エネルギー (Ⅱ) ●

質量 m (kg) の物体 P を地面 ($x=0$) から初速度 $v_1=29.4$ (m/s) で鉛直上方に投げ上げる。このとき，仕事と運動エネルギーの公式：

$\frac{1}{2}mv_2^2=\frac{1}{2}mv_1^2+W$ ……(*) を用いて，P が到達する最高点の位置 h を求めよ。(ただし，重力加速度 $g=9.8$ (m/s²) とする。)

ヒント！ 最高点に到達した時の速さ $v_2=0$ だね。重力 $-mg$ がそれまでに P になした仕事 W を求めて，(*) の式に代入すれば h が求まるはずだ。この問題は，演習問題 31 (2) と同じ設定の問題なんだね。

解答＆解説

右図に示すように，x 軸を設定し，地面 ($x=0$) から，初速度 $v_1=\underbrace{29.4}_{3\times9.8=3g\ (\mathrm{m/s})}$ (m/s) で，鉛直上方に投げ上げ，最高点 ($x=h$) での速さ v_2 は，$v_2=0$ (m/s) になる。

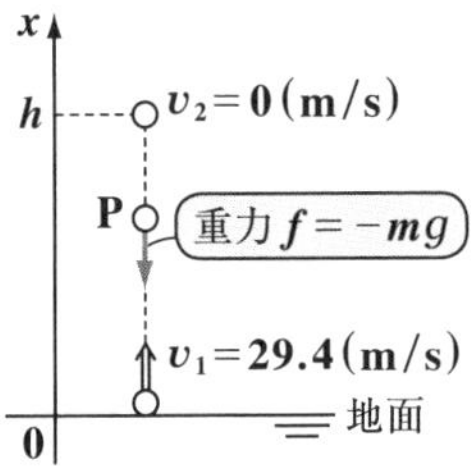

ここで，重力 $-mg$ が，$0\leqq x\leqq h$ の範囲で，物体 P になした仕事 W は，

$$W=\int_0^h f\,dx=-\int_0^h \underbrace{mg}_{定数}\,dx=-[mgx]_0^h=\underline{-mgh}$$

(W は⊖になった！)

$\therefore W=-mgh$ となる。

以上を，仕事と運動エネルギーの公式 (*) に代入すると，

$$\frac{1}{2}\cdot m\cdot \underbrace{0^2}_{v_2^2}=\frac{1}{2}\cdot m\cdot\underbrace{(3g)^2}_{v_1^2}\underbrace{-mgh}_{W}\ より，$$

$mgh=\frac{9}{2}mg^2$　　両辺を mg $(=9.8m)$ で割って，

$h=\frac{9}{2}\underbrace{g}_{9.8}=4.5\times9.8=44.1$ (m) である。……………………………(答)

(これは演習問題 31 (2) の結果と一致する。)

演習問題 46 ● 仕事と運動エネルギー (Ⅲ) ●

質量 m (kg)の物体 P を地面 ($x=0$) より $x=98$ (m)の高さから，初速度 $v_1=0$ (m/s)で自由落下させる。このとき，仕事と運動エネルギーの公式：
$\frac{1}{2}mv_2{}^2=\frac{1}{2}mv_1{}^2+W$ ……(*) を用いて，P が地面 ($x=0$) 到達する直前の速さ v_2 を求めよ。(ただし，重力加速度 $g=9.8$ (m/s²) とする。)

ヒント！ 重力 $-mg$ が，$x=98$ から $x=0$ の間に P になす仕事 W を求めて，これらを (*) の式に代入すれば，v_2 が求まるんだね。演習問題 **45** では，W は⊖だったけれど，今回の問題の W は⊕となることも注意だね。

解答＆解説

右図に示すように，x 軸を設定し，$x=98$ (m) から，初速度 $v_1=0$ (m/s)で，物体 P を自由落下させ，地面 ($x=0$ (m)) に到達する直前の速さ v_2 (m/s)を求める。

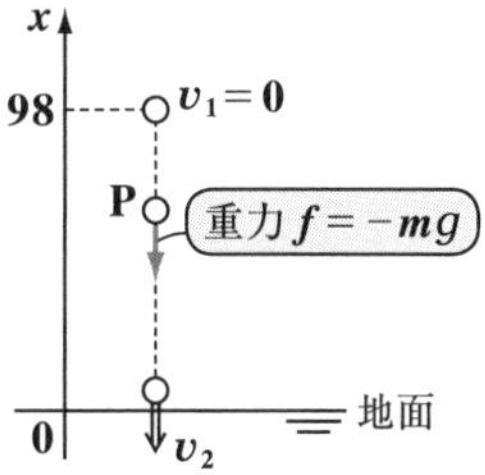

ここで，重力 $f=-mg$ が，$x=98$ から $x=0$ までに，P になす仕事 W は，

$$W=\int_{98}^{0}f\,dx=-\int_{98}^{0}mg\,dx=\int_{0}^{98}mg\,dx$$

$$=[mgx]_0^{98}=98\cdot mg \text{ となる。}$$

公式：$-\int_a^b f\,dx=\int_b^a f\,dx$

以上を，仕事と運動エネルギーの公式 (*) に代入すると，

$\frac{1}{2}mv_2{}^2=\frac{1}{2}\cdot m\cdot 0^2+98\cdot mg$ より，この両辺に $\frac{2}{m}$ をかけると，
（0^2 は $v_1{}^2$，g は 9.8）

$$v_2{}^2=2\times98\times9.8=2\times98\times\frac{98}{10}=\frac{98^2}{5}$$

$$\therefore v_2=\sqrt{\frac{98^2}{5}}=\frac{98}{\sqrt{5}}=\frac{98}{5}\sqrt{5}=19.6\sqrt{5}\ (\text{m/s})$$ となる。……………………(答)

演習問題 47　● 仕事と運動エネルギー(IV) ●

長さ $l=98$ (m) の軽い糸の先に質量 m (kg) の物体 P をつけた振り子を水平方向に張った状態から初速度 $v_1=0$ (m/s) で静かに手を離した。仕事と運動エネルギーの公式：$\frac{1}{2}mv_2{}^2=\frac{1}{2}mv_1{}^2+W$ ……(*) を用いて，P が最下点に達したときの速さ v_2 を求めよ。(ただし，重力加速度 $g=9.8$ (m/s²) とする。)

ヒント！ 振り子の振れ角 θ を変数として，重力のなす仕事 W を求めて，$v_1=0$ と共にこれを(*)の式に代入して，最下点での P の速さ v_2 を求めればいいんだね。頑張ろう！

解答＆解説

右図のように，振り子の振れ角 θ をとる。質点 P の初速度 v_1 は，$v_1=0$ (m/s) であり，P が最下点に達したときの速さを v_2 とおく。振れ角が θ のとき，重力 mg の P の進行方向成分は $mg\cos\theta$ であり，そのときの P の微小な移動距離 ds は $ds=\underbrace{98}_{l}d\theta$ である。よって，この微小仕事 dW は，

$dW=mg\cos\theta\cdot 98\cdot d\theta$ となる。

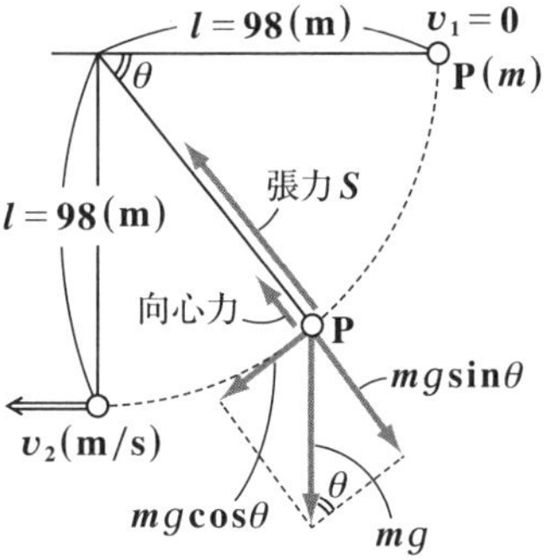

よって，$\theta:0\to\frac{\pi}{2}$ で，重力が P になす仕事 W は，

$$W=\int_0^{\frac{\pi}{2}}mg\cos\theta\cdot 98d\theta=98m\underbrace{g}_{9.8}\underbrace{\left[\sin\theta\right]_0^{\frac{\pi}{2}}}_{1-0=1}=98\times 9.8m$$

である。

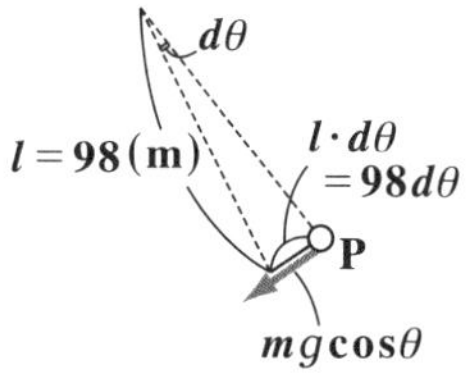

よって，仕事と運動エネルギーの公式(*)より，

$$\frac{1}{2}\cancel{m}v_2{}^2=\cancel{\frac{1}{2}\cdot m\cdot 0^2}+98\times 9.8\cancel{m}$$

$$\therefore v_2=\sqrt{2\times 98\times 9.8}=\sqrt{\frac{98^2}{5}}=\frac{98}{\sqrt{5}}=\underline{19.6\sqrt{5}\ (\mathrm{m/s})}\ \cdots\cdots(答)$$

(これは，演習問題 46 と同じ結果だ。)

> S は糸の張力で，質点 P の運動の軌跡を円形に保つ束縛力だ。$S-mg\sin\theta=m\cdot\frac{v^2}{l}$ (向心力)となるが，これらは P の進行方向と垂直な力なので，仕事には寄与しない。

演習問題 48 ● 仕事と運動エネルギー(V) ●

落差 **98(m)**，傾き $\frac{1}{\sqrt{3}}\left(=\tan\frac{\pi}{6}\right)$ の滑らかな斜面の上端から質量 m**(kg)** の物体 **P** を初速度 $v_1 = 0$ **(m/s)** で静かに手離した。このとき，仕事と運動エネルギーの公式：$\frac{1}{2}mv_2^2 = \frac{1}{2}mv_1^2 + W$ ……(*) を用いて，**P** が斜面の最下点に達する直前の速さ v_2 を求めよ。(ただし，重力加速度 $g = 9.8$ **(m/s²)** とする。)

ヒント！ $v_1 = 0$ と重力が **P** になす仕事 W を求めて，これを公式(*)に代入すればいい。

解答&解説

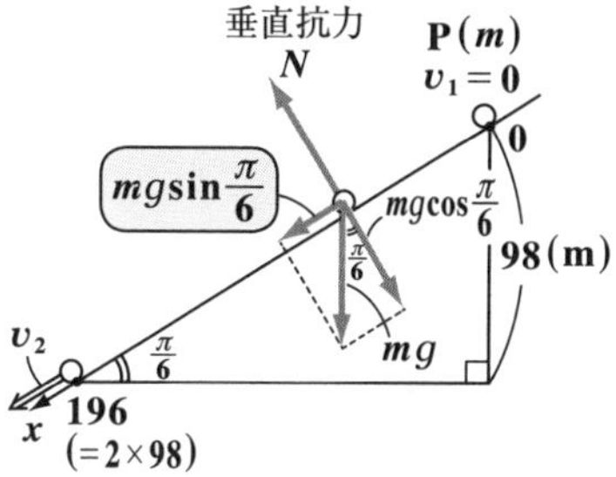

右図のように，落差 **98(m)**，傾き $\frac{1}{\sqrt{3}}$ の斜面に沿って x 軸を設定し，上端を $x = 0$，下端を $x = 2\times 98 = 196$ とおく。

上端 $(x = 0)$ で，**P** を初速度 $v_1 = 0$ **(m/s)** で静かに手離して，$x = 196$ **(m)** の下端における **P** の速さを v_2 とおく。

斜面上を滑り落ちていくとき，運動方向(斜面下向き)の重力 mg の成分は，$mg\sin\frac{\pi}{6} = \frac{1}{2}mg$ である。

よって，$x = 0$ から $x = 196$ まで重力が **P** になす仕事 W は，

$$W = \int_0^{196}\frac{1}{2}mg\,dx = \frac{1}{2}mg[x]_0^{196} = \frac{1}{2}m\underbrace{g}_{9.8}\times 196 = 98\times 9.8m$$ となる。

以上を，仕事と運動エネルギーの公式(*)に代入すると，

$$\frac{1}{2}\cancel{m}v_2^2 = \cancel{\frac{1}{2}m\cdot\underbrace{0^2}_{v_1^2}} + \underbrace{98\times 9.8\cancel{m}}_{W}$$ より，

> N と $mg\cos\frac{\pi}{6}$ は，**P** の運動の方向と垂直なため，これらは，W には寄与しない。

$$v_2 = \sqrt{2\times 98\times 9.8} = \sqrt{\frac{98^2}{5}} = \frac{98}{\sqrt{5}} = 19.6\sqrt{5}\ \text{(m/s)}$$ となる。…………………(答)

演習問題 **46，47，48** はみんな同じ結果が算出されるんだね。

演習問題 49	● 1 次元の保存力のポテンシャル ●

次の各 1 次元の保存力 f_c のポテンシャル U を，公式：$U=-\int f_c dx$ ……(*) を用いて求めよ。(ただし，x は変位を表す。)

(1) 重力 $f_c=-mg$ （m：物体の質量，g：重力加速度）

(2) ばねの復元力 $f_c=-kx$ （k：弾性定数）

(3) $f_c=2e^{-\frac{x}{2}}$　　(4) $f_c=3\sin x$

(5) $f_c=4\sin x\cdot\cos^3 x$　　(6) $f_c=-3x\sqrt{x^2+1}$

ヒント！ 一般に，1 次元の力 f が，定数や x の関数で，x で積分可能ならば，f は保存力 f_c と言えるんだね。そして，このポテンシャル U は，公式：$U=-\int f_c dx$ ……(*) を使って求められる。力学では，U はその絶対値に意味があるわけではなく，2 つの点のポテンシャルの差 U_1-U_2 に意味がある。よって，(*) の積分で，積分定数 C を付ける必要はないんだね。

解答＆解説

(1) 重力 $f_c=\underbrace{-mg}_{定数}$ （mg：定数）は保存力であり，

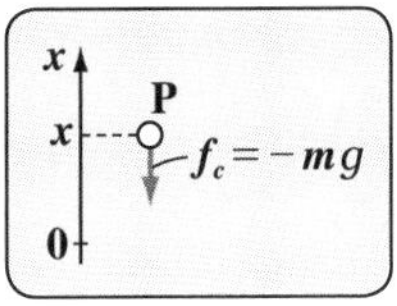

そのポテンシャル U は，公式 (*) より，

$$U=-\int(-mg)dx=mgx \cdots\cdots ① \text{ である。}\cdots\cdots(答)$$

参考

①を，$U=mgx+C$ （C：積分定数）としても，たとえば，$x=10$ と $x=5$ の差 $U(10)-U(5)=mg\cdot 10+\cancel{C}-(mg\cdot 5+\cancel{C})=mg(10-5)=5mg$ となって，C は消去される。このため，一般に，U を求める積分で積分定数 C は省略する。

(2) ばねの復元力 $f_c=-kx$ （k：正の定数）は保存力 f_c であり，そのポテンシャル U は，公式 (*) より，

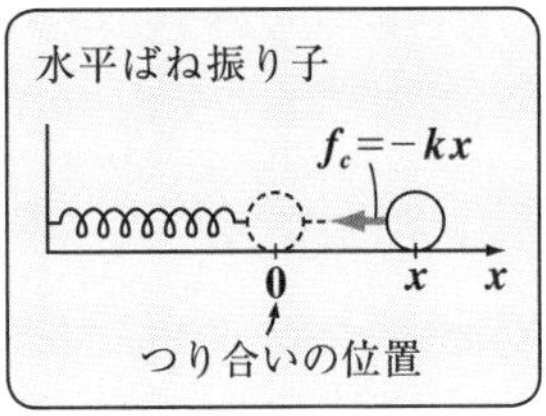

$$U=-\int(-kx)dx=\frac{1}{2}kx^2 \text{ である。}\cdots\cdots(答)$$

(3) 保存力 $f_c = 2e^{-\frac{x}{2}}$ のポテンシャル U を，公式 (*) により求めると，

$$U = -\int f_c dx = -2\int e^{-\frac{x}{2}} dx = -2\cdot(-2)e^{-\frac{x}{2}}$$

$\therefore U = 4e^{-\frac{x}{2}}$ である。……………………………………………………(答)

(4) 保存力 $f_c = 3\sin x$ のポテンシャル U を，公式 (*) により求めると，

$$U = -\int f_c dx = -3\int \sin x\, dx = -3\cdot(-\cos x)$$

$\therefore U = 3\cos x$ である。……………………………………………………(答)

(5) 保存力 $f_c = 4\sin x\cdot\cos^3 x$ のポテンシャル U を，公式 (*) により求めると，

$$U = -\int f_c dx = -\int 4\sin x\cdot\cos^3 x\, dx$$

$$= \int 4\underbrace{\cos^3 x}_{f^3}\cdot\underbrace{(-\sin x)}_{f'}dx$$

公式：
$$\int f^3 f' dx = \frac{1}{4}f^4 + C$$

$$= \underbrace{4\cdot\frac{1}{4}\cdot\cos^4 x}_{\frac{1}{4}f^4} = \cos^4 x$$

$\therefore U = \cos^4 x$ である。…………………………(答)

(6) 保存力 $f_c = -3x\sqrt{x^2+1}$ のポテンシャル U を，公式 (*) により求めると，

$$U = -\int f_c dx = -\int (-3)x\sqrt{x^2+1}\, dx$$

$$= 3\int x\cdot(x^2+1)^{\frac{1}{2}} dx$$

$$= 3\cdot\frac{1}{3}(x^2+1)^{\frac{3}{2}}$$

合成関数の微分

$$\left\{(x^2+1)^{\frac{3}{2}}\right\}' = \frac{3}{2}(x^2+1)^{\frac{1}{2}}2x$$
$$= 3x(x^2+1)^{\frac{1}{2}}$$
$$\therefore \int x(x^2+1)^{\frac{1}{2}} dx = \frac{1}{3}(x^2+1)^{\frac{3}{2}} + C$$

$\therefore U = (x^2+1)^{\frac{3}{2}} = (x^2+1)\sqrt{x^2+1}$ である。……………………………………(答)

このように，1次元の力の場合，それが定数か，または積分可能な x の関数であれば，すべて保存力 f_c であり，そのポテンシャル U は公式 (*) により求められる。

演習問題 50 ● ポテンシャルと 2, 3 次元の保存力 ●

次の各ポテンシャルから 2 次元，または 3 次元の保存力を求めよ。

(1) $U(x,\ y) = -2x + y$ のとき，2 次元の保存力 f_c を求めよ。

(2) $U(x,\ y,\ z) = -x + 2y - 3z$ のとき，3 次元の保存力 f_c を求めよ。

(3) $U(x,\ y,\ z) = x^2y - z^2$ のとき，3 次元の保存力 f_c を求めよ。

ヒント！ (1) 2 次元の保存力 f_c は $f_c = \left[-\frac{\partial U}{\partial x},\ -\frac{\partial U}{\partial y}\right]$ として求めよう。また，(2), (3) 3 次元の保存力 f_c は $f_c = \left[-\frac{\partial U}{\partial x},\ -\frac{\partial U}{\partial y},\ -\frac{\partial U}{\partial z}\right]$ として求めればいいんだね。

解答＆解説

(1) $U(x,\ y) = -2x + y$ の x と y での偏微分を求めると，

$\frac{\partial U}{\partial x} = \frac{\partial}{\partial x}(-2x + \underbrace{y}_{\text{定数扱い}}) = -2$，$\frac{\partial U}{\partial y} = \frac{\partial}{\partial y}(\underbrace{-2x}_{\text{定数扱い}} + y) = 1$ より，U をポテンシャルにもつ保存力 f_c は，$f_c = \left[-\frac{\partial U}{\partial x},\ -\frac{\partial U}{\partial y}\right] = [2,\ -1]$ である。………(答)

(2) 同様に，$U = -x + 2y - 3z$ をポテンシャルにもつ保存力 f_c は，

$$f_c = \left[-\frac{\partial U}{\partial x},\ -\frac{\partial U}{\partial y},\ -\frac{\partial U}{\partial z}\right]$$

$$= \left[-\underbrace{\frac{\partial}{\partial x}(-x + \overbrace{2y - 3z}^{\text{定数扱い}})}_{(-1)},\ -\underbrace{\frac{\partial}{\partial y}(\overbrace{-x}^{\text{定数扱い}} + 2y \overbrace{-3z}^{\text{定数扱い}})}_{2},\ -\underbrace{\frac{\partial}{\partial z}(\overbrace{-x + 2y}^{\text{定数扱い}} - 3z)}_{-3}\right]$$

$$= [-(-1),\ -2,\ -(-3)] = [1,\ -2,\ 3]$$ である。………(答)

(3) 同様に，$U = x^2y - z^2$ をポテンシャルにもつ保存力 f_c は，

$$f_c = \left[-\frac{\partial}{\partial x}(x^2\underbrace{y}_{\text{定数扱い}} - \underbrace{z^2}_{\text{定数扱い}}),\ -\frac{\partial}{\partial y}(\underbrace{x^2}_{\text{定数扱い}}y - \underbrace{z^2}_{\text{定数扱い}}),\ -\frac{\partial}{\partial z}(\underbrace{x^2y}_{\text{定数扱い}} - z^2)\right]$$

$$= [-2x \cdot y,\ -x^2,\ -(-2z)] = [-2xy,\ -x^2,\ 2z]$$ である。………(答)

演習問題 51 ● 偏微分と全微分 ●

次の 2 変数関数 $U(x,\ y)$ と 3 変数関数 $U(x,\ y,\ z)$ の全微分を求めよ。

(1) $U(x,\ y) = 2x^2y^3$　　(2) $U(x,\ y,\ z) = x^2 - y^2 + 2z^2$

(3) $U(x,\ y,\ z) = x^2yz^3$

ヒント！ (1) 2 変数関数 U の全微分は，$dU = \dfrac{\partial U}{\partial x}dx + \dfrac{\partial U}{\partial y}dy$ であり，(2), (3) 3 変数関数 U の全微分は，$dU = \dfrac{\partial U}{\partial x}dx + \dfrac{\partial U}{\partial y}dy + \dfrac{\partial U}{\partial z}dz$ となるんだね。それぞれ求めてみよう。

解答＆解説

(1) 2 変数関数 $U(x,\ y) = 2x^2y^3$ の全微分 dU を求めると，

$$dU = \frac{\partial U}{\partial x}dx + \frac{\partial U}{\partial y}dy = \underbrace{\frac{\partial}{\partial x}(2x^2\cdot \overbrace{y^3}^{\text{定数扱い}})}_{4x\cdot y^3 = 4xy^3}dx + \underbrace{\frac{\partial}{\partial y}(\overbrace{2x^2}^{\text{定数扱い}}\cdot y^3)}_{2x^2\cdot 3y^2 = 6x^2y^2}dy$$

$\therefore\ dU = 4xy^3dx + 6x^2y^2dy$ である。……………………(答)

(2) 3 変数関数 $U(x,\ y,\ z) = x^2 - y^2 + 2z^2$ の全微分 dU を求めると，

$$dU = \frac{\partial U}{\partial x}dx + \frac{\partial U}{\partial y}dy + \frac{\partial U}{\partial z}dz$$

$$= \underbrace{\frac{\partial}{\partial x}(x^2 \overbrace{- y^2 + 2z^2}^{\text{定数扱い}})}_{2x}dx + \underbrace{\frac{\partial}{\partial y}(\overbrace{x^2}^{\text{定数扱い}} - y^2 + \overbrace{2z^2}^{})}_{-2y}dy + \underbrace{\frac{\partial}{\partial z}(\overbrace{x^2 - y^2}^{\text{定数扱い}} + 2z^2)}_{4z}dz$$

$\therefore\ dU = 2xdx - 2ydy + 4zdz$ である。……………………(答)

(3) 3 変数関数 $U(x,\ y,\ z) = x^2yz^3$ の全微分 dU を求めると，

$$dU = \frac{\partial U}{\partial x}dx + \frac{\partial U}{\partial y}dy + \frac{\partial U}{\partial z}dz$$

$$= \underbrace{\frac{\partial}{\partial x}(x^2\overbrace{yz^3}^{\text{定数扱い}})}_{2x\cdot yz^3}dx + \underbrace{\frac{\partial}{\partial y}(\overbrace{x^2}^{\text{定数扱い}}y\overbrace{z^3}^{})}_{x^2\cdot 1\cdot z^3}dy + \underbrace{\frac{\partial}{\partial z}(\overbrace{x^2y}^{\text{定数扱い}}z^3)}_{x^2y\cdot 3z^2}dz$$

$\therefore\ dU = 2xyz^3dx + x^2z^3dy + 3x^2yz^2dz$ である。…………(答)

演習問題 52　● 保存力のなす仕事とポテンシャル ●

物体 P に保存力 $\boldsymbol{f}_c$ のみが作用して，点 P_1 から点 P_2 までになした仕事を W_c とおく。保存力 $\boldsymbol{f}_c$ が，(i) 1 次元，(ii) 2 次元，(iii) 3 次元の場合について調べ，$W_c = U_1 - U_2$ ……(＊)（ただし，$U_1 = U(P_1)$，$U_2 = U(P_2)$ とする。）が成り立つことを示せ。（ただし，U は全微分可能な関数とする。）

ヒント！ 保存力 $\boldsymbol{f}_c$ が，P に作用して，点 P_1 から点 P_2 までになす仕事 W_c は，$W_c = \int_{P_1}^{P_2} \boldsymbol{f}_c \cdot d\boldsymbol{r}$ で求められる。$\boldsymbol{f}_c$ が (i) 1 次元，(ii) 2 次元，(iii) 3 次元のいずれの力の場合でも，$W_c = U_1 - U_2$ となって，ポテンシャルの差で表されることを示そう。

解答＆解説

保存力 $\boldsymbol{f}_c$ が，(i) 1 次元，(ii) 2 次元，(iii) 3 次元の 3 つの場合について，これが P に作用して，点 P_1 から点 P_2 までになす仕事 W_c を求める。

(i) 保存力 f_c が 1 次元の場合，

$$f_c = -\frac{dU}{dx} \quad (U：ポテンシャル) より，$$

$$W_c = \int_{P_1}^{P_2} f_c\,dx = -\int_{P_1}^{P_2} \frac{dU}{dx}\,dx = -\int_{P_1}^{P_2} 1 \cdot dU$$

$$= -[U]_{P_1}^{P_2} = -\{\underbrace{U(P_2)}_{U_2} - \underbrace{U(P_1)}_{U_1}\} = -(U_2 - U_1) \text{ となる。}$$

$\therefore W_c = U_1 - U_2$ ……(＊) は成り立つ。……………………………………(終)

(ii) 保存力 $\boldsymbol{f}_c$ が 2 次元の場合，

$$\boldsymbol{f}_c = [f_x,\ f_y] = \left[-\frac{\partial U}{\partial x},\ -\frac{\partial U}{\partial y}\right] \quad (U：ポテンシャル) より，$$

$$W_c = \int_{P_1}^{P_2} \boldsymbol{f}_c \cdot \underbrace{d\boldsymbol{r}}_{[dx,\ dy]} = \int_{P_1}^{P_2} \left[-\frac{\partial U}{\partial x},\ -\frac{\partial U}{\partial y}\right] \cdot [dx,\ dy]$$

$$= \int_{P_1}^{P_2} \underbrace{\left(-\frac{\partial U}{\partial x}dx - \frac{\partial U}{\partial y}dy\right)}_{-\left(\frac{\partial U}{\partial x}dx + \frac{\partial U}{\partial y}dy\right) = -dU\ (\because U は全微分可能)} = -\int_{P_1}^{P_2} 1 \cdot dU$$

よって，$W_c = -\left[U\right]_{P_1}^{P_2} = -\{\underbrace{U(P_2)}_{U_2} - \underbrace{U(P_1)}_{U_1}\} = -(U_2 - U_1)$ となる。

$\therefore W_c = U_1 - U_2$ ……(∗) は成り立つ。……………………………………(終)

(iii) 保存力 f_c が 3 次元の場合，

$f_c = [f_x,\ f_y,\ f_z] = \left[-\frac{\partial U}{\partial x},\ -\frac{\partial U}{\partial y},\ -\frac{\partial U}{\partial z}\right]$ (U：ポテンシャル) より，

$$W_c = \int_{P_1}^{P_2} f_c \cdot \underbrace{dr}_{[dx,\ dy,\ dz]} = \int_{P_1}^{P_2} \left[-\frac{\partial U}{\partial x},\ -\frac{\partial U}{\partial y},\ -\frac{\partial U}{\partial z}\right] \cdot [dx,\ dy,\ dz]$$

$$= \int_{P_1}^{P_2} \underbrace{\left(-\frac{\partial U}{\partial x}dx - \frac{\partial U}{\partial y}dy - \frac{\partial U}{\partial z}dz\right)}_{-\left(\frac{\partial U}{\partial x}dx + \frac{\partial U}{\partial y}dy + \frac{\partial U}{\partial z}dz\right) = -dU\ (\because U\text{は全微分可能})}$$

$$= -\int_{P_1}^{P_2} 1 \cdot dU = -\left[U\right]_{P_1}^{P_2} = -\{\underbrace{U(P_2)}_{U_2} - \underbrace{U(P_1)}_{U_1}\} = -(U_2 - U_1)$$ となる。

$\therefore W_c = U_1 - U_2$ ……(∗) は成り立つ。……………………………………(終)

以上より，保存力 f_c が，(i) 1 次元，(ii) 2 次元，(iii) 3 次元のいずれの場合であっても，f_c が P に対して，点 P_1 から点 P_2 までになす仕事 W_c は，その経路によらず，P_1 と P_2 におけるポテンシャル U_1 と U_2 の差のみで表される。すなわち，$W_c = U_1 - U_2$ ……(∗) が成り立つ。……………………………(終)

演習問題 53　● 全力学的エネルギーの保存則 (I) ●

質量 m の物体 P に働く力のうち保存力 f_c のみが，仕事に寄与する場合を考える。

(i) 点 P_1 における運動エネルギーを $K_1 = \frac{1}{2}mv_1^2$，ポテンシャルエネルギーを U_1 とおく。(v_1：P_1 における P の速さ)

(ii) 点 P_2 における運動エネルギーを $K_2 = \frac{1}{2}mv_2^2$，ポテンシャルエネルギーを U_2 とおく。(v_2：P_2 における P の速さ)

このとき，全力学的エネルギーの保存則：$K_1 + U_1 = K_2 + U_2$ ……(＊)
が成り立つことを示せ。

ヒント！ 保存力 f_c のみが寄与する仕事を W_c とおくと，演習問題 **44**(P92)より，$\frac{1}{2}mv_2^2 = \frac{1}{2}mv_1^2 + W_c$ より，$K_2 = K_1 + W_c$ となる。また，演習問題 **52**(P102)より，$W_c = U_1 - U_2$ となる。これから，全力学的エネルギーの保存則(＊)が導けるんだね。

解答＆解説

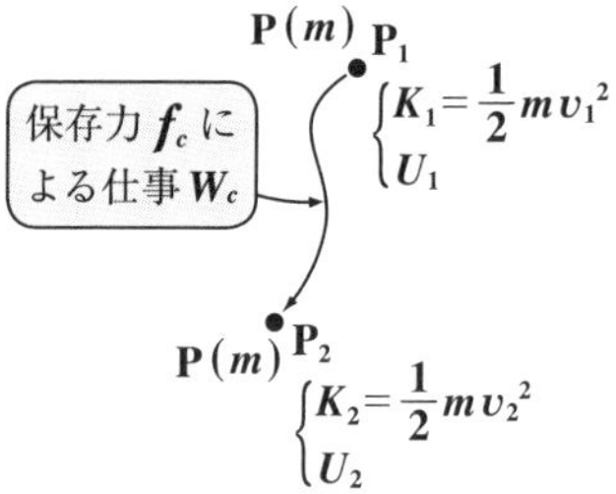

右図に，点 P_1 と点 P_2 における運動エネルギー K_1，K_2 とポテンシャルエネルギー U_1，U_2 を示す。
保存力 f_c のみが寄与した仕事を W_c とおくと，

・演習問題 **44** の結果より，

$$\underbrace{\frac{1}{2}mv_2^2}_{K_2} = \underbrace{\frac{1}{2}mv_1^2}_{K_1} + W_c$$ より，$W_c = K_2 - K_1$ ……① となる。

・次に，演習問題 **52** の結果より，$W_c = U_1 - U_2$ ……② となる。

①，②より W_c を消去すると，$K_2 - K_1 = U_1 - U_2$ より，
全力学的エネルギーの保存則：$K_1 + U_1 = K_2 + U_2$ ……(＊) が成り立つことが示される。……………………………………………(終)

演習問題 54 ● 全力学的エネルギーの保存則 (Ⅱ) ●

質量 m の物体 **P** を (ⅰ) 地上 **98m** の高さから自由落下させて，地面に到達する直前の速さ v_2 と，(ⅱ) 長さ **98m** の軽い糸の先に **P** をつけて振り子を作り，水平に張った状態から静かに手離して，**P** が最下点に達したときの速さ v_2 と，(ⅲ) 落差 **98m** で傾き $\frac{1}{\sqrt{3}}$ の滑らかな斜面の上端から **P** を静かに手離して，**P** が最下点に達したときの速さ v_2 はすべて等しくなる。このことを，全力学的エネルギーの保存則から示せ。

ヒント！ (ⅰ), (ⅱ), (ⅲ) は順に演習問題 **46, 47, 48** (**P95～97**) と同じ問題設定になっている。これらの最下点をポテンシャルエネルギーの基準点，つまり $U_2=0$ として，全力学的エネルギーの保存則：$K_1+U_1=K_2+U_2$ を用いて，最下点での速さ v_2 がすべて一致することを示そう。

解答＆解説

(ⅰ), (ⅱ), (ⅲ) の物体 **P** の運動の様子を下図に対比して示す。

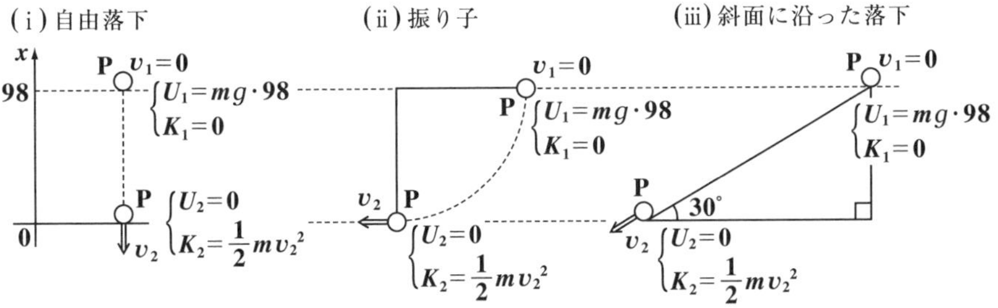

これから，**P** が最上端にあるとき，$K_1=\frac{1}{2}\cdot m\cdot \underbrace{0^2}_{v_1^2}=0$，$U_1=mg\cdot\underbrace{98}_{x_{max}}=m9.8\times 98$

であり，最下端にあるとき，$K_2=\frac{1}{2}mv_2^2$，$U_2=mg\cdot 0=0$ である。

よって，(ⅰ)(ⅱ)(ⅲ) すべてに同じ全力学的エネルギーの保存則が使えるので，

$\underbrace{0}_{K_1}+\underbrace{m\cdot 9.8\cdot 98}_{U_1}=\underbrace{\frac{1}{2}mv_2^2}_{K_2}+\underbrace{0}_{U_2}$ となり，$\frac{1}{2}\cancel{m}v_2^2=\cancel{m}\cdot\frac{98^2}{10}$ より，

$v_2=\sqrt{\frac{98^2}{5}}=\frac{98}{\sqrt{5}}=\frac{98}{5}\sqrt{5}=19.6\sqrt{5}$ (m/s) となる。 ……………………(終)

演習問題 55　● 演算子 grad, ∇ ●

次の多変数関数 U の $\mathrm{grad}\,U$ を求めよ。

(1) $U(x,\ y)=x^2+y^2$　　(2) $U(x,\ y)=x\cdot\sin y$

(3) $U(x,\ y,\ z)=xyz$　　(4) $U(x,\ y,\ z)=xy+z^2$

ヒント！ 演算子 grad は，$\left[\dfrac{\partial}{\partial x},\ \dfrac{\partial}{\partial y}\right]$ や $\left[\dfrac{\partial}{\partial x},\ \dfrac{\partial}{\partial y},\ \dfrac{\partial}{\partial z}\right]$ のことで，多変数関数 U に作用して，$\mathrm{grad}\,U=\left[\dfrac{\partial U}{\partial x},\ \dfrac{\partial U}{\partial y}\right]$ や $\left[\dfrac{\partial U}{\partial x},\ \dfrac{\partial U}{\partial y},\ \dfrac{\partial U}{\partial z}\right]$ になるんだね。

解答＆解説

(1) $U(x,\ y)=x^2+y^2$ の grad$U$（グラディエント）を求めると，← grad$U$ は ∇U（ナブラ）と表してもよい。

$$\mathrm{grad}\,U=\left[\underbrace{\frac{\partial}{\partial x}(x^2+\overset{\text{定数扱い}}{y^2})}_{2x},\ \underbrace{\frac{\partial}{\partial y}(\overset{\text{定数扱い}}{x^2}+y^2)}_{2y}\right]=[2x,\ 2y]\ \cdots\cdots(\text{答})$$

(2) $U(x,\ y)=x\cdot\sin y$ の grad$U$ を求めると，

$$\mathrm{grad}\,U=\left[\underbrace{\frac{\partial}{\partial x}(x\cdot\overset{\text{定数扱い}}{\sin y})}_{1\cdot\sin y},\ \underbrace{\frac{\partial}{\partial y}(\overset{\text{定数扱い}}{x}\cdot\sin y)}_{x\cdot\cos y}\right]=[\sin y,\ x\cos y]\ \cdots\cdots(\text{答})$$

(3) $U(x,\ y,\ z)=xyz$ の grad$U$ を求めると，

$$\mathrm{grad}\,U=\left[\underbrace{\frac{\partial}{\partial x}(x\overset{\text{定数扱い}}{yz})}_{1\cdot yz},\ \underbrace{\frac{\partial}{\partial y}(\overset{\text{定数扱い}}{x}y\overset{}{z})}_{x\cdot 1\cdot z},\ \underbrace{\frac{\partial}{\partial z}(\overset{\text{定数扱い}}{xy}z)}_{xy\cdot 1}\right]=[yz,\ zx,\ xy]\ \cdots\cdots(\text{答})$$

(4) $U(x,\ y,\ z)=xy+z^2$ の grad$U$ を求めると，

$$\mathrm{grad}\,U=\left[\underbrace{\frac{\partial}{\partial x}(x\overset{\text{定数扱い}}{y}+\overset{}{z^2})}_{1\cdot y},\ \underbrace{\frac{\partial}{\partial y}(\overset{\text{定数扱い}}{x}y+z^2)}_{x\cdot 1},\ \underbrace{\frac{\partial}{\partial z}(\overset{\text{定数扱い}}{xy}+z^2)}_{2z}\right]=[y,\ x,\ 2z]\ \cdots\cdots(\text{答})$$

演習問題 56　●　等ポテンシャル線と保存力（I）●

2次元保存力 f_c のポテンシャルが $U(x, y) = -\dfrac{1}{2}x^2 + y$ で与えられている。
点 $P_0(2, 4)$ を通る等ポテンシャル線を描き，点 P_0 における保存力 f_c を
求めて，これを図示せよ。

ヒント！ 点 $P_0(2, 4)$ におけるポテンシャルを U_0 とおくと，$U_0 = U(2, 4)$ となる。
よって，等ポテンシャル線は，$U(x, y) = U_0$ なんだね。次に，$f_c = -\mathrm{grad}\,U$ より，
点 P_0 における保存力 f_c は，これに $(x, y) = (2, 4)$ を代入して求めればいい。

解答＆解説

点 $P_0(2, 4)$ の座標をポテンシャル $U(x, y) = -\dfrac{1}{2}x^2 + y$ に代入すると，

$U(2, 4) = -2 + 4 = \underline{\underline{2}}$ ← これが，U_0 のこと

よって，点 P_0 を通る等ポテンシャル線は，

$U(x, y) = \boxed{-\dfrac{1}{2}x^2 + y = \underline{\underline{2}}}$ より，

$y = \dfrac{1}{2}x^2 + 2$ となる。

これを右図に示す。……………………(答)

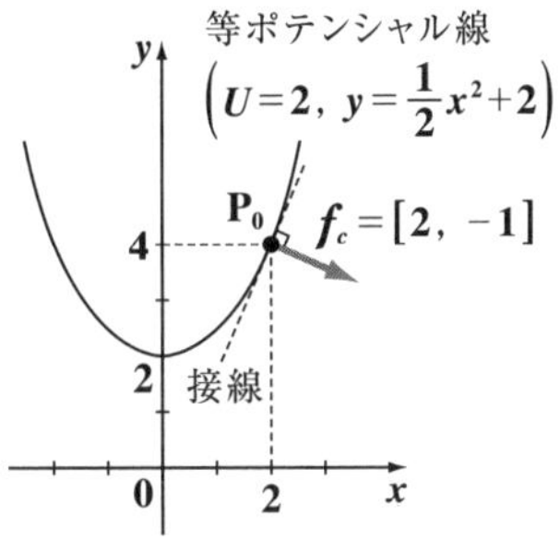

また，この U による保存力 f_c は，

等ポテンシャル線
$\left(U = 2, y = \dfrac{1}{2}x^2 + 2\right)$

P_0　$f_c = [2, -1]$

接線

$f_c = \underline{-\nabla U} = -\left[\dfrac{\partial U}{\partial x}, \dfrac{\partial U}{\partial y}\right]$

これは，$-\mathrm{grad}\,U$ と同じこと

定数扱い　　定数扱い

$= -\left[\dfrac{\partial}{\partial x}\left(-\dfrac{1}{2}x^2 + y\right), \dfrac{\partial}{\partial y}\left(-\dfrac{1}{2}x^2 + y\right)\right] = -[-x, 1] = [x, -1]$ ……①

$\underbrace{\qquad}_{-x}$　　$\underbrace{\qquad}_{1}$　　今回これは不要　　となる。

よって，点 $P_0(2, 4)$ における保存力 f_c は，①に $x = 2$，$y = 4$ を代入して，

$\underline{f_c = [2, -1]}$ となり，これを右上図に示す。……………………………………(答)

これは，等ポテンシャル線上の点 P_0 における接線と必ず直交する。

演習問題 57 ● 等ポテンシャル線と保存力(Ⅱ)●

2次元保存力 $\boldsymbol{f}_c$ のポテンシャルが $U(x, y) = -xy$ で与えられている。点 $\mathrm{P}_0(2, 1)$ を通る等ポテンシャル線を描き，点 P_0 における保存力 $\boldsymbol{f}_c$ を求めて，これを図示せよ。

ヒント！ $U(2, 1) = -2$ より，等ポテンシャル線は $-xy = -2$ から求められる。後は，保存力 $\boldsymbol{f}_c = -\nabla U$ を求めて，これに点 P_0 の座標を代入すれば，点 P_0 における $\boldsymbol{f}_c$ が得られる。

解答＆解説

点 $\mathrm{P}_0(2, 1)$ の座標を，ポテンシャル $U(x, y) = -xy$ に代入すると，

$U(2, 1) = -2\cdot 1 = \underline{\underline{-2}}$ となる。

よって，点 P_0 を通る等ポテンシャル線は，

$U(x, y) = \boxed{-xy = \underline{\underline{-2}}}$ より，

$xy = 2 \quad \therefore y = \dfrac{2}{x}$ となる。

これを右図に示す。……………………(答)

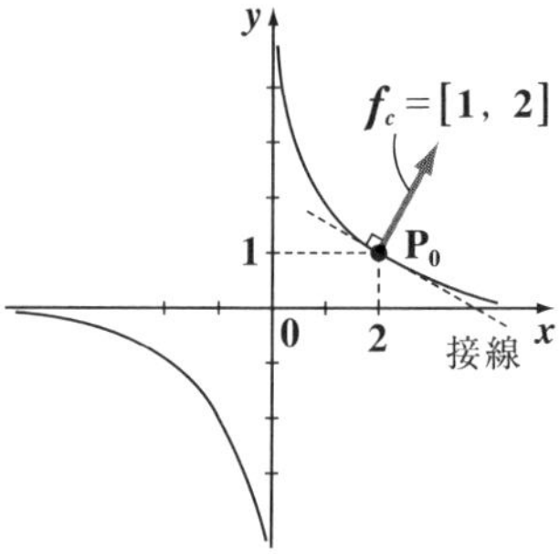

また，このポテンシャル U による保存力 $\boldsymbol{f}_c$ は，

$$\boldsymbol{f}_c = \underbrace{-\nabla U}_{\text{これは，}-\mathbf{grad}\,U\text{と書いてもよい。}} = -\left[\frac{\partial U}{\partial x}, \frac{\partial U}{\partial y}\right]$$

$$= -\left[\underbrace{\frac{\partial}{\partial x}(-x\overset{\text{定数扱い}}{y})}_{-1\cdot y}, \underbrace{\frac{\partial}{\partial y}(\overset{\text{定数扱い}}{-x}y)}_{-x\cdot 1}\right] = -[-y, -x] = [y, x] \cdots\cdots ①$$ となる。

よって，点 $\mathrm{P}_0(2, 1)$ における保存力 $\boldsymbol{f}_c$ は，①に $x = 2$，$y = 1$ を代入して，

$\underline{\boldsymbol{f}_c = [1, 2]}$ となる。これを右上図に示す。……………………………………(答)

（これは，等ポテンシャル線上の点 P_0 における接線と直交する。）

演習問題 58 ● 等ポテンシャル線と保存力 (Ⅲ) ●

2 次元保存力 f_c のポテンシャルが $U(x, y) = -x^2 - 2y^2$ で与えられている。点 $P_0(\sqrt{2}, 1)$ を通る等ポテンシャル線を描き，点 P_0 における保存力 f_c を求めて，これを図示せよ。

ヒント！ $U(\sqrt{2}, 1) = -4$ より，等ポテンシャル線が求まる。次に，保存力 $f_c = -\mathrm{grad}\,U$ を求め，これに点 P_0 の座標を代入して，点 P_0 における f_c を求めればいいんだね。

解答＆解説

点 $P_0(\sqrt{2}, 1)$ の座標を，ポテンシャル $U(x, y) = -x^2 - 2y^2$ に代入すると，

$U(\sqrt{2}, 1) = -(\sqrt{2})^2 - 2\cdot 1^2 = -2 - 2 = \underline{\underline{-4}}$ となる。

よって，点 P_0 を通る等ポテンシャル線は，

$U(x, y) = \boxed{-x^2 - 2y^2 = \underline{\underline{-4}}}$ より，

$x^2 + 2y^2 = 4 \quad \therefore \underbrace{\dfrac{x^2}{2^2} + \dfrac{y^2}{(\sqrt{2})^2} = 1}$ となる。

（これは，横長だ円のことだね。）

これを右図に示す。……………………(答)

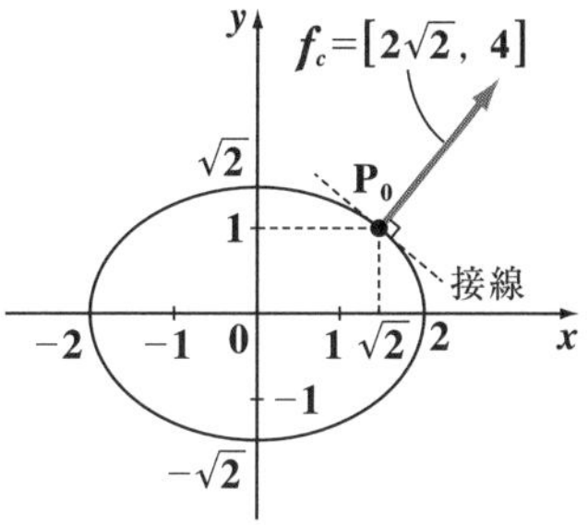

また，このポテンシャル U による保存力 f_c は，

$$f_c = \underbrace{-\nabla U}_{} = -\left[\frac{\partial U}{\partial x},\ \frac{\partial U}{\partial y}\right]$$

（$-\mathrm{grad}\,U$ としてもよい。）

$$= -\left[\underbrace{\frac{\partial}{\partial x}(-x^2 - \overbrace{2y^2}^{\text{定数扱い}})}_{-2x},\ \underbrace{\frac{\partial}{\partial y}(\overbrace{-x^2}^{\text{定数扱い}} - 2y^2)}_{-4y}\right] = -[-2x,\ -4y] = [2x,\ 4y] \quad \cdots\cdots ①$$

よって，点 $P_0(\sqrt{2}, 1)$ における保存力 f_c は，①に $x = \sqrt{2}$，$y = 1$ を代入して，

$f_c = [2\sqrt{2},\ 4]$ となる。これを右上図に示す。…………………………………(答)

演習問題 59　● 2 次元保存力の判定条件 ●

次の各 2 次元の力 $\boldsymbol{f}$ が保存力であるか，否かを判定し，保存力であるときは，そのポテンシャル $U(x,\ y)$ を求めよ。

(1) $\boldsymbol{f}=[x^2y,\ xy^2+1]$　　(2) $\boldsymbol{f}=[2x-y,\ -x]$

(3) $\boldsymbol{f}=[2xy,\ x^2-2]$

ヒント！ 一般に，2 次元の力 $\boldsymbol{f}=[f_x,\ f_y]$ が保存力であることの判定条件は，$\frac{\partial f_x}{\partial y}=\frac{\partial f_y}{\partial x}$ である。そして，これをみたすとき $\boldsymbol{f}$ は保存力 $\boldsymbol{f}_c$ であるため，$f_x=-\frac{\partial U}{\partial x}$ から $U=-\int f_x dx+F(y)$ とし，$F(y)$ を決定して，U を求めよう。

解答＆解説

(1) $\boldsymbol{f}=[f_x,\ f_y]=[x^2y,\ xy^2+1]$ のとき，

$f_x=x^2y,\quad f_y=xy^2+1$ となる。ここで，

$$\frac{\partial f_x}{\partial y}=\frac{\partial}{\partial y}(\underbrace{x^2}_{\text{定数扱い}}y)=x^2,\quad \frac{\partial f_y}{\partial x}=\frac{\partial}{\partial x}(x\underbrace{y^2}_{\text{定数扱い}}+1)=y^2$$

より，$\frac{\partial f_x}{\partial y}=\frac{\partial f_y}{\partial x}$ をみたさない。よって，$\boldsymbol{f}$ は保存力ではない。……(答)

> $\boldsymbol{f}=[f_x,\ f_y]$ が保存力 $\boldsymbol{f}_c$ であるための条件は，$\frac{\partial f_x}{\partial y}=\frac{\partial f_y}{\partial x}$ …(*) である。

(2) $\boldsymbol{f}=[f_x,\ f_y]=[2x-y,\ -x]$ より，$f_x=2x-y,\quad f_y=-x$ となる。

ここで，$\frac{\partial f_x}{\partial y}=\frac{\partial}{\partial y}(\underbrace{2x}_{\text{定数扱い}}-y)=-1,\quad \frac{\partial f_y}{\partial x}=\frac{\partial}{\partial x}(-x)=-1$ より，

保存力の条件：$\frac{\partial f_x}{\partial y}=\frac{\partial f_y}{\partial x}$ をみたす。∴力 $\boldsymbol{f}$ は保存力 $\boldsymbol{f}_c$ である。……(答)

これから，この $\boldsymbol{f}_c$ のポテンシャル U を求める。

> $\boldsymbol{f}_c=[f_x,\ f_y]=\left[-\frac{\partial U}{\partial x},\ -\frac{\partial U}{\partial y}\right]$ より，$f_x=-\frac{\partial U}{\partial x}$，$f_y=-\frac{\partial U}{\partial y}$

$f_x=\boxed{2x-y=-\frac{\partial U}{\partial x}}$ より，

$$U=-\int(2x-\underbrace{y}_{\text{定数扱い}})dx=-(x^2-yx)+\underbrace{F(y)}_{\text{これはある }y\text{ の関数になる。}}=-x^2+xy+F(y)\ \cdots\cdots①$$

また，$f_y = \boxed{-\frac{\partial U}{\partial y} = -x}$ より，$\frac{\partial U}{\partial y} = x$ ……②

次に，①を y で偏微分すると，

$$\frac{\partial U}{\partial y} = \frac{\partial}{\partial y}\{\underbrace{-x^2}_{}+\underbrace{x}_{}\cdot y+F(y)\} = x\cdot 1+F'(y) = x+\underline{\underline{F'(y)}}$$ ……③ となる。

定数扱い　　0

②と③の右辺を比較して，$F'(y)=0$　　Uでは，積分定数は無視する。

よって，$F(y)=C$ (定数) となるので，これを無視すると，①より，

ポテンシャル $U(x,\ y) = -x^2+xy$ である。……………………………………(答)

(3) $f = [f_x,\ f_y] = [2xy,\ x^2-2]$ より，$f_x = 2xy$　$f_y = x^2-2$ となる。

ここで，$\frac{\partial f_x}{\partial y} = \frac{\partial}{\partial y}(2\underbrace{x}_{}y) = 2x$，$\frac{\partial f_y}{\partial x} = \frac{\partial}{\partial x}(x^2-2) = 2x$ より，

定数扱い

保存力の条件：$\frac{\partial f_x}{\partial y} = \frac{\partial f_y}{\partial x}$ をみたす。∴力 f は保存力 f_c である。……(答)

これから，この f_c のポテンシャル U を求める。

$f_x = \boxed{2xy = -\frac{\partial U}{\partial x}}$，　$\frac{\partial U}{\partial x} = -2xy$ より，

$$U = -\int 2x\underbrace{y}_{}\,dx = -x^2y+F(y)$$ ……④

定数扱い

また，$f_y = \boxed{-\frac{\partial U}{\partial y} = x^2-2}$ より，$\frac{\partial U}{\partial y} = -x^2+\underline{\underline{2}}$ ……⑤

次に，④を y で偏微分すると，

$$\frac{\partial U}{\partial y} = \frac{\partial}{\partial y}\{\underbrace{-x^2}_{}\cdot y+F(y)\} = -x^2+\underline{\underline{F'(y)}}$$ ……⑥

定数扱い　　Uでは，積分定数Cは無視する。

⑤と⑥の右辺を比較して，$F'(y)=2$　∴ $F(y)=2y$ ……⑦

⑦を④に代入して，ポテンシャル $U(x,\ y)$ を求めると，

$U(x,\ y) = -x^2y+2y$ である。……………………………………………(答)

§1. 放物運動

放物運動には，(Ⅰ)空気抵抗がない場合と，(Ⅱ)物体の速度に比例する空気抵抗がある場合の **2** 通りがある。いずれにおいても，この放物運動を調べるとき，(ⅰ) x 軸方向(水平方向)と(ⅱ) y 軸方向(鉛直方向)に分けて，微分方程式を立て，それぞれの初期条件の下で，微分方程式を解いていくことになる。

(Ⅰ)空気抵抗がない場合の放物運動(右図)
微分方程式と初期条件を下に示す。

(ⅰ) x 軸方向

運動方程式：$\ddot{x}=0$

$(v_x(0)=v_{0x},\ x(0)=0)$

(ⅱ) y 軸方向

運動方程式：$\ddot{y}=-g$

$(v_y(0)=v_{0y},\ y(0)=0)$

(Ⅰ)空気抵抗がない場合の放物運動

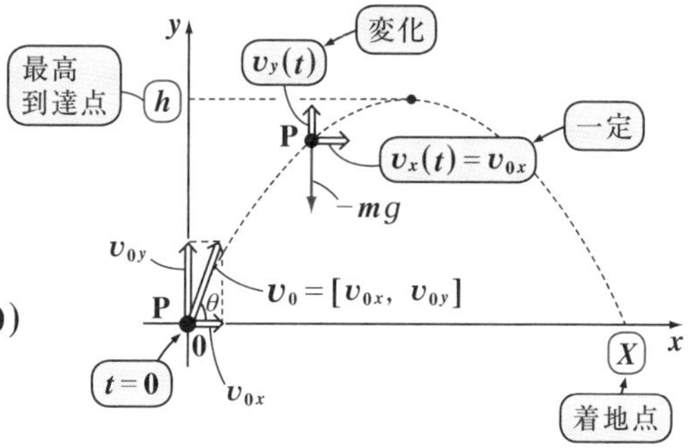

(Ⅱ)空気抵抗がある場合の放物運動(右図)
微分方程式と初期条件を下に示す。

(ⅰ) x 軸方向

運動方程式：$\ddot{x}=-b\dot{x}$

$(v_x(0)=v_{0x},\ x(0)=0)$

(ⅱ) y 軸方向

運動方程式：$\ddot{y}=-b\dot{y}-g$

$(v_y(0)=v_{0y},\ y(0)=0)$

$\left(\text{ただし，}b=\dfrac{B}{m}\text{，}m\text{：質量，}B\text{：空気抵抗係数}\right)$

(Ⅱ)空気抵抗がある場合の放物運動

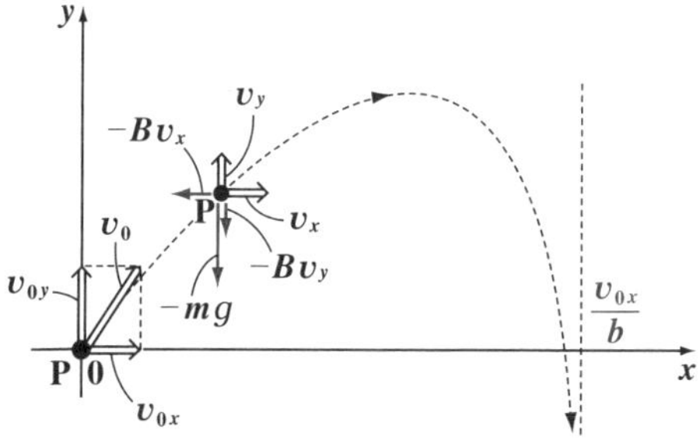

§2. 円運動

右図のように，半径 r の円周上を角速度 ω で**等速**円運動する質点 P の位置 $\boldsymbol{r}$ は，

等速円運動と向心力

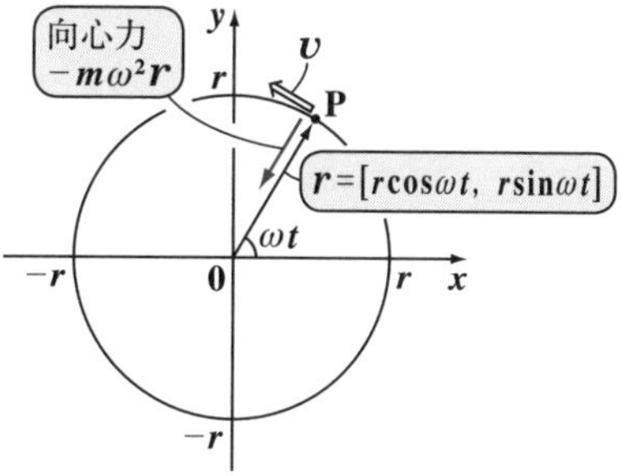

$\boldsymbol{r}(t)=[x,\ y]=[r\cos\omega t,\ r\sin\omega t]$ より，

速度 $\boldsymbol{v}(t)$ と加速度 $\boldsymbol{a}(t)$ は，

$$\boldsymbol{v}(t)=\dot{\boldsymbol{r}}=[-r\omega\sin\omega t,\ r\omega\cos\omega t]$$

$$\boldsymbol{a}(t)=\ddot{\boldsymbol{r}}=[-r\omega^2\cos\omega t,\ -r\omega^2\sin\omega t]$$

$$=-\omega^2\boldsymbol{r}$$ となる。

よって，等速円運動を行う質点 P には，

常に中心に向かう**向心力**（こうしんりょく） $\boldsymbol{f}_0=m\boldsymbol{a}=-m\omega^2\boldsymbol{r}$ $\left(大きさ\ mr\omega^2=m\dfrac{v^2}{r}\right)$ が働く。

次に，一般の運動での加速度 $\boldsymbol{a}(t)$ は，

$$\boldsymbol{a}(t)=\frac{dv}{dt}\boldsymbol{t}+\frac{v^2}{R}\boldsymbol{n}\ \cdots\cdots①$$ （$\boldsymbol{t}$：単位接線ベクトル，$\boldsymbol{n}$：単位主法線ベクトル）

と表されるので，質量 m の質点 P が**等速でない**半径 r の円運動をするとき①の R（曲率半径）を r に置き換えると，質点 P に働く力 $\boldsymbol{f}$ は，

等速でない円運動

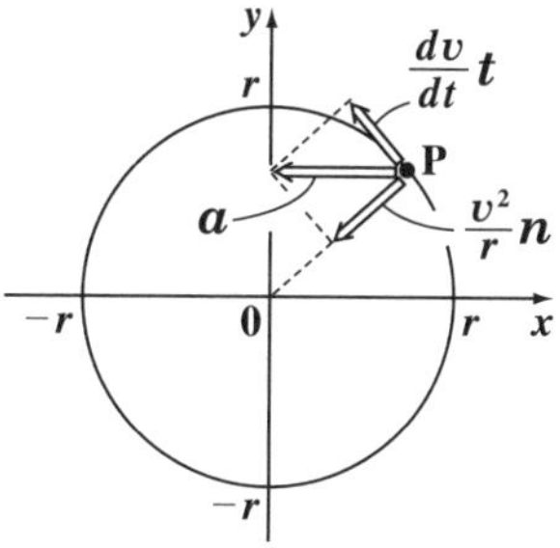

$$\boldsymbol{f}=m\boldsymbol{a}=m\left(\frac{dv}{dt}\boldsymbol{t}+\frac{v^2}{r}\boldsymbol{n}\right)$$

$$\boldsymbol{f}=m\frac{dv}{dt}\boldsymbol{t}+m\frac{v^2}{r}\boldsymbol{n}\ \cdots\cdots②$$

（$m\dfrac{dv}{dt}$：接線方向に働く力）（$m\dfrac{v^2}{r}$：向心力）

となり，②から等速円運動のときと同様に点 P には，向心力 $m\dfrac{v^2}{r}$（$=mr\omega^2$（ω：角速度））が働くことが分かる。

したがって，等速でない円運動のときは，接線方向の周速度 v も変化するので，当然 $m\dfrac{dv}{dt}\neq 0$ となるが，向心力は同じ $m\dfrac{v^2}{r}$ が働くことを示している。

逆に，$m\dfrac{dv}{dt}=0$，つまり，$\dfrac{dv}{dt}=0$ で，v が一定の特殊な場合が等速円運動を表すことになる。

ここで，角速度ベクトル $\boldsymbol{\omega}=[0,\ 0,\ \omega]$ を定義すると，

$\boldsymbol{r}=[r\cos\omega t,\ r\sin\omega t,\ 0]$，$\boldsymbol{v}=[-r\omega\sin\omega t,\ r\omega\cos\omega t,\ 0]$ より，

公式：$\boldsymbol{\omega}\times\boldsymbol{r}=\boldsymbol{v}$ が成り立つ。

§3. 単振動と減衰振動

右図に示すような単振動の微分方程式は，

$\ddot{x}=-\omega^2 x$ ……ⓐ

(ω：角振動数)

である。この解法は基本解を $x=e^{\lambda t}$ とおいて，特性方程式：$\lambda^2=-\omega^2$ から $\lambda=\pm\omega i$ となって，ⓐの一般解は，

単振動を表す水平ばね振り子

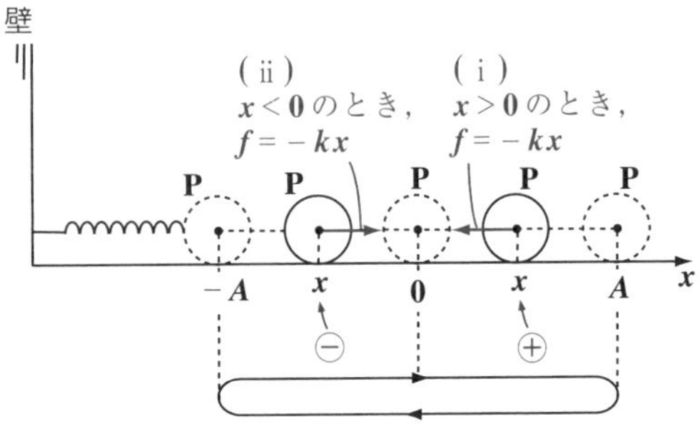

$x=B_1e^{i\omega t}+B_2e^{-i\omega t}$ (B_1，B_2：定数) となる。これをさらに変形すると，ⓐの単振動の方程式の一般解は，次のように 4 通りに表すことができる。

$$x(t)=C_1\sin\omega t+C_2\cos\omega t=A\sin(\omega t+\phi)$$
$$=C_1\cos\omega t+C_2\sin\omega t=A\cos(\omega t+\phi)$$

(ただし，C_1，C_2，A：定数，ϕ：初期位相)

$x(0)$ や $v(0)$ などの値が初期条件として与えられれば，定数 (C_1 と C_2，A と ϕ) の値が決定できて，特殊解を求めることができる。

次に，単振動に働く復元力 $f=-kx$ (k：ばね定数) は保存力で，そのポテンシャル U は $U=\frac{1}{2}kx^2$ となる。U をばねの弾性(だんせい)エネルギーという。

単振動の位置 x を，$x=A\sin(\omega t+\phi)$ とおくと，

速度 $v=A\cdot\omega\cos(\omega t+\phi)$ となる。ここで，単振動子の全力学的エネルギー E は，$E=K+U=\frac{1}{2}mv^2+\frac{1}{2}kx^2$ となり，これを計算すると，

$E=\dfrac{1}{2}kA^2$（定数）となって，全力学的エネルギーの保存則が成り立つことが分かる。

次に単振動する振動子に速度に比例する抵抗が働くとき，振動が徐々に小さくなっていく“**減衰振動**（げんすいしんどう）”が生じる。この減衰振動の微分方程式は，

$\ddot{x}+a\dot{x}+bx=0$ ……① $\left(\text{ただし，} a=\dfrac{B}{m},\ b=\dfrac{k}{m}\right)$

（ただし，B：抵抗係数，m：質量，k：ばね定数）

となる。この基本解を $x=e^{\lambda t}$（λ：未定定数）とおくと，①より，

特性方程式：$\lambda^2+a\lambda+b=0$ ……② が導ける。

②が異なる2つの虚数解 $\lambda_1=-\alpha+\beta i$，$\lambda_2=-\alpha-\beta i$ （ただし，$\alpha>0$）をもつとき，これら基本解 $e^{\lambda_1 t}$ と $e^{\lambda_2 t}$ の1次結合が，①の一般解となる。

$$x=B_1e^{\lambda_1 t}+B_2e^{\lambda_2 t}=B_1e^{-\alpha t+i\beta t}+B_2e^{-\alpha t-i\beta t}$$
$$=e^{-\alpha t}(B_1\underbrace{e^{i\beta t}}_{(\cos\beta t+i\sin\beta t)}+B_2\underbrace{e^{-i\beta t}}_{(\cos\beta t-i\sin\beta t)})$$

オイラーの公式：
$$\begin{cases} e^{i\theta}=\cos\theta+i\sin\theta \\ e^{-i\theta}=\cos\theta-i\sin\theta \end{cases}$$

$$=e^{-\alpha t}\{B_1(\cos\beta t+i\sin\beta t)+B_2(\cos\beta t-i\sin\beta t)\}$$
$$=e^{-\alpha t}\{\underbrace{(B_1+B_2)}_{C_1}\cos\beta t+\underbrace{i(B_1-B_2)}_{C_2\text{とおく}}\sin\beta t\}$$

これから，一般解は，次のようになる。

$$x(t)=e^{-\alpha t}(C_1\cos\beta t+C_2\sin\beta t)$$
（C_1，C_2：定数）

減衰振動のグラフのイメージ

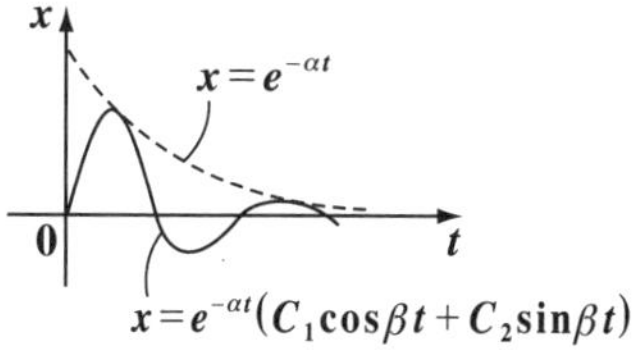

②のλの特性方程式（2次方程式）が，
- (i) 負の重解をもつとき，**臨界減衰**（りんかいげんすい）となり，
- (ii) 異なる負の2実数解をもつとき，**過減衰**（かげんすい）となる。

これらについては，「**力学キャンパス・ゼミ**」でさらに学習しよう！

演習問題 60　● 放物運動 (Ⅰ) ●

右図に示すような，地上 **49(m)** のビルの屋上から，質量 m **(kg)** の物体 **P** を，時刻 $t=0$ **(s)** に速度 $v_{0x}=10$ **(m/s)** で水平方向に投げ出した。xy 座標軸は右図のように設定し，重力加速度 $g=9.8$ **(m/s²)** とする。**P** に空気抵抗は働かないものとして，**P** が着地するまでに描く曲線（軌跡）を表す位置ベクトル $r(t)$ を求めよ。また，着地するときの時刻 t_1 と，そのときの x 座標を求めよ。

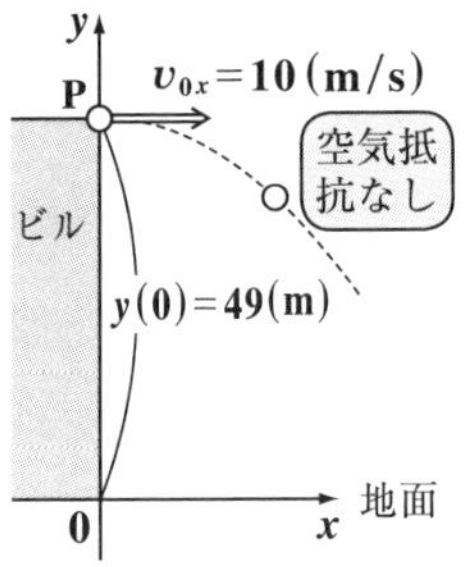

ヒント！ $r(t)=[x(t),\ y(t)]$ を求めるために，(ⅰ) x 軸方向と，(ⅱ) y 軸方向に分けて，微分方程式を立て，それぞれの初期条件の下で解を求めよう。

解答＆解説

右図のように，放物運動する質量 m の物体 **P** の位置ベクトル $r(t)=[x(t),\ y(t)]$ を求めるために，(ⅰ) x 軸方向と (ⅱ) y 軸方向に分けて，それぞれ運動方程式を立て，これを解くことにする。

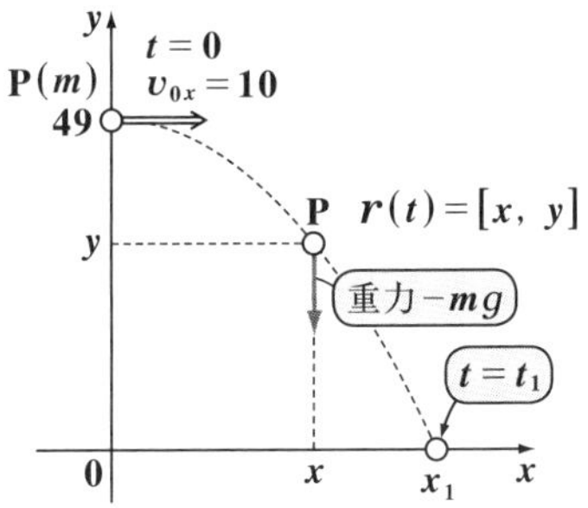

(ⅰ) x 軸方向について，

P に力は何も働いていないので，

$m\ddot{x}=0$ より，両辺を $m(>0)$ で割って，

$\ddot{x}=0$ ……① (初期条件：$v_x(0)=10$，$x(0)=0$) となる。

①を t で積分して，速度 $v_x(t)$ を求めると，

$v_x(t)=C_1$ ……② (C_1：定数) となる。

初期条件：$v_x(0)=10$ より，②に $t=0$ を代入すると，

$v_x(0)=\boxed{C_1=10}$ となる。これを②に代入して，

$v_x(t)=10$ ……②′ となる。

②´をさらに t で積分して，位置 $x(t)$ を求めると，

$x(t)=\int 10dt=10t+C_2$ ……③ （C_2：定数）となる。

初期条件：$x(0)=0$ より，③に $t=0$ を代入すると，

$x(0)=\boxed{\cancel{10\times 0}+C_2=0}$ より，$C_2=0$　これを③に代入して，

$\therefore x(t)=10t$ ……④ が求められる。

(ii) y 軸方向について，

Pには重力 $-mg$ が働くので，$\cancel{m}\ddot{y}=-\cancel{m}g$　　両辺を m で割って，

$\ddot{y}=-g$ ……⑤ （初期条件：$v_y(0)=0$，$y(0)=49$）となる。

⑤を t で積分して，速度 $v_y(t)$ を求めると，

$\dot{y}=v_y(t)=-\int g\,dt=-g\cdot t+\cancel{C_3}$　（C_3：定数）

C_3 → 0 ← ∵初期条件：$v_y(0)=0$

よって，$v_y(t)=-gt$ を t でさらに積分して，$y(t)$ を求めると，

$y(t)=\int(-gt)dt=-\frac{1}{2}gt^2+C_4$　（C_4：定数）

g → 9.8，C_4 → 49 ← ∵初期条件：$y(0)=49$

$\therefore y(t)=-4.9t^2+49$ ……⑥ が求められる。

以上 (i)(ii) の④，⑥より，Pの位置ベクトル $\boldsymbol{r}(t)$ は，

$\boldsymbol{r}(t)=[x(t),\ y(t)]=[10t,\ -4.9t^2+49]$ ……⑦ となる。………………(答)

Pが地面に着地するときの時刻を t_1 とおくと，⑥より，

$y(t_1)=\boxed{-4.9t_1^2+49=0}$ だから，$4.9t_1^2=49$　　両辺を 4.9 で割って，

$t_1^2=10$　　$\therefore t_1=\sqrt{10}$ ……⑧ である。………………………………………(答)

⑧を④に代入すると，着地するときの x 座標が求まる。これを x_1 とおくと，

$x_1=x(\sqrt{10})=10\sqrt{10}$ である。……(答)

［⑦より，Pの描く軌跡（放物線）を示すと，右図のようになる。］

放物運動の軌跡

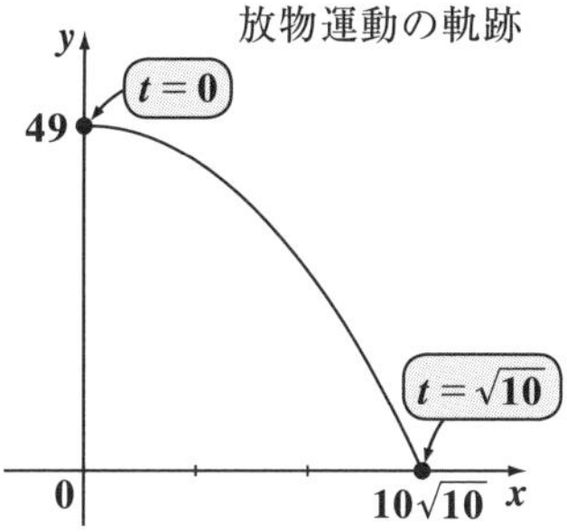

演習問題 61　● 放物運動 (Ⅱ) ●

右図に示すような，地上 **49(m)** のビルの屋上から，質量 m (kg)の物体 **P** を，時刻 $t=0$ (s) に速度 $v_{0x}=10$ (m/s) で水平方向に投げ出した。xy 座標軸は右図のように設定し，重力加速度 $g=9.8$ (m/s²) とする。**P** には速度に比例する空気抵抗が働くものとして，**P** が着地するまでに描く曲線 (軌跡) を表す位置ベクトル $r(t)$ を次の微分方程式を解くことにより求めよ。

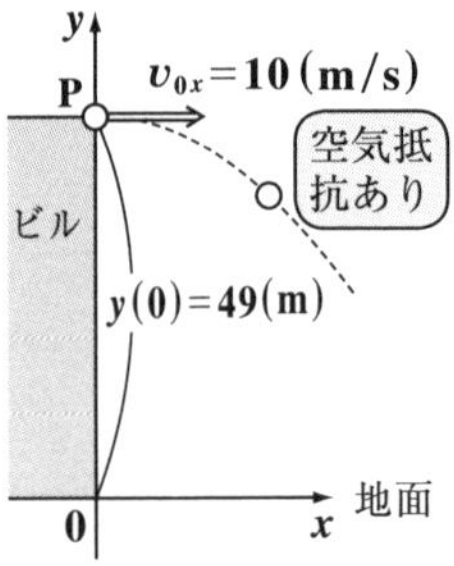

(ⅰ) x 軸方向：$\ddot{x}=-b\dot{x}$　　(ⅱ) y 軸方向：$\ddot{y}=-g-b\dot{y}$

(ただし，定数係数 b は，$b=\frac{1}{2}$ とする。)

ヒント！ 問題の設定は，演習問題 **60** (**P116**) とほぼ同じだけれど，今回は **P** に速さに比例した空気抵抗が働く，より本格的な問題なんだね。(ⅰ)(ⅱ) いずれの微分方程式も変数分離形の方程式になっていることに注意して解いていこう。

解答＆解説

右図のように，放物運動する質量 m の物体 **P** の位置ベクトル $r(t)=[x(t),\ y(t)]$ を求めるために，(ⅰ) x 軸方向と (ⅱ) y 軸方向に分けて，それぞれ運動方程式を立て，これを解くことにする。

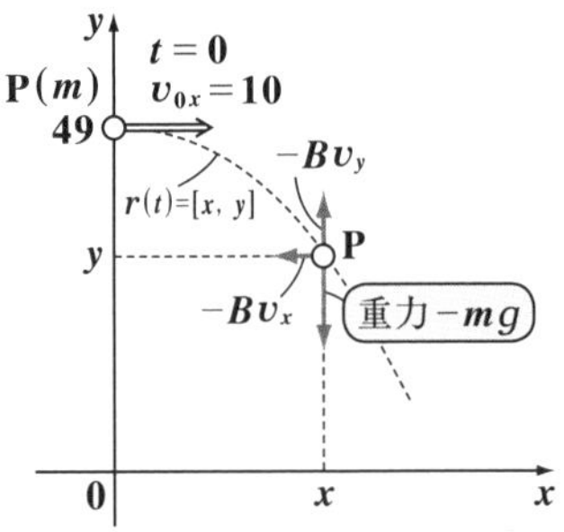

(ⅰ) x 軸方向について，

P には x 軸方向の速度 $v_x(=\dot{x})$ に比例する空気抵抗が働くので，

$m\ddot{x}=-B\dot{x}$　(B：正の定数)　この両辺を $m(>0)$ で割って，

$\underset{\dot{v}_x}{\ddot{x}}=-b\underset{v_x}{\dot{x}}$　$\left(b=\frac{B}{m}=\frac{1}{2}\right)$ より，x 軸方向の微分方程式は，

$\ddot{x} = -\dfrac{1}{2}\dot{x}$ ……① となる。(初期条件：$v_x(0) = v_{0x} = 10,\ x(0) = 0$)

①は $\dot{v}_x = -\dfrac{1}{2}v_x$ とも表されるので，

一般に，$y = f(t)$ のとき，$\dot{y} = \alpha y$ ならば，$y = Ce^{\alpha t}$ (α, C：定数) となる。覚えておくといいよ。

$v_x(t) = C_1 e^{-\frac{1}{2}t}$ ……② (C_1：定数) となる。

$\dfrac{dv_x}{dt} = -\dfrac{1}{2}v_x$，$\displaystyle\int \frac{1}{v_x}dv_x = -\frac{1}{2}\int dt$ (変数分離形)

$\log|v_x| = -\dfrac{1}{2}t + C_1'$，$|v_x| = e^{-\frac{1}{2}t + C_1'}$，$v_x = \underbrace{\pm e^{C_1'}}_{C_1 とおく} \cdot e^{-\frac{1}{2}t}$ となるからね。

初期条件：$v_x(0) = 10$ より，②に $t = 0$ を代入して，

$v_x(0) = C_1 \underbrace{e^0}_{1} = 10 \quad \therefore C_1 = 10$ これを②に代入して，

$v_x(t) = \dot{x}(t) = 10e^{-\frac{1}{2}t}$ ……②′ となる。

②′ をさらに t で積分して，$x(t)$ を求めると，

公式：$\displaystyle\int e^{\alpha t}dt = \frac{1}{\alpha}e^{\alpha t} + C$

$x(t) = \displaystyle\int v_x(t)\,dt = 10\int e^{-\frac{1}{2}t}dt = 10 \cdot (-2)e^{-\frac{1}{2}t} + C_2$ ……③ (C_2：定数) となる。

初期条件：$x(0) = 0$ より，③に $t = 0$ を代入すると，

$x(0) = -20 \cdot \underbrace{e^0}_{1} + C_2 = 0 \quad \therefore C_2 = 20$ これを③に代入して，

$x(t) = -20e^{-\frac{1}{2}t} + 20 = 20\left(1 - e^{-\frac{1}{2}t}\right)$ ……④ が導ける。

(ii) y 軸方向について，

P には重力 $-mg$ と y 軸方向の速度に比例する空気抵抗 $-B\dot{y}$ が働くので，

$m\ddot{y} = -mg - B\dot{y}$ (B：正の定数) この両辺を $m\,(>0)$ で割って，

$\ddot{y} = -g - b\dot{y} \quad \left(b = \dfrac{B}{m} = \dfrac{1}{2}\right)$ より，y 軸方向の微分方程式は，

$\underbrace{\ddot{y}}_{\dot{v}_y} = -\left(\dfrac{1}{2}\underbrace{\dot{y}}_{v_y} + g\right)$ ……⑤ となる。(初期条件：$v_y(0) = 0,\ y(0) = 49$)

ここで，$\dot{y} = v_y$，$\ddot{y} = \dot{v}_y$ より，⑤は次のように変数分離形にもち込める。

$$\frac{dv_y}{dt} = -\left(\frac{1}{2}v_y + g\right) \leftarrow \text{変数分離形}$$

$x(t) = 20\left(1 - e^{-\frac{1}{2}t}\right)$ ……④

$$\int \frac{1}{\frac{1}{2}v_y + g} dv_y = -\int 1 \cdot dt \qquad 2\int \frac{\frac{1}{2}}{\frac{1}{2}v_y + g} dv_y = -\int 1 \cdot dt$$

公式：$\int \frac{f'}{f} dt = \log|f| + C$

$$2\log\left|\frac{1}{2}v_y + g\right| = -t + C_3 \quad (C_3 : \text{定数})$$

$$\log\left|\frac{1}{2}v_y + g\right| = -\frac{1}{2}t + C_4 \quad \left(C_4 = \frac{C_3}{2}\right) \qquad \left|\frac{1}{2}v_y + g\right| = e^{-\frac{1}{2}t + C_4}$$

$\frac{1}{2}v_y(t) + g = \underbrace{\pm e^{C_4}}_{C\text{とおく}} \cdot e^{-\frac{1}{2}t}$ より，$\frac{1}{2}v_y(t) + \underbrace{g}_{9.8} = Ce^{-\frac{1}{2}t}$ ……⑥ $(C = \pm e^{C_4})$

初期条件：$v_y(0) = 0$ より，⑥に $t = 0$ を代入して，

$\frac{1}{2} \cdot \underbrace{0}_{v_y(0)} + g = C \cdot \underbrace{e^0}_{1}$ $\quad \therefore C = g$ これを⑥に代入して，

gは重力加速度ではなく，9.8という数値と考えよう。

$$\frac{1}{2}v_y(t) + g = ge^{-\frac{1}{2}t} \qquad \frac{1}{2}v_y(t) = ge^{-\frac{1}{2}t} - g$$

$v_y(t) = 2g\left(e^{-\frac{1}{2}t} - 1\right)$ ……⑦

⑦をさらに t で積分して，$y(t)$ を求めると，

$y(t) = \int v_y(t)dt = 2g\int\left(e^{-\frac{1}{2}t} - 1\right)dt$ より，

$y(t) = 2g\left(-2e^{-\frac{1}{2}t} - t\right) + C'$ ……⑧

初期条件：$y(0) = 49$ より，⑧に $t = 0$ を代入して，

$\underbrace{49}_{5\times 9.8 = 5g} = 2g(-2 \cdot \underbrace{e^0}_{1} - 0) + C' \qquad 5g = -4g + C' \qquad \therefore C' = 9g$

これを⑧に代入して，

$$y(t)=2g\left(-2e^{-\frac{1}{2}t}-t\right)+9g=\underset{\overset{\shortparallel}{9.8}}{g}\left(9-4e^{-\frac{1}{2}t}-2t\right)$$

$$\therefore y(t)=9.8\left(9-4e^{-\frac{1}{2}t}-2t\right)$$ ……⑨ が導ける。

以上(i)(ii)の④と⑨より，物体Pの軌跡を表す位置ベクトル $\boldsymbol{r}(t)$ は，

$$\boldsymbol{r}(t)=[x(t),\ y(t)]=\left[20\left(1-e^{-\frac{1}{2}t}\right),\ 9.8\left(9-4e^{-\frac{1}{2}t}-2t\right)\right]$$ ……⑩ $(t \geqq 0)$

となる。……………………………………………………………………(答)

参考

t を媒介変数と考えて，⑩の描く曲線(Pの軌跡)をコンピュータで作図して，右図に実線で示す。破線で表された曲線は，演習問題 60 (P116) で求めた，空気抵抗のない場合のPの描く曲線である。空気抵抗がない場合，Pの着地点の x 座標が $x=10\sqrt{10}\fallingdotseq 31.6$ (m) であったものが，今回の問題の空気抵抗がある場合の着地点の x 座標は $x\fallingdotseq 18$ (m) くらいになっているのが分かると思う。

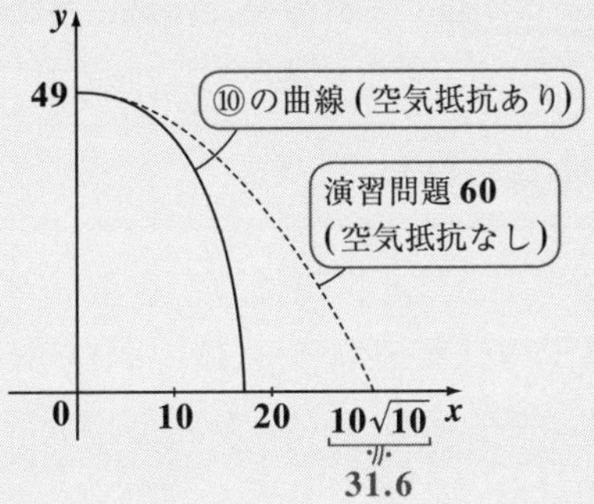

演習問題 62　● 放物運動(Ⅲ) ●

右図に示すように xy 座標をとり，時刻 $t=0$ に，質量 m の物体 P を原点から初速度 $v_0=[v_{0x},\ v_{0y}]=[19.6,\ 19.6]$ で投げ上げる。このとき，動点 P の位置 $r(t)=[x(t),\ y(t)]$ $(t \geqq 0)$ を求めよ。(ただし，重力加速度 $g=9.8\ (m/s^2)$ とし，P に空気抵抗は働かないものとする。)

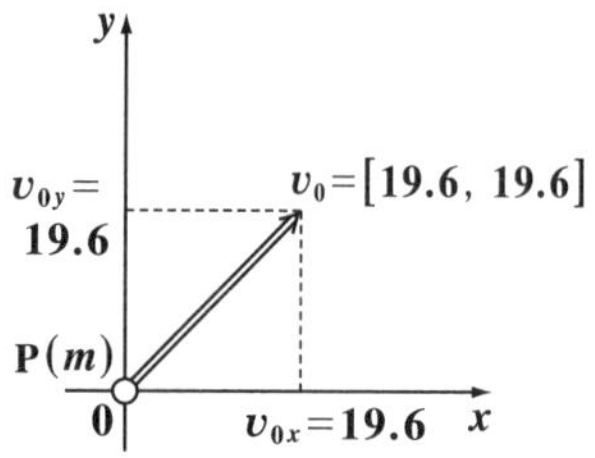

ヒント！ (i) x 軸方向には何ら力は働かないので，$m\ddot{x}=0$ であり，(ii) y 軸方向には $-mg$ のみが働くので，$m\ddot{y}=-mg$ となる。これを解いていこう。

解答＆解説

右図のように，放物運動する質量 m の物体 P の位置ベクトル $r(t)=[x(t),\ y(t)]$ を求めるために，(i) x 軸方向と (ii) y 軸方向に分けて，それぞれ運動方程式を立て，これを解くことにする。

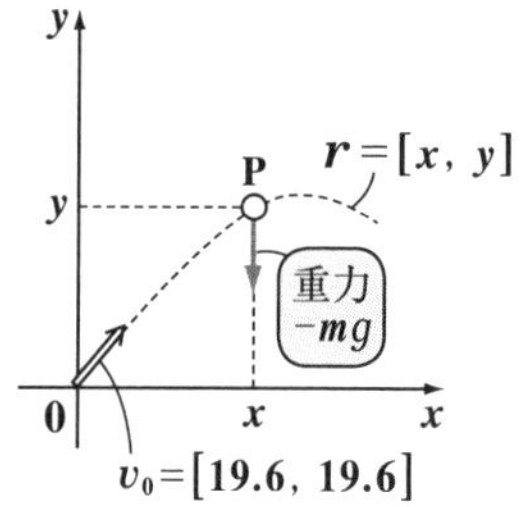

(i) x 軸方向について，

P には力が何も働いていないので，

$m\ddot{x}=0$ より，両辺を $m(>0)$ で割って，

$\ddot{x}=0$ ……① (初期条件：$v_x(0)=v_{0x}=19.6$，$x(0)=0$)

($\ddot{x}=\dot{v}_x$)

①を x で積分して，$v_x(t)$ を求めると，

$v_x(t)=C_1$ ……② (C_1：定数) となる。

初期条件：$v_x(0)=19.6$ より，②に $t=0$ を代入すると，

$v_x(0)=C_1=19.6$　　$\therefore C_1=19.6$　これを②に代入して，

$v_x(t)=19.6$ ……②′ となる。

②′ をさらに t で積分して，位置 $x(t)$ を求めると，

$x(t)=\int v_x(t)dt=19.6\int 1\cdot dt=19.6t+C_2$ ……③ (C_2：定数)となる。

初期条件：$x(0)=0$ より，③に $t=0$ を代入して，

$x(0)=\boxed{19.6\times 0+C_2=0}$ より，$C_2=0$　これを③に代入して，

$\therefore x(t)=19.6t\ (=2gt)$ ……④ が求められる。← gは重力加速度というより，9.8という数値として用いた。

(ii) y 軸方向について，

P には重力 $-mg$ が働くので，$m\ddot{y}=-mg$　両辺を $m\,(>0)$ で割って，

$\ddot{y}=-g$ ……⑤ (初期条件：$v_y(0)=19.6$，$y(0)=0$)となる。

⑤を t で積分して，

$\dot{y}=v_y(t)=-\int g\,dt=-gt+C_3$

C_3 ＝ 19.6 (＝2g) ← ∵初期条件：$v_y(0)=19.6$

よって，$v_y(t)=g(-t+2)$　これをさらに t で積分して，$y(t)$ を求めると，

$y(t)=g\int(-t+2)dt=g\left(-\frac{1}{2}t^2+2t\right)+C_4$

C_4 ＝ 0 ← ∵初期条件：$y(0)=0$

$\therefore y(t)=9.8\left(-\frac{1}{2}t^2+2t\right)=-4.9t^2+19.6t\ \left(=g\left(-\frac{1}{2}t^2+2t\right)\right)$ ……⑥

が求められる。

以上(i)(ii)の④と⑥より，P の位置ベクトル $\boldsymbol{r}(t)$ は，

$\boldsymbol{r}(t)=[x(t),\ y(t)]=[19.6t,\ -4.9t^2+19.6t]\ (t\geqq 0)$ となる。…………(答)

($19.6t=2gt$，$-4.9t^2+19.6t=-\frac{g}{2}t^2+2gt$)

参考

・$v_y(t)=g(-t+2)=0$ のとき，$t=2$

よって，最高点 $y(2)=-2g+4g=2g$

・$y(t)=-\frac{g}{2}t(t-4)=0$ のとき，$t=0,\ 4$

よって，着地点の x 座標は，

$x(4)=2g\times 4=8g$ となる。

これから，P の描く曲線(放物線)は右図のようになる。

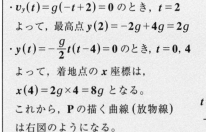

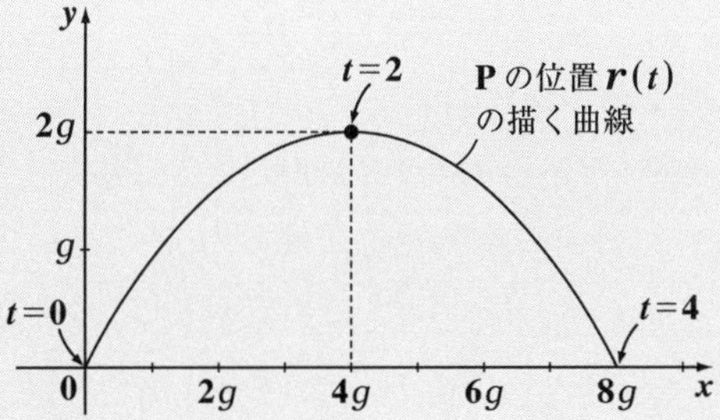

演習問題 63　● 放物運動 (Ⅳ) ●

右図に示すように xy 座標をとり，時刻 $t=0$ に，質量 m の物体 P を原点から初速度 $v_0=[v_{0x},\ v_{0y}]=[19.6,\ 19.6]$ で投げ上げる。重力加速度 $g=9.8\ (m/s^2)$ とし，P には速度に比例する空気抵抗が働くものとして，P が再び $y=0$ となるまでに描く曲線（軌跡）を表す位置ベクトル $r(t)$ を次の微分方程式を解くことにより求めよ。

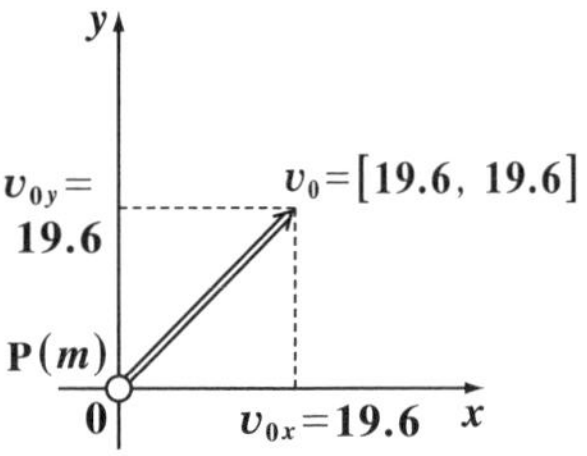

(i) x 軸方向：$\ddot{x}=-b\dot{x}$　　(ii) y 軸方向：$\ddot{y}=-g-b\dot{y}$

(ただし，定数係数 b は，$b=\dfrac{1}{10}$ とする。)

ヒント！ 問題の設定は，P に空気抵抗が働くことを除けば，演習問題 62 (P122) と同じなんだね。(i) x 軸方向と (ii) y 軸方向の微分方程式をそれぞれ解いて，$r(t)=[x(t),\ y(t)]$ を求めよう。また，この軌跡のグラフはコンピュータによって作図したものを示そう。

解答＆解説

右図のように，放物運動する質量 m の物体 P の位置ベクトル $r(t)=[x(t),\ y(t)]$ を求めるために，(i) x 軸方向と (ii) y 軸方向に分けて，それぞれ運動方程式を立て，これを解くことにする。

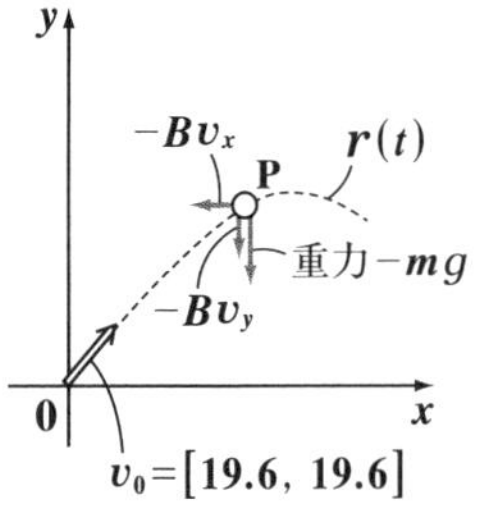

(i) x 軸方向について，

P には，x 軸方向の速度 $v_x(=\dot{x})$ に比例する空気抵抗が働くので，

$m\ddot{x}=-B\dot{x}$　(B：正の定数)　この両辺を $m(>0)$ で割って，

$\ddot{x}=-b\dot{x}$　$\left(b=\dfrac{B}{m}=\dfrac{1}{10}\right)$ より，x 軸方向の微分方程式は，

$\ddot{x} = -\frac{1}{10}\dot{x}$ ……① となる。(初期条件：$v_x(0) = v_{0x} = 19.6$，$x(0) = 0$)

（$\ddot{x}$ は $\dot{v}_x$，$\dot{x}$ は v_x）

①は，$\dot{v}_x = -\frac{1}{10}v_x$ と表されるので，

$v_x(t) = C_1 e^{-\frac{1}{10}t}$ ……② (C_1：定数)となる。

一般に，$\dot{y} = \alpha y$ (α：定数)のとき，$y = Ce^{\alpha t}$ (C：定数) となることは覚えておこう！

初期条件：$v_x(0) = 19.6$ ($= 2g$) より，②に $t = 0$ を代入して，

gは，9.8の数値と考えよう。

$v_x(0) = C_1 e^0 = 2g$ （$e^0 = 1$）　$\therefore C_1 = 2g$　これを②に代入して，

これは重力加速度ではなく，9.8(数値)を表す。

$v_x(t) = 19.6e^{-\frac{1}{10}t}$ $\left(= 2ge^{-\frac{1}{10}t}\right)$ ……②′ となる。

②′をさらに t で積分して，$x(t)$ を求めると，

$$x(t) = \int v_x(t)\,dt = 19.6 \times (-10)e^{-\frac{1}{10}t} + C_2$$

$$= -196e^{-\frac{1}{10}t} + C_2 \left(= -20ge^{-\frac{1}{10}t} + C_2\right) \cdots\cdots ③ \ (C_2：定数)$$

となる。

初期条件：$x(0) = 0$ より，③に $t = 0$ を代入して，

$x(0) = -196 \cdot e^0 + C_2 = 0$ （$e^0 = 1$）　$\therefore C_2 = 196$ $(= 20g)$

これを③に代入して，

$x(t) = 196\left(1 - e^{-\frac{1}{10}t}\right)\left(= 20g\left(1 - e^{-\frac{1}{10}t}\right)\right)$ ……④ が導ける。

(ii) y 軸方向について，

P には重力 $-mg$ と y 軸方向の速度に比例する空気抵抗 $-B\dot{y}$ が働くので，運動方程式は，

$m\ddot{y} = -mg - B\dot{y}$ (B：正の定数) となる。この両辺を $m(>0)$ で割って，

$\ddot{y} = -g - b\dot{y}$ $\left(b = \frac{B}{m} = \frac{1}{10}\right)$ より，y 軸方向の微分方程式は，

$\ddot{y} = -\left(\frac{1}{10}\dot{y} + g\right)$ ……⑤ となる。(初期条件：$v_y(0) = 19.6$，$y(0) = 0$)

（$\ddot{y}$ は $\dot{v}_y$，$\dot{y}$ は v_y）

$$\frac{dv_y}{dt} = -\left(\frac{1}{10}v_y + g\right)$$ ← 変数分離形

$$x(t) = 196\left(1 - e^{-\frac{1}{10}t}\right) = 20g\left(1 - e^{-\frac{1}{10}t}\right) \quad \cdots\cdots ④$$

$$\int \frac{1}{\frac{1}{10}v_y + g} dv_y = -\int 1 \cdot dt \qquad 10\int \frac{\frac{1}{10}}{\frac{1}{10}v_y + g} dv_y = -\int 1 \cdot dt$$

$$10 \cdot \log\left|\frac{1}{10}v_y + g\right| = -t + C_3 \quad (C_3 : \text{定数})$$ ← 公式：$\int \frac{f'}{f} dt = \log|f| + C$

$$\log\left|\frac{1}{10}v_y + g\right| = -\frac{t}{10} + C_4 \quad \left(C_4 = \frac{C_3}{10}\right)$$

$$\left|\frac{1}{10}v_y + g\right| = e^{-\frac{1}{10}t + C_4} \qquad \frac{1}{10}v_y(t) + \underset{9.8}{g} = \underset{C\text{とおく}}{\pm e^{C_4}} \cdot e^{-\frac{1}{10}t}$$ より，

$$\frac{1}{10}v_y(t) + g = Ce^{-\frac{1}{10}t} \quad \cdots\cdots ⑥ \quad (C = \pm e^{C_4})$$

初期条件：$v_y(0) = v_{0y} = 19.6 \ (= 2g)$ より，⑥に $t = 0$ を代入して，

$$\frac{1}{10} \cdot 2g + g = C \cdot \underset{1}{e^0} \qquad \therefore C = \frac{6}{5}g$$ これを⑥に代入して，

$$\frac{1}{10}v_y(t) = g\left(\frac{6}{5}e^{-\frac{1}{10}t} - 1\right)$$

$$v_y(t) = 10g\left(\frac{6}{5}e^{-\frac{1}{10}t} - 1\right) \quad \cdots\cdots ⑦$$ となる。

⑦をさらに t で積分して，$y(t)$ を求めると，

$$y(t) = \int v_y(t)dt = 10g\int\left(\frac{6}{5}e^{-\frac{1}{10}t} - 1\right)dt$$

$$y(t) = 10g\left\{\frac{6}{5} \cdot (-10)e^{-\frac{1}{10}t} - t\right\} + C' \quad \cdots\cdots ⑧$$ となる。

初期条件：$y(0) = 0$ より，⑧に $t = 0$ を代入して，

$y(0) = \boxed{10g(-12\cdot \underbrace{e^0}_{1} - 0) + C' = 0}$　$\therefore C' = 120g$　これを⑧に代入して，

$$y(t) = 10g\left(-12e^{-\frac{1}{10}t} - t\right) + 120g = 10g\left(12 - 12e^{-\frac{1}{10}t} - t\right)$$

$\therefore y(t) = 98\left(12 - 12e^{-\frac{1}{10}t} - t\right)$ ……⑨ が導ける。

以上 (ⅰ)(ⅱ) の④と⑨より，物体 P の軌跡を表す位置ベクトル $\boldsymbol{r}(t)$ は，

$\boldsymbol{r}(t) = [x(t),\ y(t)] = \left[196\left(1 - e^{-\frac{1}{10}t}\right),\ 98\left(12 - 12e^{-\frac{1}{10}t} - t\right)\right]$ ……⑩　$(t \geqq 0)$

となる。…………………………………………………………………………(答)

参考

・$v_y(t) = 10g\left(\frac{6}{5}e^{-\frac{1}{10}t} - 1\right) = 0$ のとき，$\frac{6}{5}e^{-\frac{1}{10}t} - 1 = 0$　　$e^{-\frac{1}{10}t} = \frac{5}{6}$

$-\frac{1}{10}t = \log\frac{5}{6} = \log\left(\frac{6}{5}\right)^{-1} = -\log\frac{6}{5}$　　$\therefore t = 10\cdot\log\frac{6}{5}$ $(\fallingdotseq 1.82)$ (s) のとき，

最高点 $y_{max} = y\left(10\log\frac{6}{5}\right)$

$= 10g\cdot\left(12 - 12\cdot\frac{5}{6} - 10\log\frac{6}{5}\right)$

$= 10g\cdot\left(2 - 10\log\frac{6}{5}\right) \fallingdotseq 1.77g$ ← これは，空気抵抗のない演習問題 62 の $y_{max} = 2g$ より，小さくなっている。

t を媒介変数と考えて，⑩の描く曲線 (P の軌跡) をコンピュータで作図して，右図に実線で示す。破線で表された曲線は，演習問題 62 (P122) で求めた，空気抵抗のない場合の P の描く曲線である。

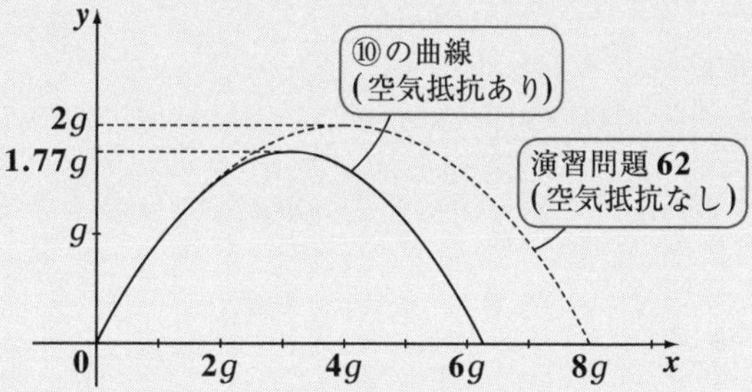

空気抵抗がない場合，P の着地点の x 座標が $x = 8g = 8\times 9.8$ (m) であったものが，今回の問題の空気抵抗がある場合の着地点の x 座標は，$x \fallingdotseq 6.2\cdot g$ (m) くらいになっているのが分かると思う。

演習問題 64　● 等速円運動 (I) ●

右図に示すような，円すいの滑らかな内面を，質量 m (kg) の質点 P が何の抵抗も受けることなく，水平に半径 $r = 0.8$ (m) の等速円運動をしている。この円運動の角速度 ω (1/s) を求めよ。
(ただし，重力加速度 $g = 9.8$ (m/s²) とする。)

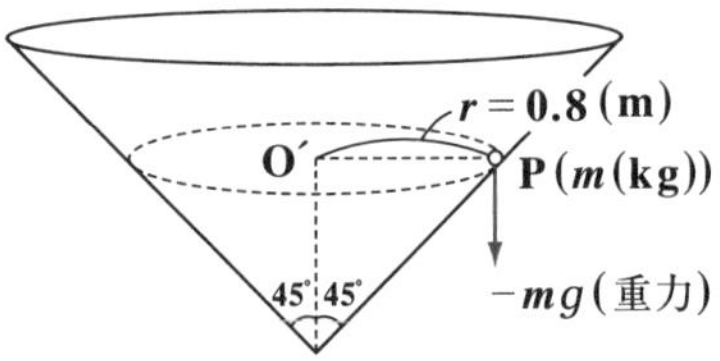

ヒント！ 円運動をしている質点 P には必ず中心に向かう向心力 $mr\omega^2$ が存在する。この向心力は，円すい内面から P が受ける垂直抗力 N により与えられるんだね。

解答＆解説

滑らかな円すいの内面を水平に半径 $r = 0.8$ (m) の等速円運動をする質点 P に働く力は，鉛直下向きに重力 $-mg$ (N) と円すいの内面からの垂直抗力 N (N) である。

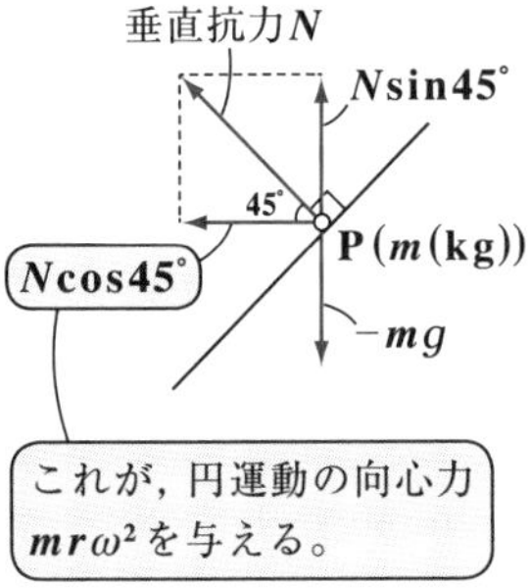

(i) 鉛直方向について，

$N\sin45^\circ = \frac{1}{\sqrt{2}}N$ と重力 $-mg$ がつり合うので，

$\frac{1}{\sqrt{2}}N - mg = 0 \quad \therefore N = \sqrt{2}\,mg$ ……① となる。

(ii) 水平方向について，

$N\cos45^\circ = \frac{1}{\sqrt{2}}N$ により，等速円運動する質点 P に向心力が与えられる。

よって，$\frac{1}{\sqrt{2}}N = mr\omega^2$ より，$\therefore N = \sqrt{2}\,mr\omega^2$ ……② となる。

①，②より，N を消去して，$\cancel{\sqrt{2}m}r\omega^2 = \cancel{\sqrt{2}m}g$　$(r = 0.8\ (\mathrm{m}),\ g = 9.8\ (\mathrm{m/s^2}))$

$\therefore \omega = \sqrt{\frac{g}{r}} = \sqrt{\frac{9.8}{0.8}} = \sqrt{\frac{98}{8}} = \sqrt{\frac{49}{4}} = \frac{7}{2}$ (1/s) となる。 ……………………(答)

演習問題 65　● 等速円運動(Ⅱ)●

質量の無視できる長さ $2\,(\mathrm{m})$ の軽い糸の先に，質量 $m\,(\mathrm{kg})$ の質点 P を付けて，円すい振り子を作ったところ，糸は鉛直線より $60°$ の角度を保って，同一平面内を等速円運動した。このとき，この円運動の角速度 $\omega\,(1/\mathrm{s})$ を求めよ。

ヒント！ まず，図を描いて，糸の張力を S とおくと，この円運動の向心力は，$S\cdot\sin60°$ で与えられることが分かるはずだ。

解答＆解説

右図に示すように，円すい振り子の回転円の半径を r とおくと，

$r=2\cdot\sin60°=2\cdot\dfrac{\sqrt{3}}{2}=\sqrt{3}\,(\mathrm{m})$ ……①

となる。また，糸の張力を $S(\mathrm{N})$ とおき，S を鉛直成分 $S\cdot\cos60°$ と水平成分 $S\cdot\sin60°$ に分解して調べる。

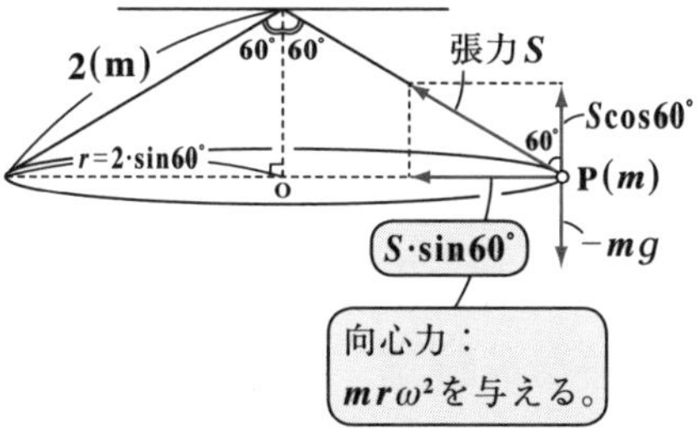

(ⅰ) 鉛直方向について，

$S\cdot\cos60°=\dfrac{1}{2}S$ と重力 $-mg$ はつり合う。よって，$\dfrac{1}{2}S-mg=0$

$\therefore S=2mg=2\times9.8m$ ……② となる。

(ⅱ) 水平方向について，

$S\cdot\sin60°=\dfrac{\sqrt{3}}{2}S$ により，質点 P の半径 $r=\sqrt{3}$ (①より) の円運動の向心力

$mr\omega^2=m\cdot\sqrt{3}\cdot\omega^2$ は与えられる。よって，$\dfrac{\sqrt{3}}{2}S=\sqrt{3}m\omega^2$

$\therefore S=2m\omega^2$ …………………③ となる。

(ⅰ)(ⅱ)の②，③より，張力 S を消去すると，

$2\times9.8m=2m\cdot\omega^2$　　よって，求める角速度 ω は，

$\omega=\sqrt{9.8}=\sqrt{\dfrac{49}{5}}=\dfrac{7}{\sqrt{5}}=\dfrac{7\sqrt{5}}{5}\ (1/\mathrm{s})$ である。 ………………………………(答)

演習問題 66　● 等速でない円運動 ●

質量の無視できる長さ $\mathbf{2}\,(\mathbf{m})$ の軽い糸の先に，質量 $m\,(\mathbf{kg})$ の質点 $\mathbf{P}$ を付けて，下に垂らした状態で，水平方向に初速度 v_0 を与えて円運動させる。

(ⅰ) $\mathbf{P}$ が中心 $\mathbf{C}$ の高さまで達するための v_0 の最小値を求めよ。

(ⅱ) $\mathbf{P}$ が円を描くための v_0 の条件を求めよ。

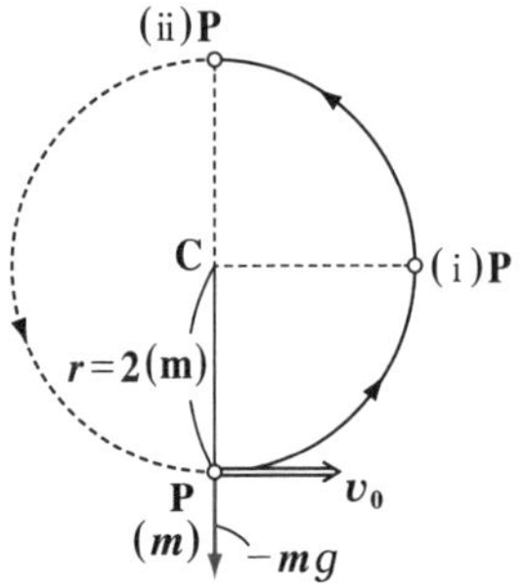

(ただし，重力加速度 $g = 9.8\,(\mathrm{m/s^2})$ とし，$\mathbf{P}$ に空気抵抗は働かないものとする。)

ヒント！ $\mathbf{P}$ が等速でない円運動をするときでも，$\mathbf{P}$ には向心力 $m\dfrac{v^2}{r}\ (= mr\omega^2)$ が働くことに気を付けよう。また，$\mathbf{P}$ が糸をたるませることなく円運動するための条件は，糸の張力 S が $S \geqq 0$ となることがポイントになるんだね。さらに，この問題では，力学的エネルギーの保存則も利用しよう。

解答＆解説

(ⅰ) $\mathbf{P}$ が中心 $\mathbf{C}$ の高さまで達する v_0 の最小値を求める。

右図に示すように，$\mathbf{P}$ が最下点にあるときのポテンシャルエネルギーを $U_0 = 0$ (基準点) として，$\mathbf{P}$ が中心 $\mathbf{C}$ の高さにあるときの速さを v_1，ポテンシャルエネルギーを U_1 とおく。

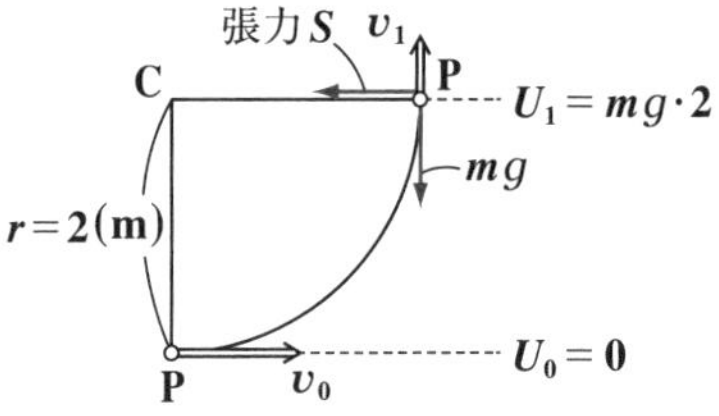

$\mathbf{P}$ に仕事をする力は重力 (保存力) だけなので，全力学的エネルギーの保存則が成り立つ。よって，

$\dfrac{1}{2}mv_0{}^2 \cancel{+0} = \dfrac{1}{2}mv_1{}^2 + mg\cdot 2$　　両辺に $\dfrac{2}{m}$ をかけて，

$[\quad K_0 \quad + U_0 = \quad K_1 \quad + \quad U_1 \quad]$

$v_0{}^2 = v_1{}^2 + 4g$

$\therefore\ v_1{}^2 = v_0{}^2 - 4g$ ……①

次に，Pが中心Cと同じ高さにあるとき，Pに働く向心力 $m\dfrac{v_1^2}{2}\left(=m\dfrac{v_1^2}{r}\right)$ を与えるのは，糸の張力Sのみである。(重力 $-mg$ はまったく寄与しない。)

$\therefore S=m\dfrac{v_1^2}{2}$ ……② である。

②に①を代入して，

$\dfrac{m}{2}(v_0^2-4g)=S$ ……③ となる。

ここで，糸がたるむことなく，Pが円運動する条件は，張力 $S \geqq 0$ である。

よって，③より，$\underbrace{\dfrac{m}{2}}_{\oplus}(v_0^2-4g)=S\geqq 0$ より，$v_0^2-4g\geqq 0$

$v_0\geqq\sqrt{4g}=2\sqrt{g}$ となる。よって，Pが中心点の高さに達するための初速度 v_0 の最小値は，$v_0=2\sqrt{g}=2\sqrt{9.8}=2\sqrt{\dfrac{49}{5}}=2\cdot\dfrac{7}{\sqrt{5}}=\dfrac{14\sqrt{5}}{5}$ (m/s)

である。……………………………………………………………………(答)

(ii) Pが円を描く条件は，右図に示すように，Pが最高点に達したときも，糸がたるむことなく，糸の張力 S が $S\geqq 0$ となることである。

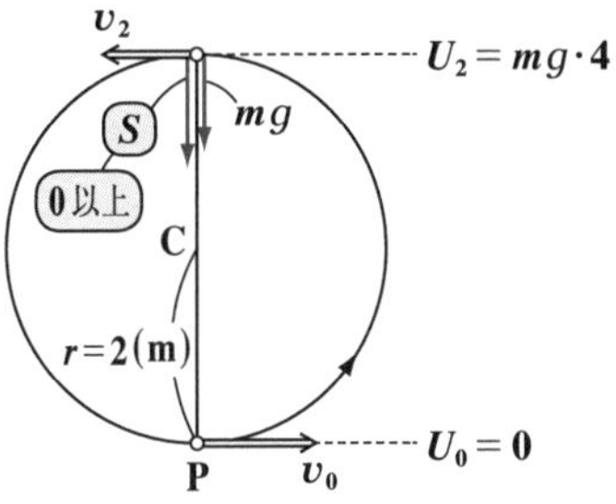

まず，前問と同様に，Pが最下点にあるときのポテンシャルエネルギーを，$U_0=0$ (基準点)として，Pが最高点にあるとき速さを v_2，ポテンシャルエネルギーを U_2 とおく。Pに仕事をする力は重力(保存力)だけ

張力Sは，Pの運動方向と常に垂直なので，仕事に寄与しない。

なので，次のように全力学的エネルギーの保存則が成り立つ。

$\dfrac{1}{2}mv_0^2+\cancel{0}=\dfrac{1}{2}mv_2^2+4mg$ 　　両辺に $\dfrac{2}{m}$ をかけて，

$[\quad K_0\quad+U_0=\quad K_2\quad+\ U_2\ ]$

$v_0^2=v_2^2+8g$

$\therefore v_2^2=v_0^2-8g$ ……④ となる。

次に，質点 **P** が最高点にあるとき，**P** に働く向心力

$m\frac{v_2^2}{2}$ $\left(= m\frac{v_2^2}{r}\right)$ を与えるのは，右図から明らかに，

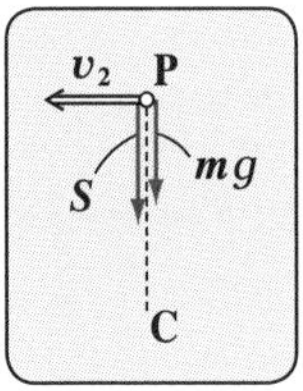

糸の張力 S と重力 mg の **2** つである。よって，

$$S + mg = m\frac{v_2^2}{2}$$

$$S = \frac{m}{2}v_2^2 - mg \quad \cdots\cdots ⑤$$ となる。

⑤に④を代入して，

$$S = \frac{m}{2}(v_0^2 - 8g) - mg = \frac{m}{2}(v_0^2 - 10g) \quad \cdots\cdots ⑥$$ となる。

ここで，質点 **P** が円運動するための条件は，**P** が最高点にあるときの⑥の張力 S が $S \geqq 0$ となることである。よって，

$$S = \frac{m}{2}(v_0^2 - 10g) \geqq 0 \qquad v_0^2 - 10g \geqq 0$$

（$\frac{m}{2}$：⊕）

∴求める v_0 の条件は，

$v_0 \geqq \sqrt{10g} = \sqrt{98} = 7\sqrt{2}$ (m/s) である。 ……………………………………(答)

演習問題 67　　● 角速度ベクトル ●

一般に，xy 平面上で，原点 O を中心とする半径 r の円周上を角速度 ω で回転する点 P の位置ベクトル $r(t) = [r\cos\omega t,\ r\sin\omega t,\ 0]$ について，角速度ベクトル $\omega = [0,\ 0,\ \omega]$ と速度ベクトル v の関係式：
$\omega \times r = v$ ……(*) が成り立つ。これを次の例題で確認せよ。

(1) $r(t) = [5\cos 2t,\ 5\sin 2t,\ 0]$ 　　(2) $r(t) = [3\cos\pi t,\ 3\sin\pi t,\ 0]$

ヒント！ $v(t)$ を $v(t) = \dot{r}(t)$ から求め，これが $\omega \times r$ と一致することを確認しよう。

解答 & 解説

(1) $r(t) = [\underset{\widehat{r}}{5\cos 2t},\ \underset{\widehat{\omega}}{5\sin 2t},\ \underset{\widehat{r}}{0}]$ のとき，速度ベクトル $v(t)$ は，

$\quad v(t) = \dot{r}(t) = [(5\cos 2t)',\ (5\sin 2t)',\ 0']$
$\qquad\quad = [-10\sin 2t,\ 10\cos 2t,\ 0]$ となる。

次に，$\omega = [0,\ 0,\ 2]$ と $r(t)$ との外積 $\omega \times r$ を求めると，

$\omega \times r = [-10\sin 2t,\ 10\cos 2t,\ 0]$
となって，v と一致することが確認
できる。 ……………………………(終)

$\omega \times r$ の計算
0	0	2	0
5cos2t	5sin2t	0	5cos2t
	0	][−10sin2t, 10cos2t,

(2) $r(t) = [\underset{\widehat{r}}{3\cos\pi t},\ \underset{\widehat{\omega}}{3\sin\pi t},\ \underset{\widehat{r}}{0}]$ のとき，速度ベクトル $v(t)$ は，

$\quad v(t) = \dot{r}(t) = [(3\cos\pi t)',\ (3\sin\pi t)',\ 0']$
$\qquad\quad = [-3\pi\sin\pi t,\ 3\pi\cos\pi t,\ 0]$ となる。

次に，$\omega = [0,\ 0,\ \pi]$ と $r(t)$ との外積 $\omega \times r$ を求めると，

$\omega \times r = [-3\pi\sin\pi t,\ 3\pi\cos\pi t,\ 0]$
となって，v と一致することが確認
できる。 ……………………………(終)

$\omega \times r$ の計算
0	0	π	0
3cosπt	3sinπt	0	3cosπt
	0	][−3πsinπt, 3πcosπt,

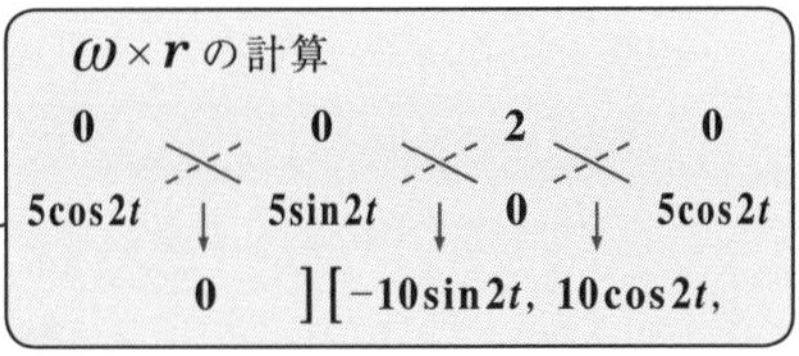

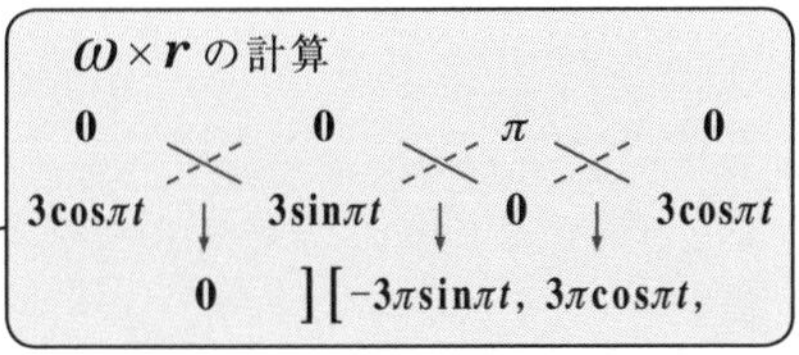

演習問題 68　● 単振動 (I) ●

単振動の微分方程式：$\ddot{x} = -\omega^2 x$ ……① (ω：角振動数) の一般解が，
$x = C_1\cos\omega t + C_2\sin\omega t$ (C_1, C_2：定数) となることを導け。

ヒント！ ばねの復元力は $-kx$ (k：定数) より，運動方程式 $m\ddot{x} = -kx$ から，両辺を m で割って，$\frac{k}{m} = \omega^2$ とおくと①が導けるんだね。後は，$x = e^{\lambda t}$ として，λ を求めよう。

解答＆解説

①の基本解を $x = e^{\lambda t}$ (λ：未定定数) とおくと，

$\dot{x} = \lambda e^{\lambda t}$，$\ddot{x} = \lambda^2 e^{\lambda t}$ より，これらを①に代入して，

$\lambda^2 e^{\lambda t} = -\omega^2 \cdot e^{\lambda t}$　この両辺を $e^{\lambda t}(\neq 0)$ で割ると，

λ の特性方程式：$\lambda^2 = -\omega^2$ が導ける。これを解いて，

$\lambda = \pm i\omega$ となるので，①の 2 つの独立な基本解 $e^{i\omega t}$ と $e^{-i\omega t}$ が得られた。

これらの 1 次結合が，①の単振動の微分方程式の一般解となる。

$\therefore$ 一般解 $x = B_1 \underbrace{e^{i\omega t}}_{\cos\omega t + i\sin\omega t} + B_2 \underbrace{e^{-i\omega t}}_{\cos\omega t - i\sin\omega t}$ ……② (B_1, B_2：定数) である。

ここで，オイラーの公式より，

$e^{i\omega t} = \cos\omega t + i\sin\omega t$，$e^{-i\omega t} = \cos\omega t - i\sin\omega t$ ← オイラーの公式：$\begin{cases} e^{i\theta} = \cos\theta + i\sin\theta \\ e^{-i\theta} = \cos\theta - i\sin\theta \end{cases}$

これらを②に代入して，

$$\text{一般解 } x = B_1(\cos\omega t + i\sin\omega t) + B_2(\cos\omega t - i\sin\omega t)$$
$$= \underbrace{(B_1 + B_2)}_{C_1}\cos\omega t + \underbrace{i(B_1 - B_2)}_{C_2 \text{とおく}}\sin\omega t$$

$\therefore$ ①の一般解は，$x = C_1\cos\omega t + C_2\sin\omega t$ ……③ (C_1, C_2：定数) となる。

………(終)

参考

単振動の微分方程式：$\ddot{x} = -\omega^2 x$ ……① の一般解が，③となることは導かなくても，知識として使ってもよいと思う。③以外にも一般解として，次の 3 通りの表し方がある。これも，覚えておこう。

$x(t) = A\cos(\omega t + \phi) = C_1\sin\omega t + C_2\cos\omega t = A\sin(\omega t + \phi)$

(A, C_1, C_2：定数，ϕ：初期位相)

演習問題 69 ● 単振動(Ⅱ) ●

次の単振動の微分方程式を解け。

(1) $\ddot{x}=-16x$ （初期条件：$x(0)=5$，$\dot{x}(0)=0$）

(2) $\ddot{x}=-9\pi^2x$ （初期条件：$x(0)=1$，$\dot{x}(0)=3\pi$）

ヒント！ 単振動の微分方程式：$\ddot{x}=-\omega^2x$ の一般解は，$x=C_1\cos\omega t+C_2\sin\omega t$ としていい。後は，与えられた初期条件から定数係数の C_1 と C_2 を決定すればいいんだね。

解答＆解説

(1) $\ddot{x}=-\underbrace{4^2}_{\omega^2}x$ ……① は単振動の微分方程式より，①の

一般解は，$x(t)=C_1\cos4t+C_2\sin4t$ ……②

(C_1, C_2：定数) となる。②を t で微分して，

$\dot{x}(t)=-4C_1\sin4t+4C_2\cos4t$ ……③

初期条件：$x(0)=5$，$\dot{x}(0)=0$ より，②，③に

$t=0$ を代入して，

$x(0)=C_1\cdot\underbrace{\cos0}_{1}+\cancel{C_2\cdot\underbrace{\sin0}_{0}}=\boxed{C_1=5}$，$\dot{x}(0)=\cancel{-4C_1\cdot\underbrace{\sin0}_{0}}+4C_2\cdot\underbrace{\cos0}_{1}=\boxed{4C_2=0}$

$\therefore C_1=5$，$C_2=0$ より，これを②に代入して，

①の求める特殊解は，$x(t)=5\cos4t$ である。……(答)

> 単振動の微分方程式：
> $\ddot{x}=-\omega^2x$ の一般解は，
> $x=C_1\cos\omega t+C_2\sin\omega t$
> $=A\cos(\omega t+\phi)$
> $=C_1\sin\omega t+C_2\cos\omega t$
> $=A\sin(\omega t+\phi)$
> のいずれでもよい。

(2) $\ddot{x}=-\underbrace{(3\pi)^2}_{\omega^2}x$ ……④ は単振動の微分方程式より，④の一般解は，

$x(t)=C_1\cos3\pi t+C_2\sin3\pi t$ ……⑤ (C_1, C_2：定数) これを t で微分して，

$\dot{x}(t)=-3\pi C_1\sin3\pi t+3\pi C_2\cos3\pi t$ ……⑥

初期条件：$x(0)=1$，$\dot{x}(0)=3\pi$ より，⑤，⑥に $t=0$ を代入して，

$x(0)=C_1\cdot1+\cancel{C_2\cdot0}=\boxed{C_1=1}$，$\dot{x}(0)=\cancel{-3\pi C_1\cdot0}+3\pi C_2\cdot1=\boxed{3\pi C_2=3\pi}$

$\therefore C_1=1$，$C_2=1$ より，これを⑤に代入して，

④の求める特殊解は，$x(t)=\cos3\pi t+\sin3\pi t$ である。……(答)

> 三角関数の合成公式を使って，$x(t)=\sqrt{2}\cos\left(3\pi t-\frac{\pi}{4}\right)$ と表してもいい。

演習問題 70 ● 単振動の全力学的エネルギーの保存則 ●

質量 $m = 4\,(\mathrm{kg})$ の振動子 P とばね定数 $k = \pi^2\,(\mathrm{N/m})$ からなる水平ばね振り子の変位 x が $x = 4\sin\left(\omega t + \frac{\pi}{4}\right)$ ……① で与えられている。
このとき，この単振動の全力学的エネルギー $E\,(= K + U)$ を求めて，これが一定であることを示せ。
$\left(\text{ただし，} K = \frac{1}{2}mv^2 \text{ (運動エネルギー)，} U = \frac{1}{2}kx^2 \text{ (弾性エネルギー)}\right)$

ヒント！ まず，$\omega = \sqrt{\frac{k}{m}}$ から ω を求め，①を t で微分して，速度 v を求めよう。後は，$K = \frac{1}{2}mv^2$ と $U = \frac{1}{2}kx^2$ から，$K + U = E$ が時刻 t によらず一定となることを示そう。

解答&解説

角振動数 $\omega = \sqrt{\frac{k}{m}} = \sqrt{\frac{\pi^2}{4}} = \frac{\pi}{2}$ となる。よって，この単振動の変位 x は，

$x(t) = 4\sin\left(\frac{\pi}{2}t + \frac{\pi}{4}\right)$ ……①′ となる。これを t で微分して，速度 v は，

$$v(t) = \dot{x}(t) = \underbrace{4 \cdot \frac{\pi}{2}\cos\left(\frac{\pi}{2}t + \frac{\pi}{4}\right)}_{\text{合成関数の微分}} = 2\pi\cos\left(\frac{\pi}{2}t + \frac{\pi}{4}\right) \quad \cdots\cdots ②$$
となる。

①′，②より，この単振動の全力学的エネルギー E を求めると，

$$E = K + U = \frac{1}{2}\underbrace{m}_{4}\underbrace{v^2}_{②の2乗} + \frac{1}{2}\underbrace{k}_{\pi^2}\underbrace{x^2}_{①'の2乗}$$

$$= \frac{1}{2} \cdot 4 \cdot 4\pi^2\cos^2\left(\frac{\pi}{2}t + \frac{\pi}{4}\right) + \frac{1}{2} \cdot \pi^2 \cdot 16\sin^2\left(\frac{\pi}{2}t + \frac{\pi}{4}\right)$$

$$= 8\pi^2\underbrace{\left\{\cos^2\left(\frac{\pi}{2}t + \frac{\pi}{4}\right) + \sin^2\left(\frac{\pi}{2}t + \frac{\pi}{4}\right)\right\}}_{1}$$

（公式：$\cos^2\theta + \sin^2\theta = 1$）

$= 8\pi^2$ (一定) となって，E は時刻 t によらず常に一定である。…………(終)

演習問題 71　● 減衰振動（Ⅰ）●

速度に比例する抵抗を受けて振動する水平ばね振り子の振動子 **P**（質量 m）の変位（位置）x の微分方程式が，

$\ddot{x}+a\dot{x}+bx=0$ ……(∗) と表されることを示せ。

また，$a=2$，$b=10$ のとき，この微分方程式を解いて一般解を求めよ。

ヒント！ 振動子 **P** には，復元力 $-kx$ と空気抵抗 $-B\dot{x}$ が働くことから，(∗)の微分方程式が導ける。$a=2$，$b=10$ のとき，(∗)の基本解を $x=e^{\lambda t}$（λ：定数）とおいて，λ の特性方程式を作ればよい。単振動の微分方程式の解法と同様だね。

解答＆解説

右図のように，水平ばね振り子の振動子 **P** には，ばねの復元力 $-kx$ と，速度 $v(=\dot{x})$ に比例する空気抵抗 $-Bv$ が働くので，**P** について運動方程式を立てると，

水平ばね振り子

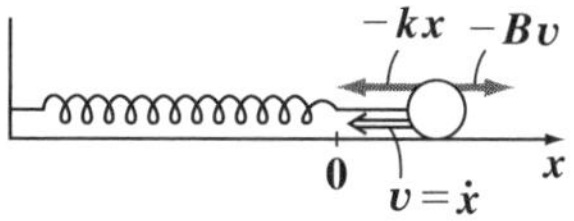

$m\ddot{x}=-kx-B\underset{\dot{x}}{v}$ ……① となる。（k，B：定数，m：**P** の質量）

①の両辺を，$m\,(>0)$ で割って，

$\ddot{x}=-\dfrac{k}{m}x-\dfrac{B}{m}\dot{x}$　　ここで，$\dfrac{B}{m}=a$，$\dfrac{k}{m}=b$ とおくと，

$\ddot{x}+a\dot{x}+bx=0$ ……(∗) $\left(a=\dfrac{B}{m},\ b=\dfrac{k}{m}\right)$ が導ける。…………………………(終)

次に，$a=2$，$b=10$ を(∗)に代入して，

$\ddot{x}+2\dot{x}+10x=0$ ……② となる。②の一般解を求める。

ここで，②の基本解を $x=e^{\lambda t}$ ……③（λ：未定定数）とおき，③の 1 階，2 階微分を求めると，

$\dot{x}=\lambda e^{\lambda t}$，$\ddot{x}=\lambda^2 e^{\lambda t}$ となる。これらを②に代入して，

$\lambda^2 e^{\lambda t}+2\lambda e^{\lambda t}+10e^{\lambda t}=0$ となる。

この両辺を，$e^{\lambda t}\,(\neq 0)$ で割ると，λ の特性方程式（2 次方程式）：

$\lambda^2+2\lambda+10=0$ ……④ が得られる。

$\underset{a}{1}\cdot\lambda^2+\underset{2b'}{2}\cdot\lambda+\underset{c}{10}=0$ ……④　これを解いて，

> $ax^2+2b'x+c=0$ の
> 解 $x=\dfrac{-b'\pm\sqrt{b'^2-ac}}{a}$

$\lambda=-1\pm\sqrt{1^2-1\times10}=-1\pm\sqrt{-9}=-1\pm3i$

$\therefore\lambda_1=-1+3i$，$\lambda_2=-1-3i$ とおくと，

2つの基本解 $x_1=e^{\lambda_1 t}=e^{(-1+3i)t}$，$x_2=e^{\lambda_2 t}=e^{(-1-3i)t}$ が得られる。

よって，この x_1 と x_2 の1次結合 $B_1x_1+B_2x_2$ が，

微分方程式：$\ddot{x}+2\dot{x}+10x=0$ ……②の一般解となる。よって，

一般解 $x(t)=B_1e^{(-1+3i)t}+B_2e^{(-1-3i)t}$　(B_1，B_2：定数)

$=B_1e^{-t+i3t}+B_2e^{-t-i3t}$

$=e^{-t}\left(B_1\underset{(\cos3t+i\sin3t)}{e^{i\cdot3t}}+B_2\underset{(\cos3t-i\sin3t)}{e^{-i\cdot3t}}\right)$

> オイラーの公式：
> $\begin{cases}e^{i\theta}=\cos\theta+i\sin\theta\\e^{-i\theta}=\cos\theta-i\sin\theta\end{cases}$

$=e^{-t}\left\{B_1(\cos3t+i\sin3t)+B_2(\cos3t-i\sin3t)\right\}$

$=e^{-t}\left\{\underset{\text{新たに，}C_1}{(B_1+B_2)}\cos3t+\underset{C_2\text{とおく}}{i(B_1-B_2)}\sin3t\right\}$

以上より，②の微分方程式の一般解 $x(t)$ は，

$x(t)=e^{-t}(C_1\cos3t+C_2\sin3t)$ ……⑤ ……………………………………(答)

　(ただし，$C_1=B_1+B_2$，$C_2=i(B_1-B_2)$)

参考

⑤の一般解の内，$C_1\cos3t+C_2\sin3t$ は角振動数 $\omega=3$ の単振動を表す。これに，e^{-t} がかけられることにより，右図に示すような減衰振動を表すことになるんだね。納得いった？

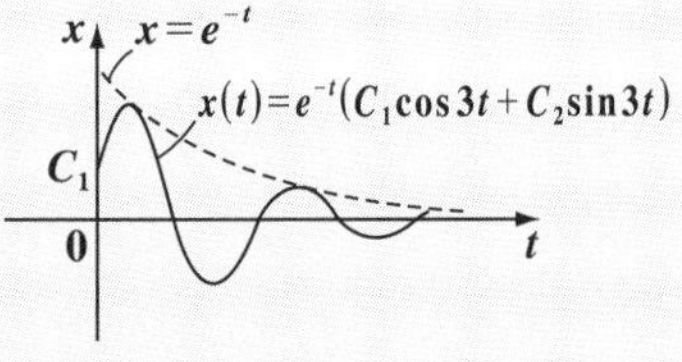

演習問題 72　● 減衰振動(Ⅱ) ●

次の減衰振動の微分方程式を各初期条件の下で解いて，特殊解を求めよ。

(1) $\ddot{x}+\dot{x}+\frac{65}{4}x=0$ ………① （初期条件：$x(0)=0$，$\dot{x}(0)=8$）

(2) $\ddot{x}+\frac{2}{3}\dot{x}+\frac{10}{9}x=0$ ……② $\left(初期条件：x(0)=1,\ \dot{x}(0)=\frac{2}{3}\right)$

ヒント！ ①，②共に基本解として，$x=e^{\lambda t}$とおいて，特性方程式からの値(虚数解)を2つ求めて，一般解を求めよう。その後，初期条件から各係数の値を決定して，特殊解を求めよう。

解答＆解説

(1) $\ddot{x}+\dot{x}+\frac{65}{4}x=0$ ……① の基本解を $x=e^{\lambda t}$ （λ：未定定数）とおく。

これを1階，2階微分して，$\dot{x}=\lambda e^{\lambda t}$，$\ddot{x}=\lambda^2 e^{\lambda t}$ となる。

これらを①に代入して，

$\lambda^2 e^{\lambda t}+\lambda e^{\lambda t}+\frac{65}{4}e^{\lambda t}=0$ となる。

この両辺を $e^{\lambda t}$ $(\neq 0)$ で割ると，λの特性方程式：

$\lambda^2+\lambda+\frac{65}{4}=0$ が導ける。これを解いて，

$$\lambda=\frac{-1\pm\sqrt{1^2-4\cdot 1\cdot\frac{65}{4}}}{2}=-\frac{1}{2}\pm\frac{1}{2}\cdot\sqrt{-64}=-\frac{1}{2}\pm\frac{1}{2}\cdot 8i=-\frac{1}{2}\pm 4i$$

$\therefore \lambda_1=-\frac{1}{2}+4i$，$\lambda_2=-\frac{1}{2}-4i$ とおくと，

2つの基本解 $x_1=e^{\left(-\frac{1}{2}+4i\right)t}$，$x_2=e^{\left(-\frac{1}{2}-4i\right)t}$ が得られる。

よって，①の一般解は，これらの1次結合で表されるので，

$$x(t)=B_1e^{\left(-\frac{1}{2}+4i\right)t}+B_2e^{\left(-\frac{1}{2}-4i\right)t}$$

$$=e^{-\frac{1}{2}t}\left(B_1\underbrace{e^{i\cdot 4t}}_{(\cos 4t+i\sin 4t)}+B_2\underbrace{e^{-i\cdot 4t}}_{(\cos 4t-i\sin 4t)}\right)$$

オイラーの公式：
$$\begin{cases}e^{i\theta}=\cos\theta+i\sin\theta\\ e^{-i\theta}=\cos\theta-i\sin\theta\end{cases}$$

$$=e^{-\frac{1}{2}t}\{\underbrace{(B_1+B_2)}_{C_1}\cos 4t+\underbrace{i(B_1-B_2)}_{C_2}\sin 4t\}$$

以上より，①の一般解は，

$x(t)=e^{-\frac{1}{2}t}(C_1\cos 4t+C_2\sin 4t)$ ……③ $(C_1,\ C_2：定数)$ となる。

ここで，初期条件：$x(0)=0$ より，③に $t=0$ を代入して，

$x(0)=\underbrace{e^0}_{1}\cdot(C_1\underbrace{\cos 0}_{1}+\cancel{C_2\underbrace{\sin 0}_{0}})=\boxed{C_1=0}$　　$\therefore C_1=0$ より，③は，

$x(t)=C_2e^{-\frac{1}{2}t}\sin 4t$ ……③′ となる。これを t で微分して，

$\dot{x}(t)=C_2\left(-\frac{1}{2}e^{-\frac{1}{2}t}\sin 4t+e^{-\frac{1}{2}t}\cdot 4\cos 4t\right)$ ……④

初期条件：$\dot{x}(0)=8$ より，

④に $t=0$ を代入して，

$\dot{x}(0)=C_2\left(\cancel{-\frac{1}{2}\cdot 1\cdot 0}+1\cdot 4\cdot 1\right)=\boxed{4C_2=8}$

$\therefore C_2=2$　これを③′に代入すると，

①の特殊解が求められて，

$x(t)=2e^{-\frac{1}{2}t}\sin 4t$ となる。………(答)

(右図に，このグラフを示す。)

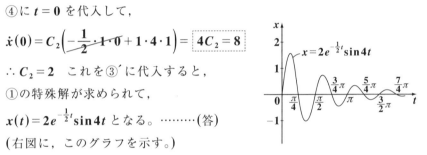

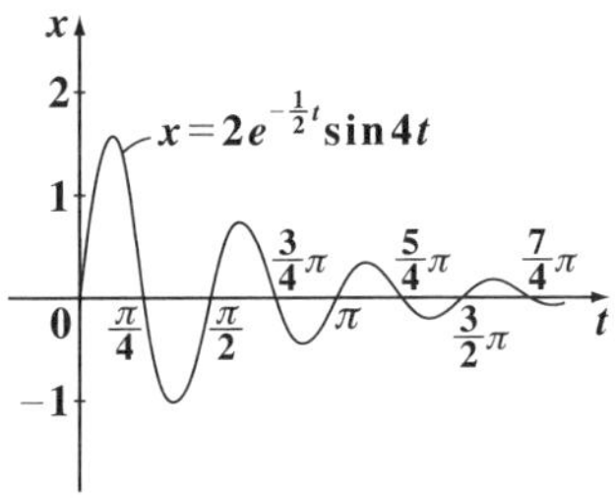

(2) $\ddot{x}+\frac{2}{3}\dot{x}+\frac{10}{9}x=0$ ……② の基本解を $x=e^{\lambda t}$ $(\lambda：未定定数)$ とおく。

これを1階，2階微分して，$\dot{x}=\lambda e^{\lambda t}$，$\ddot{x}=\lambda^2e^{\lambda t}$ となる。

これらを②に代入して，

$\lambda^2e^{\lambda t}+\frac{2}{3}\lambda e^{\lambda t}+\frac{10}{9}e^{\lambda t}=0$ となる。この両辺を $e^{\lambda t}$ $(\neq 0)$ で割って，

特性方程式：$\lambda^2+\frac{2}{3}\lambda+\frac{10}{9}=0$ が導ける。これを解いて，

$$\lambda=-\frac{1}{3}\pm\sqrt{\left(\frac{1}{3}\right)^2-1\cdot\frac{10}{9}}=-\frac{1}{3}\pm\sqrt{-1}=-\frac{1}{3}\pm i$$

$\therefore \lambda_1=-\frac{1}{3}+i$，$\lambda_2=-\frac{1}{3}-i$ とおくと，

2つの基本解 $x_1=e^{\left(-\frac{1}{3}+i\right)t}$，$x_2=e^{\left(-\frac{1}{3}-i\right)t}$ が得られる。

よって，②の一般解は，これらの1次結合で表されるので，

$$x(t) = B_1 e^{\left(-\frac{1}{3}+i\right)t} + B_2 e^{\left(-\frac{1}{3}-i\right)t} = e^{-\frac{1}{3}t}\left(B_1 \underbrace{e^{it}}_{(\cos t + i\sin t)} + B_2 \underbrace{e^{-it}}_{(\cos t - i\sin t)}\right)$$

$$= e^{-\frac{1}{3}t}\left\{B_1(\cos t + i\sin t) + B_2(\cos t - i\sin t)\right\}$$

$$= e^{-\frac{1}{3}t}\left\{\underbrace{(B_1 + B_2)}_{C_1}\cos t + \underbrace{i(B_1 - B_2)}_{C_2}\sin t\right\}$$

公式：
$(f \cdot g)' = f' \cdot g + f \cdot g'$

$\therefore x(t) = e^{-\frac{1}{3}t}(C_1 \cos t + C_2 \sin t)$ ……⑤ (C_1, C_2：定数) となる。

⑤を t で微分して，

$$\dot{x}(t) = -\frac{1}{3}e^{-\frac{1}{3}t}(C_1\cos t + C_2 \sin t) + e^{-\frac{1}{3}t}(-C_1 \sin t + C_2 \cos t) \cdots\cdots ⑥$$

ここで，初期条件：$x(0) = 1$，$\dot{x}(0) = \frac{2}{3}$ より，⑤, ⑥に $t = 0$ を代入して，

$$x(0) = 1 \cdot (C_1 \cdot 1 + \cancel{C_2 \cdot 0}) = \boxed{C_1 = 1} \qquad \therefore C_1 = 1$$

$$\dot{x}(0) = -\frac{1}{3} \cdot 1 \cdot (\underbrace{C_1}_{1} \cdot 1 + \cancel{C_2 \cdot 0}) + 1 \cdot (\cancel{-C_1 \cdot 0} + C_2 \cdot 1) = \boxed{-\frac{1}{3} + C_2 = \frac{2}{3}}$$

$\therefore C_2 = 1$

以上より，$C_1 = 1$，$C_2 = 1$ を⑤に代入すると，減衰振動の微分方程式②の特殊解が求められて，

$$x(t) = e^{-\frac{1}{3}t}(\cos t + \sin t)$$

となる。…………………(答)

(右図に，このグラフを示す。)

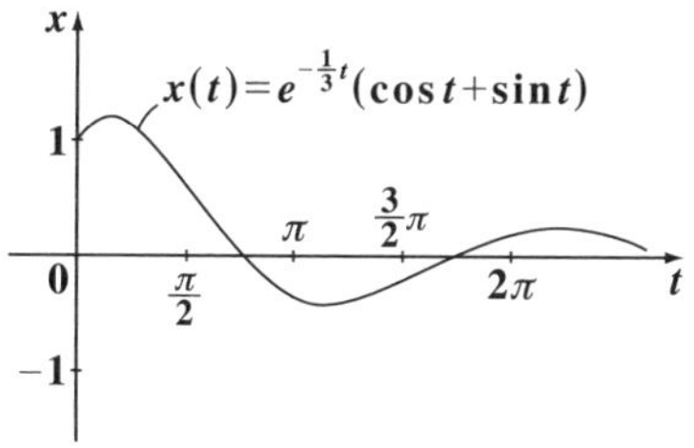

講 義 Lecture 6 運動座標系 ● methods & formulae

§1. 平行運動する座標系(ガリレイ変換)

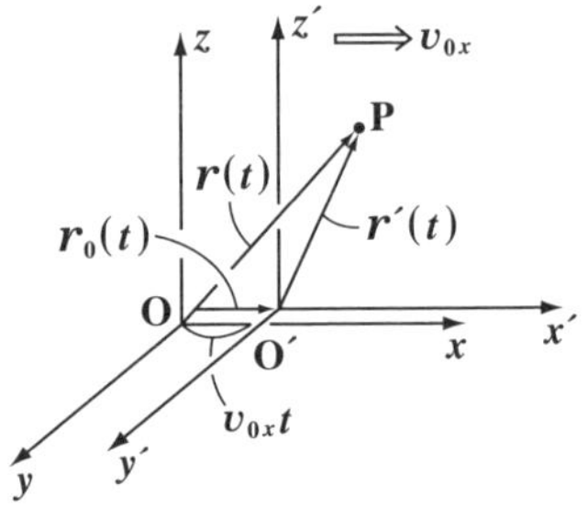

右図に示すように，慣性系 **O*xyz*** 座標系に対して，それぞれの軸の向きは変えずに，その原点 **O´** が，x 軸の正の向きに一定の速さ v_{0x} で運動する **O´*x´y´z´*** 座標系がある。このとき，

$\overrightarrow{OO'}=\boldsymbol{r}_0(t)=\begin{bmatrix} v_{0x}t \\ 0 \\ 0 \end{bmatrix}$ となる。

また，質点 **P** の xyz 座標系での位置を $\boldsymbol{r}(t)$，$x'y'z'$ 座標系での位置 $\boldsymbol{r}'(t)$ とおき，また，

$\boldsymbol{r}(t)=\begin{bmatrix} x(t) \\ y(t) \\ z(t) \end{bmatrix}$，$\boldsymbol{r}'(t)=\begin{bmatrix} x'(t) \\ y'(t) \\ z'(t) \end{bmatrix}$ とおくと，$\boldsymbol{r}(t)=\boldsymbol{r}_0(t)+\boldsymbol{r}'(t)$ より，

$\boldsymbol{r}'(t)=\boldsymbol{r}(t)-\boldsymbol{r}_0(t)$，すなわち，$\begin{bmatrix} x'(t) \\ y'(t) \\ z'(t) \end{bmatrix}=\begin{bmatrix} x(t) \\ y(t) \\ z(t) \end{bmatrix}-\begin{bmatrix} v_{0x}t \\ 0 \\ 0 \end{bmatrix}$ が成り立つ。

このように，$\boldsymbol{r}(t)$ から $\boldsymbol{r}'(t)$ への変換を**ガリレイ変換**という。

この **2** つの座標系における質点 **P** の加速度を求めてみると，

(i) **O*xyz*** 座標系

$\boldsymbol{r}(t)=[x(t),\ y(t),\ z(t)]$

$\boldsymbol{v}(t)=\dot{\boldsymbol{r}}(t)=[\dot{x}(t),\ \dot{y}(t),\ \dot{z}(t)]$

よって，$\boldsymbol{a}(t)$ は，

$\boldsymbol{a}(t)=\ddot{\boldsymbol{r}}(t)=[\ddot{x}(t),\ \ddot{y}(t),\ \ddot{z}(t)]$

(ii) **O´*x´y´z´*** 座標系

$\boldsymbol{r}'(t)=[x(t)-v_{0x}t,\ y(t),\ z(t)]$

$\boldsymbol{v}'(t)=\dot{\boldsymbol{r}}'(t)=[\dot{x}(t)-v_{0x},\ \dot{y}(t),\ \dot{z}(t)]$（$v_{0x}$：定数）

よって，$\boldsymbol{a}'(t)$ は，

$\boldsymbol{a}'(t)=\ddot{\boldsymbol{r}}'(t)=[\ddot{x}(t),\ \ddot{y}(t),\ \ddot{z}(t)]$

となって，$\boldsymbol{a}(t)$ と $\boldsymbol{a}'(t)$ が一致する。これは質点 **P** の質量を m，また質点 **P** に作用するそれぞれの座標系における力を $\boldsymbol{f}$，$\boldsymbol{f}'$ とおくと，

$\boldsymbol{f}=m\boldsymbol{a}$，$\boldsymbol{f}'=m\boldsymbol{a}'$ となって，いずれの座標系においても同じ運動方程式が

成り立つ。よって，$O'x'y'z'$ 座標系も $Oxyz$ 座標系と同様に慣性系である。

このガリレイ変換をより一般的に，$Oxyz$ 座標系に対して，等速度で平行移動する $O'x'y'z'$ 座標系を考えると，このときの $\boldsymbol{r}_0(t)$ のすべての成分が時刻 t の 1 次式であるか定数である，すなわち，次のような場合においても，$O'x'y'z'$ 座標は慣性系になる。

$$\begin{bmatrix} x'(t) \\ y'(t) \\ z'(t) \end{bmatrix} = \begin{bmatrix} x(t) \\ y(t) \\ z(t) \end{bmatrix} - \underbrace{\begin{bmatrix} v_{0x}t + C_1 \\ v_{0y}t + C_2 \\ v_{0z}t + C_3 \end{bmatrix}} \qquad [\boldsymbol{r}'(t) = \boldsymbol{r}(t) - \underbrace{\boldsymbol{r}_0(t)}]$$

（これを t で 2 階微分すると $\boldsymbol{0}$ になる。）

次に，$\boldsymbol{r}_0(t) = \overrightarrow{OO'}$ の 3 つの成分のうち少なくとも 1 つが t の 1 次式や定数でない場合，すなわち，$\ddot{\boldsymbol{r}}_0(t) = \boldsymbol{a}_0(t) \neq \boldsymbol{0}$ のとき，$O'x'y'z'$ 座標系は $Oxyz$ 座標系に対して，非等速度で平行移動する座標系になり，この $O'x'y'z'$ 座標系はもはや慣性系ではなくなる。これを式で示すと，次のようになる。

$\underbrace{\boldsymbol{r}'(t)}_{O'x'y'z'\text{座標系}} = \underbrace{\boldsymbol{r}(t)}_{Oxyz\text{座標系}} - \underbrace{\boldsymbol{r}_0(t)}_{\overrightarrow{OO'}}$ について，

この両辺を t で 2 階微分すると，

$\underbrace{\ddot{\boldsymbol{r}}'(t)}_{\boldsymbol{a}'(t)} = \underbrace{\ddot{\boldsymbol{r}}(t)}_{\boldsymbol{a}(t)} - \underbrace{\ddot{\boldsymbol{r}}_0(t)}_{\boldsymbol{a}_0(t) \neq \boldsymbol{0}}$ 　よって，$\boldsymbol{a}'(t) = \boldsymbol{a}(t) - \boldsymbol{a}_0(t)$

$\boldsymbol{a}_0(t) = \ddot{\boldsymbol{r}}_0(t) \neq \boldsymbol{0}$ に気を付けて，この両辺に質量 m をかけると，

$$m\boldsymbol{a}'(t) = m\boldsymbol{a}(t) - m\boldsymbol{a}_0(t)$$

$$\underbrace{\boldsymbol{f}'(t)}_{O'x'y'z'\text{座標系での力}} = \underbrace{\boldsymbol{f}(t)}_{Oxyz\text{慣性系での力}} + \underbrace{\boldsymbol{f}_0(t)}_{\text{慣性力}}$$

となる。よって，

$Oxyz$ 慣性系では存在しなかった慣性力 $\boldsymbol{f}_0(t)$ が，非等速度で並進運動する $O'x'y'z'$ 座標系では，現れることになる。つまり，慣性系での運動方程式に $\boldsymbol{f}_0(t) = -m\boldsymbol{a}_0(t)$ の分の修正を加えないといけなくなる。したがって，この場合の $O'x'y'z'$ 座標系は，もはや慣性系ではない。

§2. 回転座標系

図(i)に示すように，慣性系 $\mathbf{O}xy$ に対して，点 $\mathbf{O}$ のまわりを一定の角速度 ω で回転する回転座標系 $\mathbf{O}x'y'$ があるものとする。

図(i) 回転座標系(I)

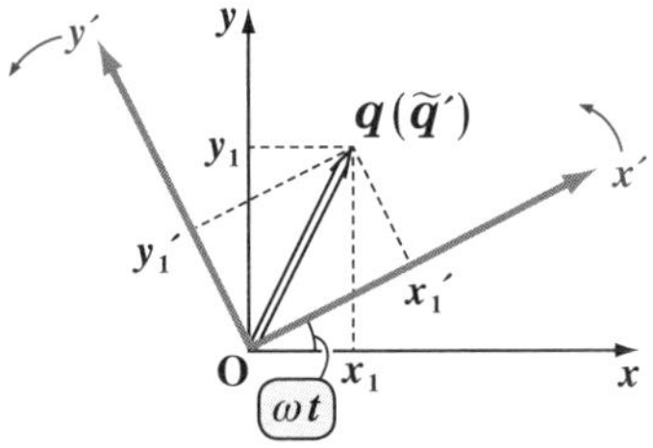

ここで，あるベクトル $\boldsymbol{q}$ が，

(i) 慣性系 $\mathbf{O}xy$ では，

$\boldsymbol{q}=[x_1,\ y_1]$ と表され，

(ii) 回転座標系 $\mathbf{O}x'y'$ では，

$\tilde{\boldsymbol{q}}'=[x_1',\ y_1']$

と表されるものとして，$\boldsymbol{q}$ と $\tilde{\boldsymbol{q}}'$ の関係を考えると図(ii)に示すように，

Ox′y′座標系を逆に $-\omega t$ だけ戻して，Oxy座標系と一致させたもの。

(ii) 回転座標系(II)

$$\begin{bmatrix} x_1 \\ y_1 \end{bmatrix}=R(\omega t)\begin{bmatrix} x_1' \\ y_1' \end{bmatrix}$$

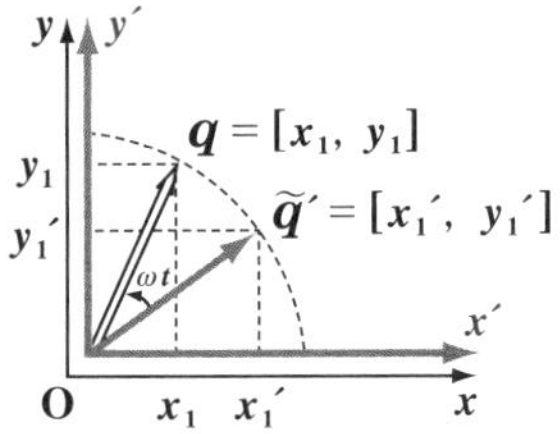

$$\begin{bmatrix} x_1 \\ y_1 \end{bmatrix}=R(\omega t)\begin{bmatrix} x_1' \\ y_1' \end{bmatrix} \cdots\cdots ①$$ となる。

$$\left(\text{ただし，} R(\omega t)=\begin{bmatrix} \cos\omega t & -\sin\omega t \\ \sin\omega t & \cos\omega t \end{bmatrix}\right)$$

同様に，

$$\begin{bmatrix} v_x \\ v_y \end{bmatrix}=R(\omega t)\begin{bmatrix} v_{x'} \\ v_{y'} \end{bmatrix} \cdots\cdots ② \qquad \begin{bmatrix} a_x \\ a_y \end{bmatrix}=R(\omega t)\begin{bmatrix} a_{x'} \\ a_{y'} \end{bmatrix} \cdots\cdots ③$$ が成り立つ。

ここで，回転座標系における動点 $\mathbf{P}$ の速度 $\boldsymbol{v}'(t)=\begin{bmatrix} \dot{x}' \\ \dot{y}' \end{bmatrix}$ と加速度 $\boldsymbol{a}'(t)=\begin{bmatrix} \ddot{x}' \\ \ddot{y}' \end{bmatrix}$ を求めると，

$$\boldsymbol{v}'(t)=\begin{bmatrix} \dot{x}' \\ \dot{y}' \end{bmatrix}=R(\omega t)^{-1}\begin{bmatrix} \dot{x} \\ \dot{y} \end{bmatrix}+\omega\begin{bmatrix} y' \\ -x' \end{bmatrix} \cdots\cdots ④$$ となり，

$$\boldsymbol{a}'(t)=\begin{bmatrix} \ddot{x}' \\ \ddot{y}' \end{bmatrix}=R(\omega t)^{-1}\begin{bmatrix} \ddot{x} \\ \ddot{y} \end{bmatrix}+\omega^2\begin{bmatrix} x' \\ y' \end{bmatrix}+2\omega\begin{bmatrix} \dot{y}' \\ -\dot{x}' \end{bmatrix} \cdots\cdots ⑤$$ となる。

回転系での加速度

$R(\omega t)^{-1}$ をかけてはいるが，その本質は元の慣性系での加速度

⑤の両辺に質点 $\mathbf{P}$ の質量 m をかけると，これは回転座標系における運動方程式になる。

$$m\begin{bmatrix}\ddot{x}'\\ \ddot{y}'\end{bmatrix} = mR(\omega t)^{-1}\begin{bmatrix}\ddot{x}\\ \ddot{y}\end{bmatrix} + m\omega^2\begin{bmatrix}x'\\ y'\end{bmatrix} + 2m\omega\begin{bmatrix}\dot{y}'\\ -\dot{x}'\end{bmatrix} \cdots\cdots(*)$$

- 回転系で質点 P に働く力 $\boldsymbol{f}'$
- $R(\omega t)^{-1}$ をかけて，回転系で見ているけれど，元の慣性系で P に働いていた力 $\boldsymbol{f}$ のこと。
- $m\omega^2\boldsymbol{r}'$ より，これは，遠心力 $\boldsymbol{f}_{c_1}$
- 回転系で P が運動しているときだけ働くコリオリの力 $\boldsymbol{f}_{c_2}$（$\boldsymbol{v}'=\mathbf{0}$ のとき，$\dot{x}'=0$，$\dot{y}'=0$ となって，$\boldsymbol{f}_{c_2}=\mathbf{0}$ となるからだ。）

そして，(*) を簡潔に表すと，

$\boldsymbol{f}' = \boldsymbol{f} + \boldsymbol{f}_{c_1} + \boldsymbol{f}_{c_2}$ ……(*)′ となる。

回転座標系 $\mathbf{O}x'y'$ は慣性系ではないため，回転座標系で質点 $\mathbf{P}$ に働く力 $\boldsymbol{f}'$ には，慣性系で $\mathbf{P}$ に働く力 $\boldsymbol{f}$ 以外に，見かけ上の力（慣性力）として遠心力 $\boldsymbol{f}_{c_1}$ とコリオリの力 $\boldsymbol{f}_{c_2}$ が加わって見えることになる。

ここで特に，コリオリの力 $\boldsymbol{f}_{c_2} = 2m\omega\begin{bmatrix}\dot{y}'\\ -\dot{x}'\end{bmatrix} = 2m\begin{bmatrix}\omega\dot{y}'\\ -\omega\dot{x}'\end{bmatrix}$ について，

右図に示すように，質点 $\mathbf{P}$ の速度ベクトル $\boldsymbol{v}'$ を 3 次元に拡張して $\boldsymbol{v}' = [\dot{x}', \dot{y}', 0]$ と表し，また，角速度ベクトル $\boldsymbol{\omega} = [0, 0, \omega]$ を用いて，外積 $\boldsymbol{v}' \times \boldsymbol{\omega}$ を計算すると，

$\boldsymbol{v}' \times \boldsymbol{\omega} = [\omega\dot{y}', -\omega\dot{x}', 0]$

（z 成分が 0 となるので，実質的には，これは平面ベクトルである。）

となる。

コリオリの力 $\boldsymbol{f}_{c_2}$

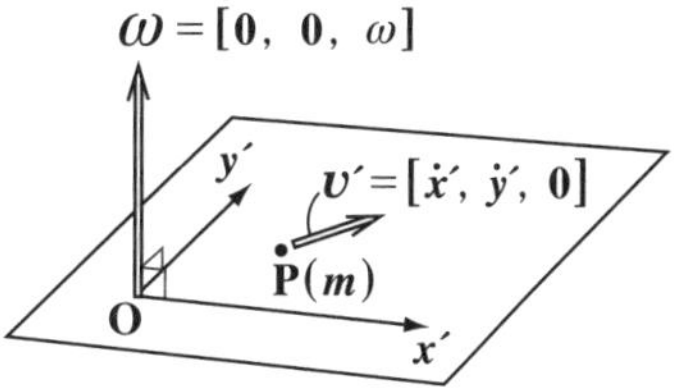

外積 $\boldsymbol{v}' \times \boldsymbol{\omega}$ の計算

$\dot{x}'$　$\dot{y}'$　0　$\dot{x}'$
0　0　ω　0
0][$\omega\dot{y}'$, $-\omega\dot{x}'$,

よって，コリオリの力 $\boldsymbol{f}_{c_2}$ は，$\boldsymbol{f}_{c_2} = 2m\boldsymbol{v}' \times \boldsymbol{\omega}$ と表されるので，$\boldsymbol{v}'$ から $\boldsymbol{\omega}$ に向けてまわすときに，右ネジの進む向きが，$\boldsymbol{f}_{c_2}$ の働く向きになる。

演習問題 73　● 平行運動する座標系(Ⅰ) ●

次の 2 次元と 3 次元の平行運動する座標系の問いに答えよ。

(1) 慣性系 **O*xy*** に対して，平行運動する次の座標系 **O′*x*′*y*′** が慣性系であるか，否かを調べよ。また，**O′*x*′*y*′** 座標系が慣性系でないとき，この座標系で見かけ上生じる慣性力を求めよ。(ただし，物体の質量を m とする。)

(ⅰ) $\begin{bmatrix} x' \\ y' \end{bmatrix} = \begin{bmatrix} x \\ y \end{bmatrix} - \begin{bmatrix} 3t \\ 2 \end{bmatrix}$　　(ⅱ) $\begin{bmatrix} x' \\ y' \end{bmatrix} = \begin{bmatrix} x \\ y \end{bmatrix} - \begin{bmatrix} t^2 \\ t+2 \end{bmatrix}$

(2) 慣性系 **O*xyz*** に対して，平行運動する次の座標系 **O′*x*′*y*′*z*′** が慣性系であるか，否かを調べよ。また，**O′*x*′*y*′*z*′** 座標系が慣性系でないとき，この座標系で見かけ上生じる慣性力を求めよ。(ただし，物体の質量を m とする。)

(ⅰ) $\begin{bmatrix} x' \\ y' \\ z' \end{bmatrix} = \begin{bmatrix} x \\ y \\ z \end{bmatrix} - \begin{bmatrix} -t \\ 0 \\ 2t+1 \end{bmatrix}$　　(ⅱ) $\begin{bmatrix} x' \\ y' \\ z' \end{bmatrix} = \begin{bmatrix} x \\ y \\ z \end{bmatrix} - \begin{bmatrix} \cos t \\ \sin t \\ 2t \end{bmatrix}$

ヒント！ 2 次元，3 次元を問わず，$\boldsymbol{r}'(t) = \boldsymbol{r}(t) - \boldsymbol{r}_0(t)$ で，慣性系の位置 $\boldsymbol{r}(t)$ から，これと平行運動する座標系の位置 $\boldsymbol{r}'(t)$ に変換されるとき，$\boldsymbol{r}_0(t) = \overrightarrow{\mathrm{OO'}}(t)$ のすべての成分が t の 1 次式または定数であるとき，$\ddot{\boldsymbol{r}}_0(t) = \boldsymbol{0}$ となるので，平行運動する座標系も慣性系になる。そうでないとき，平行運動する座標系は慣性系ではなく，この場合，$\ddot{\boldsymbol{r}}_0(t) = \boldsymbol{a}_0(t) \neq \boldsymbol{0}$ より，この座標系では見かけ上の慣性力 $\boldsymbol{f}_0(t) = -m\boldsymbol{a}_0(t)$ が生じることになるんだね。

解答＆解説

(1) 2 次元の慣性系 **O*xy*** に対して，平行運動する座標系 **O′*x*′*y*′** について，

(ⅰ) $\boldsymbol{r}'(t) = \boldsymbol{r}(t) - \boldsymbol{r}_0(t)$ が，$\begin{bmatrix} x' \\ y' \end{bmatrix} = \begin{bmatrix} x \\ y \end{bmatrix} - \begin{bmatrix} 3t \\ 2 \end{bmatrix}$ と表されるとき，

$\boldsymbol{r}_0(t) = \begin{bmatrix} 3t \\ 2 \end{bmatrix}$ の x, y 成分が共に t の 1 次式かまたは定数になっている。

よって，$\ddot{\boldsymbol{r}}_0(t) = \boldsymbol{0} = \begin{bmatrix} 0 \\ 0 \end{bmatrix}$ となるので，**O′*x*′*y*′** 座標系も慣性系である。……(答)

(ii) $\boldsymbol{r}'(t)=\boldsymbol{r}(t)-\underline{\boldsymbol{r}_0(t)}$ が，$\begin{bmatrix} x' \\ y' \end{bmatrix}=\begin{bmatrix} x \\ y \end{bmatrix}-\underline{\begin{bmatrix} t^2 \\ t+2 \end{bmatrix}}$ と表されるとき，

$\boldsymbol{r}_0(t)=\begin{bmatrix} t^2 \\ t+2 \end{bmatrix}$ の x 成分が t の 2 次式なので，$\mathrm{O}'x'y'$ 座標系は慣性系ではない。

$\ddot{\boldsymbol{r}}_0(t)=\begin{bmatrix} (t^2)'' \\ (t+2)'' \end{bmatrix}=\begin{bmatrix} 2 \\ 0 \end{bmatrix}(\neq \boldsymbol{0})$ より，$\mathrm{O}'x'y'z'$ 座標系で物体 P(質量 m)

に働く見かけ上の慣性力 $\boldsymbol{f}_0(t)$ は，

$\boldsymbol{f}_0(t)=-m\boldsymbol{a}_0=-m\ddot{\boldsymbol{r}}_0(t)=-m\begin{bmatrix} 2 \\ 0 \end{bmatrix}=\begin{bmatrix} -2m \\ 0 \end{bmatrix}$ である。……………(答)

(2) 3 次元の慣性系 $\mathrm{O}xyz$ に対して，平行運動する座標系 $\mathrm{O}'x'y'z'$ について，

(i) $\boldsymbol{r}'(t)=\boldsymbol{r}(t)-\underline{\boldsymbol{r}_0(t)}$ が，$\begin{bmatrix} x' \\ y' \\ z' \end{bmatrix}=\begin{bmatrix} x \\ y \\ z \end{bmatrix}-\underline{\begin{bmatrix} -t \\ 0 \\ 2t+1 \end{bmatrix}}$ と表されるとき，

$\boldsymbol{r}_0(t)=\begin{bmatrix} -t \\ 0 \\ 2t+1 \end{bmatrix}$ の x，y，z 成分がすべて t の 1 次式かまたは定数になっている。

よって，$\ddot{\boldsymbol{r}}_0(t)=\boldsymbol{0}=\begin{bmatrix} 0 \\ 0 \\ 0 \end{bmatrix}$ となるので，$\mathrm{O}'x'y'z'$ 座標系も慣性系である。…(答)

(ii) $\boldsymbol{r}'(t)=\boldsymbol{r}(t)-\underline{\boldsymbol{r}_0(t)}$ が，$\begin{bmatrix} x' \\ y' \\ z' \end{bmatrix}=\begin{bmatrix} x \\ y \\ z \end{bmatrix}-\underline{\begin{bmatrix} \cos t \\ \sin t \\ 2t \end{bmatrix}}$ と表されるとき，

$\underline{\boldsymbol{r}_0(t)=\begin{bmatrix} \cos t \\ \sin t \\ 2t \end{bmatrix}}$ の x 成分と y 成分が t の三角関数なので，$\mathrm{O}'x'y'z'$ 座標

系は慣性系ではない。$\ddot{\boldsymbol{r}}_0(t)=\begin{bmatrix} (\cos t)'' \\ (\sin t)'' \\ (2t)'' \end{bmatrix}=\begin{bmatrix} -\cos t \\ -\sin t \\ 0 \end{bmatrix}(\neq \boldsymbol{0})$ より，

$\mathrm{O}'x'y'z'$ 座標系で物体 P(質量 m) に働く見かけ上の慣性力 $\boldsymbol{f}_0(t)$ は，

$\boldsymbol{f}_0(t)=-m\boldsymbol{a}_0=-m\ddot{\boldsymbol{r}}_0(t)=-m\begin{bmatrix} -\cos t \\ -\sin t \\ 0 \end{bmatrix}=\begin{bmatrix} m\cos t \\ m\sin t \\ 0 \end{bmatrix}$ である。…(答)

演習問題 74 ● 平行運動する座標系 (II) ●

O*xy* 座標系で放物運動する質点 **P** の位置ベクトル $\boldsymbol{r}(t)$ が，

$$\boldsymbol{r}(t)=\begin{bmatrix} x \\ y \end{bmatrix}=\begin{bmatrix} 2gt \\ -\frac{1}{2}gt^2+2gt \end{bmatrix} \cdots\cdots ① \quad (0 \leqq t \leqq 4)$$ で与えられている。

(ただし，$g=9.8$（数値）とする。)

これを，$\boldsymbol{r}'(t)=\begin{bmatrix} x' \\ y' \end{bmatrix}=\boldsymbol{r}(t)-\boldsymbol{r}_0(t)$ で表される $O'x'y'$ 座標系で見た場合の **P** の描く軌跡を $x'y'$ 平面に図示せよ。ただし，$\boldsymbol{r}_0(t)$ は次の **3** 通りのものが与えられているものとする。

(1) $\boldsymbol{r}_0(t)=\begin{bmatrix} gt \\ 0 \end{bmatrix}$　(2) $\boldsymbol{r}_0(t)=\begin{bmatrix} gt^2 \\ 0 \end{bmatrix}$　(3) $\boldsymbol{r}_0(t)=\begin{bmatrix} g\sin 4t \\ 0 \end{bmatrix}$

ヒント！ ①で与えられる放物線は演習問題 **62**(**P122**) で求めたものだね。これに対して，(**1**) はガリレイ変換による等速度平行運動の座標系 $O'x'y'$，(**2**), (**3**) は非等速度平行運動する座標系 $O'x'y'$ から見た場合の質点 **P** の描く軌跡を求めることになる。(**2**), (**3**) の軌跡のグラフは手計算では難しいので，コンピュータで作図したものを示そう。

解答＆解説

(**1**) ①を変換して，

$$\boldsymbol{r}'(t)=\begin{bmatrix} x' \\ y' \end{bmatrix}=\underbrace{\begin{bmatrix} 2gt \\ -\frac{1}{2}gt^2+2gt \end{bmatrix}}_{\boldsymbol{r}(t)}-\underbrace{\begin{bmatrix} gt \\ 0 \end{bmatrix}}_{\boldsymbol{r}_0(t)}=\begin{bmatrix} gt \\ -\frac{1}{2}gt^2+2gt \end{bmatrix} \cdots\cdots ②$$ により，

$x'y'$ 座標で表される質点 **P** の軌跡を示すと，下図のようになる。……(答)

$x'=gt$ ……㋐，$y'=-\frac{1}{2}gt^2+2gt$ ……㋑

㋐より，$t=\frac{x'}{g}$　これを㋑に代入して，

$y'=-\frac{g}{2}\left(\frac{x'}{g}\right)^2+2g\cdot\frac{x'}{g}=-\frac{1}{2g}x'^2+2x'$

$=-\frac{1}{2g}(x'-2g)^2+2g$ となる。

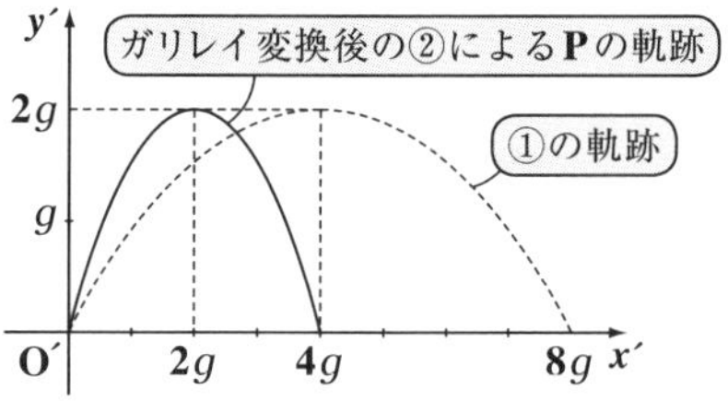

(x 軸方向に等速度 $g = 9.8$ (m/s) で平行運動する $O'x'y'$ 座標系で見ているので，②のグラフは，①に比べて x 軸方向に縮んで見える。)

(2) ①を変換して，

$$r'(t) = \begin{bmatrix} x' \\ y' \end{bmatrix} = \underbrace{\begin{bmatrix} 2gt \\ -\frac{1}{2}gt^2 + 2gt \end{bmatrix}}_{r(t)} - \underbrace{\begin{bmatrix} gt^2 \\ 0 \end{bmatrix}}_{r_0(t)} = \begin{bmatrix} g(2t - t^2) \\ -\frac{1}{2}gt^2 + 2gt \end{bmatrix} \quad \cdots\cdots③$$

により，

$x'y'$ 座標で表される質点 P の軌跡を $x'y'$ 平面に示すと，右図のようになる。 ………(答)

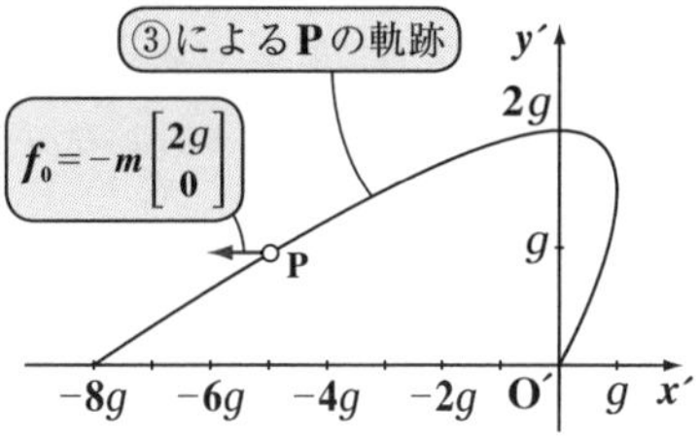

$\left(\ddot{r}_0(t) = \begin{bmatrix} (gt^2)'' \\ 0'' \end{bmatrix} = \begin{bmatrix} 2g \\ 0 \end{bmatrix}\right.$ より，

この $O'x'y'$ 座標系は x 軸方向に $2g = 19.6$ (m/s²) の等加速度運動をしている。よって，この座標系から見ると，質点 P には $-2mg$ (m：P の質量) の慣性力 f_0 が働いているように見えるので，P は右上図のような軌跡を描くことになる。)

(3) ①を変換して，

$$r'(t) = \begin{bmatrix} x' \\ y' \end{bmatrix} = \underbrace{\begin{bmatrix} 2gt \\ -\frac{1}{2}gt^2 + 2gt \end{bmatrix}}_{r(t)} - \underbrace{\begin{bmatrix} g\sin 4t \\ 0 \end{bmatrix}}_{r_0(t)} = \begin{bmatrix} g(2t - \sin 4t) \\ -\frac{1}{2}gt^2 + 2gt \end{bmatrix} \quad \cdots\cdots④$$

により，$x'y'$ 座標で表される質点 P の軌跡を $x'y'$ 平面に示すと，右図のようになる。 ……………………(答)

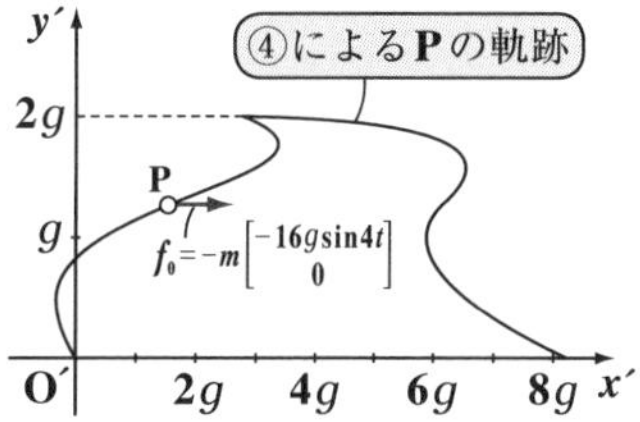

$\left(\ddot{r}_0(t) = \begin{bmatrix} (g\sin 4t)'' \\ 0'' \end{bmatrix} = \begin{bmatrix} -16g\sin 4t \\ 0 \end{bmatrix}\right.$

より，この $O'x'y'$ 座標系は x 軸方向に振動運動している。このため，この座標系から見ると，質点 P には，慣性力 $f_0 = \begin{bmatrix} 16mg\sin 4t \\ 0 \end{bmatrix}$ が働いているように見えるため，P は上図に示すように，左右に揺れ動く軌跡を描くことになる。)

演習問題 75　● 平行運動する座標系 (Ⅲ) ●

Oxy 座標系で空気抵抗を受けながら放物運動する質点 **P** の位置ベクトル $\boldsymbol{r}(t)$ が，$\boldsymbol{r}(t)=\begin{bmatrix}x\\y\end{bmatrix}=\begin{bmatrix}20g\left(1-e^{-\frac{t}{10}}\right)\\10g\left(12-12e^{-\frac{t}{10}}-t\right)\end{bmatrix}$ ……① で与えられている。

(ただし，$g=9.8$ (数値) とする。)

これを，$\boldsymbol{r}'(t)=\begin{bmatrix}x'\\y'\end{bmatrix}=\boldsymbol{r}(t)-\boldsymbol{r}_0(t)$ で表される $O'x'y'$ 座標系で見た場合の **P** の描く軌跡を $x'y'$ 平面に図示せよ。ただし，$\boldsymbol{r}_0(t)$ は次の **3** 通りのものが与えられているものとする。

(1) $\boldsymbol{r}_0(t)=\begin{bmatrix}gt\\0\end{bmatrix}$　**(2)** $\boldsymbol{r}_0(t)=\begin{bmatrix}gt^2\\0\end{bmatrix}$　**(3)** $\boldsymbol{r}_0(t)=\begin{bmatrix}g\sin 4t\\0\end{bmatrix}$

ヒント! ①で与えられる放物線は演習問題 **63** (**P124**) で求めたものと同じだ。これに対して，**(1)** は，ガリレイ変換による等速度平行運動の座標系 $O'x'y'$，**(2)**，**(3)** は非等速度平行運動する座標系 $O'x'y'$ から見た場合の質点 **P** の軌跡を求めることになる。これらはいずれも手計算では難しいので，コンピュータで作図したものを示す。

解答＆解説

(1) ①を変換して，

$$\boldsymbol{r}'(t)=\begin{bmatrix}x'\\y'\end{bmatrix}=\underbrace{\begin{bmatrix}20g\left(1-e^{-\frac{t}{10}}\right)\\10g\left(12-12e^{-\frac{t}{10}}-t\right)\end{bmatrix}}_{\boldsymbol{r}(t)}-\underbrace{\begin{bmatrix}gt\\0\end{bmatrix}}_{\boldsymbol{r}_0(t)}=\begin{bmatrix}20g\left(1-e^{-\frac{t}{10}}\right)-gt\\10g\left(12-12e^{-\frac{t}{10}}-t\right)\end{bmatrix}\ \cdots\cdots②$$

により，$x'y'$ 座標で表される質点 **P** の軌跡を示すと，右図のようになる。

…………………………………………………(答)

(x 軸方向に等速度 $g=9.8$ (m/s) で平行運動する $O'x'y'$ 座標系で見ているので，②のグラフは①のグラフを x 軸方向に縮小した形になっている。)

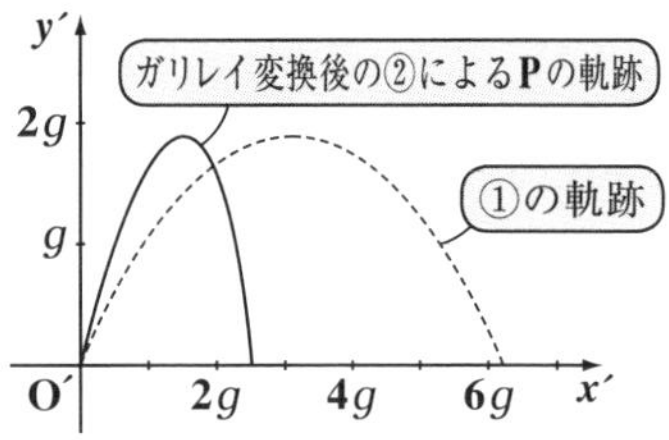

(2) ①を変換して，

$$\boldsymbol{r}'(t)=\begin{bmatrix}x'\\y'\end{bmatrix}=\underbrace{\begin{bmatrix}20g\left(1-e^{-\frac{t}{10}}\right)\\10g\left(12-12e^{-\frac{t}{10}}-t\right)\end{bmatrix}}_{\boldsymbol{r}(t)}-\underbrace{\begin{bmatrix}gt^2\\0\end{bmatrix}}_{\boldsymbol{r}_0(t)}=\begin{bmatrix}20g\left(1-e^{-\frac{t}{10}}\right)-gt^2\\10g\left(12-12e^{-\frac{t}{10}}-t\right)\end{bmatrix}\quad\cdots\cdots③$$

により，$x'y'$ 座標で表される質点 P の軌跡を $x'y'$ 平面に示すと，右図のようになる。…………(答)

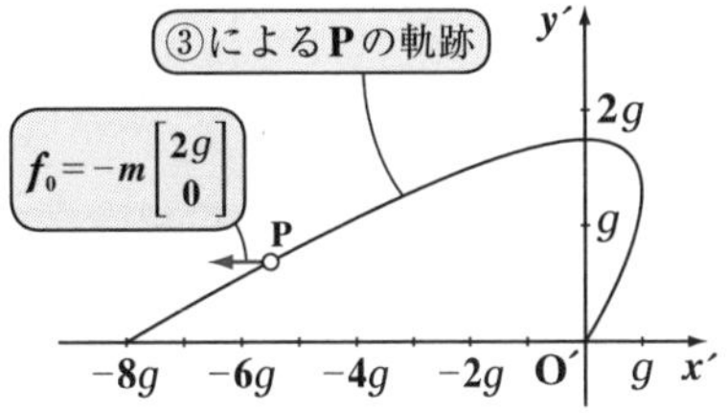

$\left(\ddot{\boldsymbol{r}}_0(t)=\begin{bmatrix}(gt^2)''\\0''\end{bmatrix}=\begin{bmatrix}2g\\0\end{bmatrix}\right.$ より，

この $O'x'y'$ 座標系は x 軸方向に $2g=19.6\ (\mathrm{m/s^2})$ の等加速度運動をしている。そのため，この座標系から見ると，質点 P には慣性力 $\boldsymbol{f}_0=\begin{bmatrix}-2mg\\0\end{bmatrix}$ (m：P の質量) が働いているように見えるので，P は右上図のような軌跡を描くことになる。$\Big)$

(3) ①を変換して，

$$\boldsymbol{r}'(t)=\begin{bmatrix}x'\\y'\end{bmatrix}=\underbrace{\begin{bmatrix}20g\left(1-e^{-\frac{t}{10}}\right)\\10g\left(12-12e^{-\frac{t}{10}}-t\right)\end{bmatrix}}_{\boldsymbol{r}(t)}-\underbrace{\begin{bmatrix}g\sin 4t\\0\end{bmatrix}}_{\boldsymbol{r}_0(t)}=\begin{bmatrix}20g\left(1-e^{-\frac{t}{10}}\right)-g\sin 4t\\10g\left(12-12e^{-\frac{t}{10}}-t\right)\end{bmatrix}\quad\cdots\cdots④$$

により，$x'y'$ 座標で表される質点 P の軌跡を $x'y'$ 平面に示すと，右図のようになる。…(答)

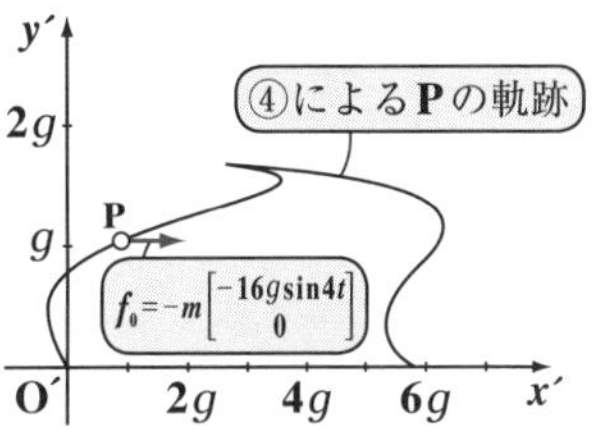

$\left(\ddot{\boldsymbol{r}}_0(t)=\begin{bmatrix}(g\sin 4t)''\\0''\end{bmatrix}=\begin{bmatrix}-16g\sin 4t\\0\end{bmatrix}\right.$

より，この $O'x'y'$ 座標系は x 軸方向に振動運動している。このため，この座標系から見ると，質点 P には，慣性力 $\boldsymbol{f}_0=\begin{bmatrix}16mg\sin 4t\\0\end{bmatrix}$ が働いているように見えるため，P は上図に示すように，左右に揺れ動く軌跡を描くことになる。$\Big)$

演習問題 76 ● 平行運動する座標系 (Ⅳ) ●

O*xy* 座標系で等速円運動する質点**P**の位置ベクトル $\boldsymbol{r}(t)$ が，

$$\boldsymbol{r}(t)=\begin{bmatrix}x\\y\end{bmatrix}=\begin{bmatrix}3\cos t\\3\sin t\end{bmatrix} \cdots\cdots ① \quad (t \geqq 0) \text{ で与えられている。}$$

これを，$\boldsymbol{r}'(t)=\begin{bmatrix}x'\\y'\end{bmatrix}=\boldsymbol{r}(t)-\boldsymbol{r}_0(t)$ で表される $O'x'y'$ 座標系で見た場合のPの描く軌跡を $x'y'$ 平面に図示せよ。ただし，$\boldsymbol{r}_0(t)$ は次の3通りのものが与えられているものとする。

(1) $\boldsymbol{r}_0(t)=\begin{bmatrix}t\\0\end{bmatrix}$ (2) $\boldsymbol{r}_0(t)=\begin{bmatrix}t^2\\0\end{bmatrix}$ (3) $\boldsymbol{r}_0(t)=\begin{bmatrix}\sin 20t\\0\end{bmatrix}$

ヒント！ ①式から，**O*xy*** 座標系では，点**P**は原点**O**を中心とする半径**3**の円周上を角速度 $\omega=1$ (1/s) で回転することになる。(1)は，ガリレイ変換による等速度平行運動の座標系 $O'x'y'$，(2), (3)では非等速度平行運動する座標系 $O'x'y'$ から見た場合の質点**P**の軌跡を求めることになる。これらはいずれも手計算では難しいので，コンピュータで作図したものを示す。

解答＆解説

(1) ①を変換して，

$$\boldsymbol{r}'(t)=\begin{bmatrix}x'\\y'\end{bmatrix}=\underbrace{\begin{bmatrix}3\cos t\\3\sin t\end{bmatrix}}_{\boldsymbol{r}(t)}-\underbrace{\begin{bmatrix}t\\0\end{bmatrix}}_{\boldsymbol{r}_0(t)}=\begin{bmatrix}3\cos t-t\\3\sin t\end{bmatrix} \cdots\cdots ② \text{ により，}$$

$x'y'$ 座標で表される質点**P**の軌跡を示すと，右図のようになる。……………………………(答)

（x 軸方向に等速度 **1**(m/s) で平行移動する $O'x'y'$ 座標系から見ているので，②のグラフは回転しながら左にずれていく様子を表している。）

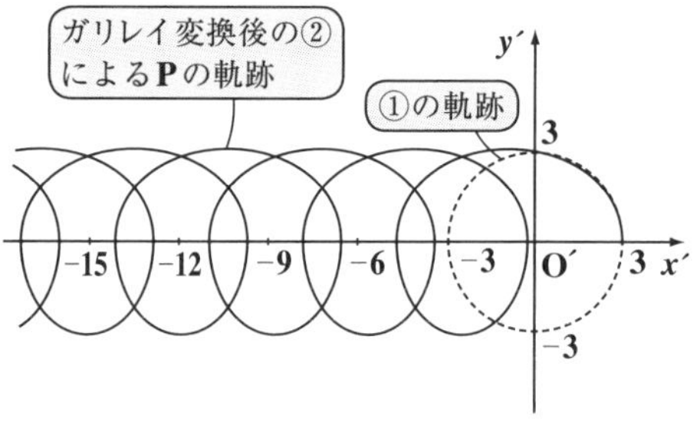

(2) ①を変換して,

$$\boldsymbol{r}'(t)=\begin{bmatrix}x'\\y'\end{bmatrix}=\underbrace{\begin{bmatrix}3\cos t\\3\sin t\end{bmatrix}}_{\boldsymbol{r}(t)}-\underbrace{\begin{bmatrix}t^2\\0\end{bmatrix}}_{\boldsymbol{r}_0(t)}=\begin{bmatrix}3\cos t-t^2\\3\sin t\end{bmatrix}\quad\cdots\cdots③$$ により,

$x'y'$ 座標で表される質点 **P** の軌跡を示すと, 右図のようになる。……………(答)

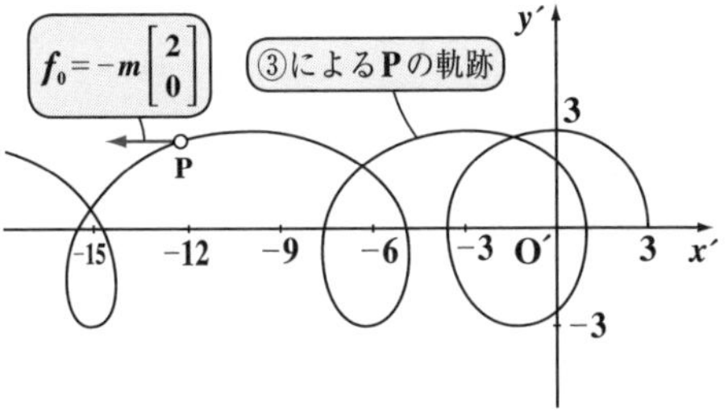

$\left(\ddot{\boldsymbol{r}}_0(t)=\begin{bmatrix}(t^2)''\\0''\end{bmatrix}=\begin{bmatrix}2\\0\end{bmatrix}\right.$ より,

この $O'x'y'$ 座標系は, x 軸方向に **2** (m/s^2) の等加速度運動をしている。そのため, この座標系から見ると, 質点 **P** には慣性力 $\boldsymbol{f}_0=\begin{bmatrix}-2m\\0\end{bmatrix}$ (m : **P** の質量) が働いているように見えるので, **P** は上図のような軌跡を描くことになる。)

(3) ①を変換して,

$$\boldsymbol{r}'(t)=\begin{bmatrix}x'\\y'\end{bmatrix}=\begin{bmatrix}3\cos t\\3\sin t\end{bmatrix}-\begin{bmatrix}\sin 20t\\0\end{bmatrix}=\begin{bmatrix}3\cos t-\sin 20t\\3\sin t\end{bmatrix}\quad\cdots\cdots④$$

により, $x'y'$ 座標で表される質点 **P** の軌跡を示すと, 右図のようになる。………(答)

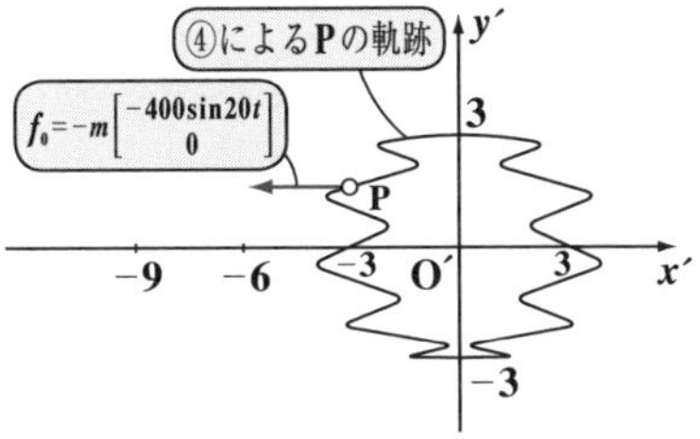

$\left(\ddot{\boldsymbol{r}}_0(t)=\begin{bmatrix}(\sin 20t)''\\0''\end{bmatrix}=\begin{bmatrix}-400\sin 20t\\0\end{bmatrix}\right.$

より, この $O'x'y'$ 座標系は x 軸方向に振動運動している。このため, この座標系から見ると, 質点 **P** には, 慣性力 $\boldsymbol{f}_0=\begin{bmatrix}400m\sin 20t\\0\end{bmatrix}$ が働いているように見えるため, **P** は上図に示すように, 左右に揺れ動く軌跡を描くことになる。)

演習問題 77 ● 回転座標系の速度・加速度 ●

慣性系 **Oxy** に対して，**O** のまわりに角速度 ω で回転する回転座標系 **Ox′y′** がある。**Oxy** 座標での質点 **P** の位置 $\boldsymbol{r}(t)=[x,\ y]$ と **Ox′y′** 座標での同じ点 **P** の位置 $\boldsymbol{r}'(t)=[x',\ y']$ の間には，次の関係式が成り立つ。

$$\begin{bmatrix} x \\ y \end{bmatrix}=R(\omega t)\begin{bmatrix} x' \\ y' \end{bmatrix}\ \cdots\cdots①\quad \left(\text{ただし，}R(\omega t)=\begin{bmatrix} \cos\omega t & -\sin\omega t \\ \sin\omega t & \cos\omega t \end{bmatrix}\right)$$

このとき，**O′x′y′** 座標における質点 **P** の速度 $\boldsymbol{v}'(t)$ と加速度 $\boldsymbol{a}'(t)$ が次の公式で表されることを示せ。

(i) $\boldsymbol{v}'(t)=\begin{bmatrix} \dot{x}' \\ \dot{y}' \end{bmatrix}=R(\omega t)^{-1}\begin{bmatrix} \dot{x} \\ \dot{y} \end{bmatrix}+\omega\begin{bmatrix} y' \\ -x' \end{bmatrix}$ ……………………(*1)

(ii) $\boldsymbol{a}'(t)=\begin{bmatrix} \ddot{x}' \\ \ddot{y}' \end{bmatrix}=R(\omega t)^{-1}\begin{bmatrix} \ddot{x} \\ \ddot{y} \end{bmatrix}+\omega^2\begin{bmatrix} x' \\ y' \end{bmatrix}+2\omega\begin{bmatrix} \dot{y}' \\ -\dot{x}' \end{bmatrix}$ ……(*2)

ヒント！ ①より，$\begin{bmatrix} x' \\ y' \end{bmatrix}=R(\omega t)^{-1}\begin{bmatrix} x \\ y \end{bmatrix}$として，この両辺を t で **1** 階，**2** 階微分して，(*1) の $\boldsymbol{v}'(t)$ と (*2) の $\boldsymbol{a}'(t)$ を求めればいい。計算はメンドウだけれど，自分で導けるように頑張ろう！

解答＆解説

①の両辺に $R(\omega t)^{-1}=R(-\omega t)$ を右からかけて，

$$\begin{bmatrix} x' \\ y' \end{bmatrix}=\underbrace{R(\omega t)^{-1}}_{R(-\omega t)}\begin{bmatrix} x \\ y \end{bmatrix}=\begin{bmatrix} \cos\omega t & \sin\omega t \\ -\sin\omega t & \cos\omega t \end{bmatrix}\begin{bmatrix} x \\ y \end{bmatrix}$$

> $R(\theta)=\begin{bmatrix} \cos\theta & -\sin\theta \\ \sin\theta & \cos\theta \end{bmatrix}$ の逆行列 $R(\theta)^{-1}$ は，
> $R(\theta)^{-1}=R(-\theta)$
> $=\begin{bmatrix} \cos\theta & \sin\theta \\ -\sin\theta & \cos\theta \end{bmatrix}$ となる。

$$\therefore\begin{bmatrix} x' \\ y' \end{bmatrix}=\begin{bmatrix} x\cos\omega t+y\sin\omega t \\ -x\sin\omega t+y\cos\omega t \end{bmatrix}\ \cdots\cdots②\ \text{となる。}$$

②の両辺を t で，(i) **1** 階微分して $\boldsymbol{v}'(t)$ を求め，(ii) **2** 階微分して $\boldsymbol{a}'(t)$ を求める。

(i) ②の両辺を **1** 階微分して $\boldsymbol{v}'(t)$ を求めると，

$$\boldsymbol{v}'(t)=\dot{\boldsymbol{r}}'(t)=\begin{bmatrix} \dot{x}' \\ \dot{y}' \end{bmatrix}=\begin{bmatrix} (x\cos\omega t)'+(y\sin\omega t)' \\ (-x\sin\omega t)'+(y\cos\omega t)' \end{bmatrix}$$

$$=\begin{bmatrix} \dot{x}\cos\omega t-\omega x\sin\omega t+\dot{y}\sin\omega t+\omega y\cos\omega t \\ -\dot{x}\sin\omega t-\omega x\cos\omega t+\dot{y}\cos\omega t-\omega y\sin\omega t \end{bmatrix}$$

$$=\begin{bmatrix}\dot{x}\cos\omega t+\dot{y}\sin\omega t\\-\dot{x}\sin\omega t+\dot{y}\cos\omega t\end{bmatrix}+\begin{bmatrix}-\omega x\sin\omega t+\omega y\cos\omega t\\-\omega x\cos\omega t-\omega y\sin\omega t\end{bmatrix}\text{より,}$$

$$\boldsymbol{v}'(t)=\underbrace{\begin{bmatrix}\cos\omega t&\sin\omega t\\-\sin\omega t&\cos\omega t\end{bmatrix}}_{R(\omega t)^{-1}=R(-\omega t)}\begin{bmatrix}\dot{x}\\\dot{y}\end{bmatrix}+\omega\begin{bmatrix}-\sin\omega t&\cos\omega t\\-\cos\omega t&-\sin\omega t\end{bmatrix}\underbrace{\begin{bmatrix}x\\y\end{bmatrix}}_{R(\omega t)\begin{bmatrix}x'\\y'\end{bmatrix}\ (①より)}$$

$$=R(\omega t)^{-1}\begin{bmatrix}\dot{x}\\\dot{y}\end{bmatrix}+\omega\begin{bmatrix}-\sin\omega t&\cos\omega t\\-\cos\omega t&-\sin\omega t\end{bmatrix}R(\omega t)\begin{bmatrix}x'\\y'\end{bmatrix}\quad(①より)$$

$$\begin{bmatrix}-\mathrm{s}&\mathrm{c}\\-\mathrm{c}&-\mathrm{s}\end{bmatrix}\begin{bmatrix}\mathrm{c}&-\mathrm{s}\\\mathrm{s}&\mathrm{c}\end{bmatrix}=\begin{bmatrix}-\mathrm{sc}+\mathrm{sc}&\mathrm{s}^2+\mathrm{c}^2\\-(\mathrm{c}^2+\mathrm{s}^2)&\mathrm{sc}-\mathrm{sc}\end{bmatrix}=\begin{bmatrix}0&1\\-1&0\end{bmatrix}$$

(ただし，$\sin\omega t=\mathrm{s}$，$\cos\omega t=\mathrm{c}$ と略記した。)

$$=R(\omega t)^{-1}\begin{bmatrix}\dot{x}\\\dot{y}\end{bmatrix}+\omega\begin{bmatrix}0&1\\-1&0\end{bmatrix}\begin{bmatrix}x'\\y'\end{bmatrix}$$

$$\therefore\ \boldsymbol{v}'(t)=\begin{bmatrix}\dot{x}'\\\dot{y}'\end{bmatrix}=R(\omega t)^{-1}\begin{bmatrix}\dot{x}\\\dot{y}\end{bmatrix}+\omega\begin{bmatrix}y'\\-x'\end{bmatrix}\cdots\cdots(*1)$$ が成り立つ。………(終)

(ⅱ) $(*1)$ より，

$$\boldsymbol{v}'(t)=\begin{bmatrix}\dot{x}'\\\dot{y}'\end{bmatrix}=\begin{bmatrix}\cos\omega t&\sin\omega t\\-\sin\omega t&\cos\omega t\end{bmatrix}\begin{bmatrix}\dot{x}\\\dot{y}\end{bmatrix}+\omega\begin{bmatrix}y'\\-x'\end{bmatrix}$$

$$\therefore\ \boldsymbol{v}'(t)=\begin{bmatrix}\dot{x}\cos\omega t+\dot{y}\sin\omega t\\-\dot{x}\sin\omega t+\dot{y}\cos\omega t\end{bmatrix}+\omega\begin{bmatrix}y'\\-x'\end{bmatrix}\cdots\cdots(*1)'$$

$(*1)'$ の両辺をさらに t で微分して $\boldsymbol{a}'(t)$ を求めると，

$$\boldsymbol{a}'(t)=\dot{\boldsymbol{v}}'(t)=\begin{bmatrix}\ddot{x}'\\\ddot{y}'\end{bmatrix}=\begin{bmatrix}(\dot{x}\cos\omega t)'+(\dot{y}\sin\omega t)'\\(-\dot{x}\sin\omega t)'+(\dot{y}\cos\omega t)'\end{bmatrix}+\omega\begin{bmatrix}\dot{y}'\\-\dot{x}'\end{bmatrix}$$

$$=\begin{bmatrix}\ddot{x}\cos\omega t-\omega\dot{x}\sin\omega t+\ddot{y}\sin\omega t+\omega\dot{y}\cos\omega t\\-\ddot{x}\sin\omega t-\omega\dot{x}\cos\omega t+\ddot{y}\cos\omega t-\omega\dot{y}\sin\omega t\end{bmatrix}+\omega\begin{bmatrix}\dot{y}'\\-\dot{x}'\end{bmatrix}$$

$$=\begin{bmatrix}\ddot{x}\cos\omega t+\ddot{y}\sin\omega t\\-\ddot{x}\sin\omega t+\ddot{y}\cos\omega t\end{bmatrix}+\begin{bmatrix}-\omega\dot{x}\sin\omega t+\omega\dot{y}\cos\omega t\\-\omega\dot{x}\cos\omega t-\omega\dot{y}\sin\omega t\end{bmatrix}+\omega\begin{bmatrix}\dot{y}'\\-\dot{x}'\end{bmatrix}$$

$$=\begin{bmatrix}\cos\omega t&\sin\omega t\\-\sin\omega t&\cos\omega t\end{bmatrix}\begin{bmatrix}\ddot{x}\\\ddot{y}\end{bmatrix}+\omega\begin{bmatrix}-\sin\omega t&\cos\omega t\\-\cos\omega t&-\sin\omega t\end{bmatrix}\begin{bmatrix}\dot{x}\\\dot{y}\end{bmatrix}+\omega\begin{bmatrix}\dot{y}'\\-\dot{x}'\end{bmatrix}\cdots③$$

ここで，$(*1)$ より，（両辺に左から $R(\omega t)$ をかけた。）

$$R(\omega t)^{-1}\begin{bmatrix}\dot{x}\\\dot{y}\end{bmatrix}=\begin{bmatrix}\dot{x}'\\\dot{y}'\end{bmatrix}-\omega\begin{bmatrix}y'\\-x'\end{bmatrix}$$ よって，$$\begin{bmatrix}\dot{x}\\\dot{y}\end{bmatrix}=R(\omega t)\left(\begin{bmatrix}\dot{x}'\\\dot{y}'\end{bmatrix}-\omega\begin{bmatrix}y'\\-x'\end{bmatrix}\right)\cdots④$$

よって，④を③に代入して，

$$\boldsymbol{a}'(t)=\begin{bmatrix}\cos\omega t & \sin\omega t\\ -\sin\omega t & \cos\omega t\end{bmatrix}\begin{bmatrix}\ddot{x}\\ \ddot{y}\end{bmatrix}+\omega\underbrace{\begin{bmatrix}-\sin\omega t & \cos\omega t\\ -\cos\omega t & -\sin\omega t\end{bmatrix}R(\omega t)}\underbrace{\begin{bmatrix}\dot{x}'-\omega y'\\ \dot{y}'+\omega x'\end{bmatrix}}_{④より}+\omega\begin{bmatrix}\dot{y}'\\ -\dot{x}'\end{bmatrix}$$

$$\begin{bmatrix}-\mathrm{s} & \mathrm{c}\\ -\mathrm{c} & -\mathrm{s}\end{bmatrix}\begin{bmatrix}\mathrm{c} & -\mathrm{s}\\ \mathrm{s} & \mathrm{c}\end{bmatrix}=\begin{bmatrix}-\mathrm{sc}+\mathrm{sc} & \mathrm{s}^2+\mathrm{c}^2\\ -(\mathrm{c}^2+\mathrm{s}^2) & \mathrm{sc}-\mathrm{sc}\end{bmatrix}$$
$$=\begin{bmatrix}0 & 1\\ -1 & 0\end{bmatrix}$$ ($\sin\omega t=\mathrm{s}$，$\cos\omega t=\mathrm{c}$ と略記した。)

$$=\underbrace{\begin{bmatrix}\cos\omega t & \sin\omega t\\ -\sin\omega t & \cos\omega t\end{bmatrix}}_{R(\omega t)^{-1}=R(-\omega t)}\begin{bmatrix}\ddot{x}\\ \ddot{y}\end{bmatrix}+\omega\begin{bmatrix}0 & 1\\ -1 & 0\end{bmatrix}\begin{bmatrix}\dot{x}'-\omega y'\\ \dot{y}'+\omega x'\end{bmatrix}+\omega\begin{bmatrix}\dot{y}'\\ -\dot{x}'\end{bmatrix}$$

$$=R(\omega t)^{-1}\begin{bmatrix}\ddot{x}\\ \ddot{y}\end{bmatrix}+\underbrace{\omega\begin{bmatrix}\dot{y}'+\omega x'\\ -\dot{x}'+\omega y'\end{bmatrix}+\omega\begin{bmatrix}\dot{y}'\\ -\dot{x}'\end{bmatrix}}$$

$$\omega\begin{bmatrix}\dot{y}'\\ -\dot{x}'\end{bmatrix}+\omega^2\begin{bmatrix}x'\\ y'\end{bmatrix}+\omega\begin{bmatrix}\dot{y}'\\ -\dot{x}'\end{bmatrix}=\omega^2\begin{bmatrix}x'\\ y'\end{bmatrix}+2\omega\begin{bmatrix}\dot{y}'\\ -\dot{x}'\end{bmatrix}$$

$$\therefore\ \boldsymbol{a}'(t)=R(\omega t)^{-1}\begin{bmatrix}\ddot{x}\\ \ddot{y}\end{bmatrix}+\omega^2\begin{bmatrix}x'\\ y'\end{bmatrix}+2\omega\begin{bmatrix}\dot{y}'\\ -\dot{x}'\end{bmatrix}$$ ……(＊2) が成り立つ。……(終)

参考

(＊2) の両辺に，質点 **P** の質量 m をかけると，**P** が回転座標系 $\mathbf{O}x'y'$ で受ける力 $\boldsymbol{f}'$ が導ける。

$$\underbrace{m\boldsymbol{a}'(t)}_{\boldsymbol{f}'}=\underbrace{mR(\omega t)^{-1}\begin{bmatrix}\ddot{x}\\ \ddot{y}\end{bmatrix}}_{\boldsymbol{f}}+\underbrace{m\omega^2\begin{bmatrix}x'\\ y'\end{bmatrix}}_{\boldsymbol{f}_{c_1}}+\underbrace{2m\omega\begin{bmatrix}\dot{y}'\\ -\dot{x}'\end{bmatrix}}_{\boldsymbol{f}_{c_2}}$$

- $\boldsymbol{f}'$：回転系で P に働く力
- $\boldsymbol{f}$：元の慣性系で P に働いていた力
- $\boldsymbol{f}_{c_1}$：$m\omega^2\boldsymbol{r}'$ 遠心力（慣性力）
- $\boldsymbol{f}_{c_2}$：$2m\boldsymbol{v}'\times\boldsymbol{\omega}$ コリオリの力（慣性力）

これを簡潔に表すと，

$\boldsymbol{f}'=\boldsymbol{f}+\boldsymbol{f}_{c_1}+\boldsymbol{f}_{c_2}$ となる。

特に，コリオリの力 $\boldsymbol{f}_{c_2}$ について，

$\boldsymbol{v}'=[\dot{x}',\ \dot{y}',\ 0]$，$\boldsymbol{\omega}=[0,\ 0,\ \omega]$（角速度ベクトル）

とおくと，$\boldsymbol{f}_{c_2}=2m\boldsymbol{v}'\times\boldsymbol{\omega}$ と表される。

コリオリの力 $\boldsymbol{f}_{c_2}=2m\boldsymbol{v}'\times\boldsymbol{\omega}$

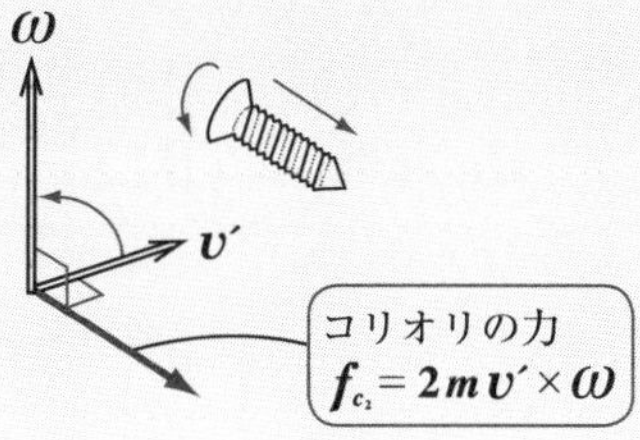

演習問題 78　● コリオリの力 ●

下図に示すように，回転座標系における質点 **P** の速度 $\boldsymbol{v}' = [\dot{x}',\ \dot{y}',\ 0]$ と角速度ベクトル $\boldsymbol{\omega} = [0,\ 0,\ \omega]$ が与えられているとき，**P** に働くコリオリの力の向きを矢線で図示せよ。

(1)

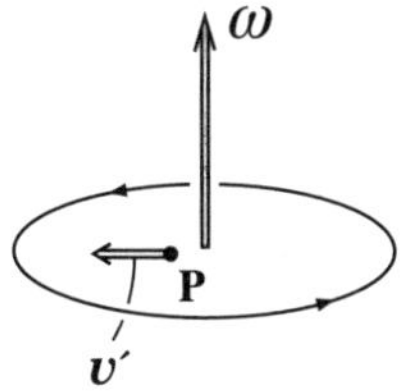

(2)

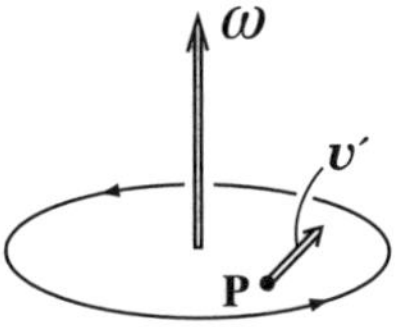

ヒント！ コリオリの力 $\boldsymbol{f}_{c_2}$ は，$\boldsymbol{f}_{c_2} = 2m\boldsymbol{v}' \times \boldsymbol{\omega}$ と表されるので，この向きは，ベクトル $\boldsymbol{v}'$ からベクトル $\boldsymbol{\omega}$ に右ネジを回したとき，右ネジが進む向きとなるんだね。

解答＆解説

$\boldsymbol{v}' = [\dot{x}',\ \dot{y}',\ 0]$，$\boldsymbol{\omega} = [0,\ 0,\ \omega]$ より，

$\boldsymbol{v}' \times \boldsymbol{\omega} = [\omega\dot{y}',\ -\omega\dot{x}',\ 0]$ となるので，

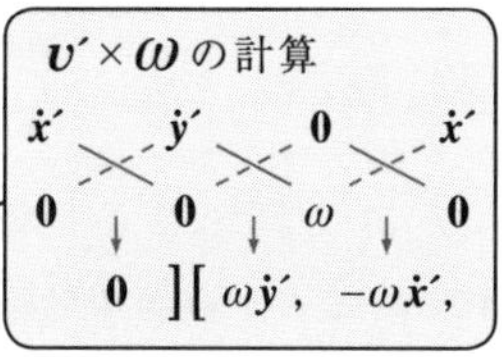

コリオリの力 $\boldsymbol{f}_{c_2} = 2m\omega[\dot{y}',\ -\dot{x}',\ 0]$ は，

$\boldsymbol{f}_{c_2} = 2m\boldsymbol{v}' \times \boldsymbol{\omega}$ と表される。よって，$\boldsymbol{f}_{c_2}$ の向きは，$\boldsymbol{v}'$ から $\boldsymbol{\omega}$ に向けて右ネジを回したとき，右ネジの進む向きになる。これから **(1)**, **(2)** における，コリオリの力 $\boldsymbol{f}_{c_2}$ の向きを下に矢線 (ベクトル) で示す。 ……………………(答)

(1)

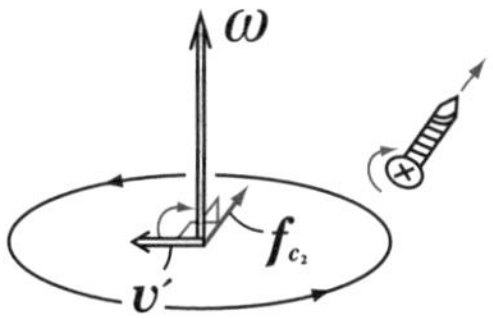

(2)

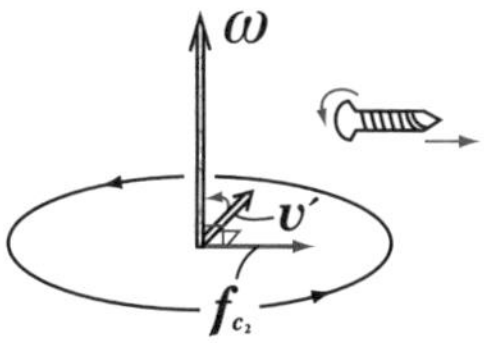

演習問題 79 ●回転座標系で働く力(Ⅰ)●

右図に示すように，慣性系 $\mathbf{O}xy$ で質量 $m=1$ の質点 $\mathbf{P}$ が，位置 $\boldsymbol{r}=[2,\ 0]$ に静止している。このとき，原点 $\mathbf{O}$ のまわりに角速度 $\omega=1$ で反時計まわりに回転する回転座標系 $\mathbf{O}x'y'$ を考える。この回転座標系 $\mathbf{O}x'y'$ で見たとき，質点 $\mathbf{P}$ に働く力 $\boldsymbol{f}'$ を求めよ。

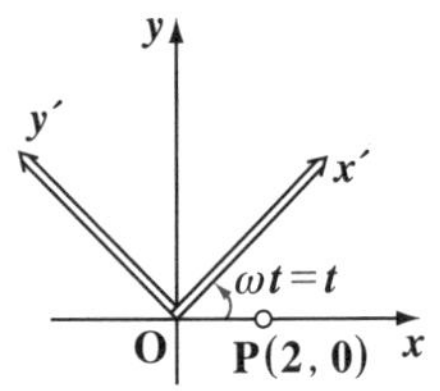

ヒント！ 回転座標系 $\mathbf{O}x'y'$ で見たとき，$\mathbf{P}$ に働く力 $\boldsymbol{f}'$ は，$\boldsymbol{f}'=\boldsymbol{f}+\boldsymbol{f}_{c_1}+\boldsymbol{f}_{c_2}=mR(\omega t)^{-1}\begin{bmatrix}\ddot{x}\\ \ddot{y}\end{bmatrix}+m\omega^2\begin{bmatrix}x'\\ y'\end{bmatrix}+2m\omega\begin{bmatrix}\dot{y}'\\ -\dot{x}'\end{bmatrix}$ となる。$\boldsymbol{f}$，$\boldsymbol{f}_{c_1}$，$\boldsymbol{f}_{c_2}$ を順に求めて，これらの和をとって $\boldsymbol{f}'$ を求めよう。この手順をしっかり頭に入れることが大切だよ。

解答＆解説

角速度 $\omega=1$ で回転する回転座標系 $\mathbf{O}x'y'$ 上で，質量 $m=1$ の質点 $\mathbf{P}$ に働く力 $\boldsymbol{f}'$ は，$\boldsymbol{f}'=\boldsymbol{f}+\boldsymbol{f}_{c_1}+\boldsymbol{f}_{c_2}$ ……(＊) で表される。

($\boldsymbol{f}$：元の慣性系で $\mathbf{P}$ に働く力，$\boldsymbol{f}_{c_1}$：遠心力，$\boldsymbol{f}_{c_2}$：コリオリの力)

$\boldsymbol{f}$，$\boldsymbol{f}_{c_1}$，$\boldsymbol{f}_{c_2}$ を順に求めると，

(ⅰ) 元の慣性系で $\mathbf{P}$ に働く力 $\boldsymbol{f}$ について，

$$\boldsymbol{r}(t)=\begin{bmatrix}x\\ y\end{bmatrix}=\begin{bmatrix}2\\ 0\end{bmatrix}\text{(定ベクトル) より，}\ddot{\boldsymbol{r}}(t)=\begin{bmatrix}0\\ 0\end{bmatrix}=\mathbf{0}$$

よって，$\boldsymbol{f}=\underbrace{m}_{1}\underbrace{R(\omega t)^{-1}}\ddot{\boldsymbol{r}}=1\cdot R(t)^{-1}\cdot\mathbf{0}=\mathbf{0}$ ……① となる。

$$R(t)^{-1}=\begin{bmatrix}\cos t & \sin t\\ -\sin t & \cos t\end{bmatrix}$$

(ⅱ) 遠心力 $\boldsymbol{f}_{c_1}$ について，

$\boldsymbol{r}(t)=R(\underbrace{\omega}_{1} t)\boldsymbol{r}'(t)$ の両辺に左から $R(t)^{-1}$ をかけて，

$$\boldsymbol{r}'(t)=\begin{bmatrix}x'\\ y'\end{bmatrix}=R(t)^{-1}\boldsymbol{r}(t)=\begin{bmatrix}\cos t & \sin t\\ -\sin t & \cos t\end{bmatrix}\begin{bmatrix}2\\ 0\end{bmatrix}=\begin{bmatrix}2\cos t\\ -2\sin t\end{bmatrix}\ \cdots\cdots②$$

∴遠心力 $\boldsymbol{f}_{c_1} = \underbrace{\cancel{m}\cdot\cancel{\omega^2}}_{1\cdot 1^2=1}\boldsymbol{r}'(t) = \begin{bmatrix} 2\cos t \\ -2\sin t \end{bmatrix}$ ……③ である。

(iii) コリオリの力 $\boldsymbol{f}_{c_2}$ について，

②を t で微分して，

$$\dot{\boldsymbol{r}}'(t) = \begin{bmatrix} \dot{x}' \\ \dot{y}' \end{bmatrix} = \begin{bmatrix} (2\cos t)' \\ (-2\sin t)' \end{bmatrix} = \begin{bmatrix} -2\sin t \\ -2\cos t \end{bmatrix}$$

よって，$\boldsymbol{f}_{c_2} = 2\underbrace{\cancel{m}\cancel{\omega}}_{1\times 1}\begin{bmatrix} \dot{y}' \\ -\dot{x}' \end{bmatrix} = 2\begin{bmatrix} -2\cos t \\ 2\sin t \end{bmatrix} = \begin{bmatrix} -4\cos t \\ 4\sin t \end{bmatrix}$ ……④ である。

以上(i)(ii)(iii)の①，③，④より，求める回転座標系で質点Pに働く力 $\boldsymbol{f}'$ は，

$$\boldsymbol{f}' = \begin{bmatrix} 0 \\ 0 \end{bmatrix} + \begin{bmatrix} 2\cos t \\ -2\sin t \end{bmatrix} + \begin{bmatrix} -4\cos t \\ 4\sin t \end{bmatrix} = \begin{bmatrix} -2\cos t \\ 2\sin t \end{bmatrix}$$ ……⑤ となる。…………(答)

$[\ \boldsymbol{f}' = \boldsymbol{f} + \boldsymbol{f}_{c_1} + \boldsymbol{f}_{c_2}\ ]$

参考

慣性系 Oxy で点 $(2, 0)$ に静止している点Pは，$\omega = 1$ で反時計まわりに回転する回転座標系 $Ox'y'$ から見ると，右図に示すように，逆に時計まわりに $\omega = -1$ で半径 2 の円周上を回転しているように見える。よって，このとき，Pに働く力 $\boldsymbol{f}'$ は向心力

$$\boldsymbol{f}' = -\underbrace{m\omega^2}_{1\cdot(-1)^2=1}\boldsymbol{r}' = -\begin{bmatrix} x' \\ y' \end{bmatrix}$$

$$= -\begin{bmatrix} 2\cos t \\ -2\sin t \end{bmatrix} \text{（②より）}$$

$$= \begin{bmatrix} -2\cos t \\ 2\sin t \end{bmatrix}$$

となって，⑤の結果と一致するんだね。大丈夫？

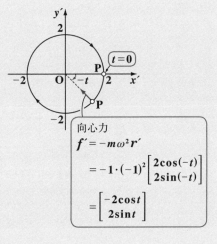

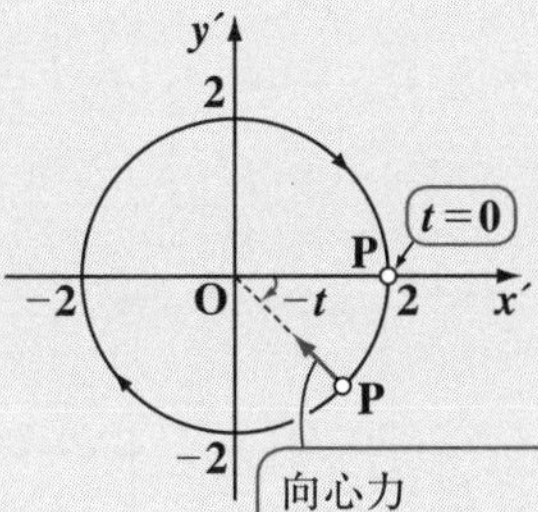

向心力

$\boldsymbol{f}' = -m\omega^2\boldsymbol{r}'$

$= -1\cdot(-1)^2\begin{bmatrix} 2\cos(-t) \\ 2\sin(-t) \end{bmatrix}$

$= \begin{bmatrix} -2\cos t \\ 2\sin t \end{bmatrix}$

演習問題 80　●回転座標系で働く力(Ⅱ)●

右図に示すように，慣性系 $\mathbf{O}xy$ で質量 $m=1$ の質点 $\mathbf{P}$ が，位置ベクトル $\boldsymbol{r}(t)=[2\cos 2t,\ 2\sin 2t]$ で等速円運動している。このとき，原点 $\mathbf{O}$ のまわりに角速度 $\omega=1$ で反時計まわりに回転する回転座標系 $\mathbf{O}x'y'$ を考える。この回転座標系 $\mathbf{O}x'y'$ で見たとき，質点 $\mathbf{P}$ に働く力 $\boldsymbol{f}'$ を求めよ。

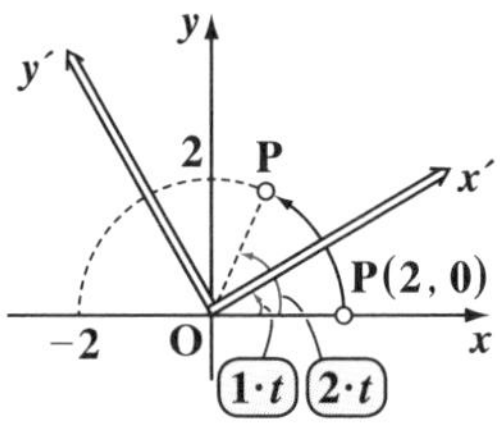

ヒント！ 回転座標系 $\mathbf{O}x'y'$ で $\mathbf{P}$ に働く力 $\boldsymbol{f}'$ は，$\boldsymbol{f}'=\boldsymbol{f}+\boldsymbol{f}_{c_1}+\boldsymbol{f}_{c_2}$ となる。この $\boldsymbol{f}$，$\boldsymbol{f}_{c_1}$，$\boldsymbol{f}_{c_2}$ を順に計算して，その和を求めればいいんだね。

解答＆解説

角速度 $\omega=1$ で回転する回転座標系 $\mathbf{O}x'y'$ 上で，質量 $m=1$ の質点 $\mathbf{P}$ に働く力 $\boldsymbol{f}'$ は，$\boldsymbol{f}'=\boldsymbol{f}+\boldsymbol{f}_{c_1}+\boldsymbol{f}_{c_2}$ ……(＊) で表される。

($\boldsymbol{f}$：元の慣性系で $\mathbf{P}$ に働く力，$\boldsymbol{f}_{c_1}$：遠心力，$\boldsymbol{f}_{c_2}$：コリオリの力)

(ⅰ) 元の慣性系で $\mathbf{P}$ に働く力 $\boldsymbol{f}$ について，

$$\boldsymbol{r}(t)=\begin{bmatrix}2\cos 2t\\2\sin 2t\end{bmatrix} \text{より，}\ \ddot{\boldsymbol{r}}(t)=\begin{bmatrix}2(\cos 2t)''\\2(\sin 2t)''\end{bmatrix}=\begin{bmatrix}-8\cos 2t\\-8\sin 2t\end{bmatrix}$$

よって，

$$\boldsymbol{f}=\underset{1}{m}R(\underset{1\cdot t=t\ (\because\omega=1)}{\omega t})^{-1}\ddot{\boldsymbol{r}}=\begin{bmatrix}\cos t & \sin t\\-\sin t & \cos t\end{bmatrix}\cdot(-8)\begin{bmatrix}\cos 2t\\\sin 2t\end{bmatrix}$$

$$=-8\begin{bmatrix}\cos 2t\cos t+\sin 2t\sin t\\\sin 2t\cos t-\cos 2t\sin t\end{bmatrix}=-8\begin{bmatrix}\cos(2t-t)\\\sin(2t-t)\end{bmatrix}$$

$$\therefore\ \boldsymbol{f}=-8\begin{bmatrix}\cos t\\\sin t\end{bmatrix}\ \cdots\cdots①$$ となる。

公式：$\cos\alpha\cos\beta+\sin\alpha\sin\beta=\cos(\alpha-\beta)$
$\sin\alpha\cos\beta-\cos\alpha\sin\beta=\sin(\alpha-\beta)$

(ⅱ) 遠心力 $\boldsymbol{f}_{c_1}$ について，

$$\boldsymbol{r}'(t)=\begin{bmatrix}x'\\y'\end{bmatrix}=R(t)^{-1}\boldsymbol{r}(t)=\begin{bmatrix}\cos t & \sin t\\-\sin t & \cos t\end{bmatrix}\cdot 2\begin{bmatrix}\cos 2t\\\sin 2t\end{bmatrix}$$

$$= 2\begin{bmatrix}\cos 2t\cos t + \sin 2t\sin t \\ \sin 2t\cos t - \cos 2t\sin t\end{bmatrix} = 2\begin{bmatrix}\cos(2t-t) \\ \sin(2t-t)\end{bmatrix} = 2\begin{bmatrix}\cos t \\ \sin t\end{bmatrix} \cdots\cdots ② \text{より,}$$

$$\therefore \text{遠心力 } f_{c_1} = \underbrace{m\omega^2}_{1\cdot 1^2 = 1} r' = 2\begin{bmatrix}\cos t \\ \sin t\end{bmatrix} \cdots\cdots ③ \text{ となる。}$$

(iii) コリオリの力 f_{c_2} について,

②を t で微分して,

$$\dot{r}'(t) = \begin{bmatrix}\dot{x}' \\ \dot{y}'\end{bmatrix} = 2\begin{bmatrix}(\cos t)' \\ (\sin t)'\end{bmatrix} = 2\begin{bmatrix}-\sin t \\ \cos t\end{bmatrix} = \begin{bmatrix}-2\sin t \\ 2\cos t\end{bmatrix}$$

$$\text{よって, } f_{c_2} = \underbrace{2m\omega}_{2\cdot 1\cdot 1 = 2}\begin{bmatrix}\dot{y}' \\ -\dot{x}'\end{bmatrix} = 2\begin{bmatrix}2\cos t \\ 2\sin t\end{bmatrix} = 4\begin{bmatrix}\cos t \\ \sin t\end{bmatrix} \cdots\cdots ④ \text{ である。}$$

以上(i)(ii)(iii)の①,③,④より，求める回転座標系で質点Pに働く力 f' は,

$$f' = -8\begin{bmatrix}\cos t \\ \sin t\end{bmatrix} + 2\begin{bmatrix}\cos t \\ \sin t\end{bmatrix} + 4\begin{bmatrix}\cos t \\ \sin t\end{bmatrix} = -2\begin{bmatrix}\cos t \\ \sin t\end{bmatrix} \cdots\cdots ⑤ \text{ である。}\cdots\cdots(\text{答})$$

$$[\ f' = f + f_{c_1} + f_{c_2}\ ]$$

参考

慣性系 Oxy で，角速度 $\omega_0 = 2$ で等速円運動している質点 P を角速度 $\omega = 1$ で等速円運動している回転座標系 $Ox'y'$ から見ると，右図に示すように，角速度 $\omega_0 - \omega = 2 - 1 = 1$ で回転しているように見える。
このとき，P に働く力 f' は向心力であり,

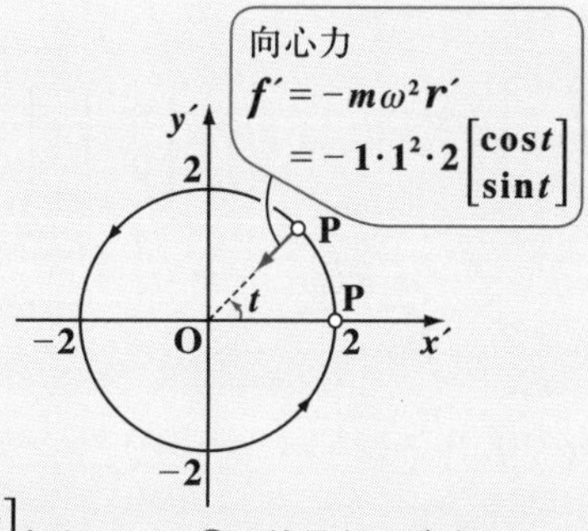

$f' = -m\omega^2 r' = -1\cdot 1^2\cdot 2\begin{bmatrix}\cos t \\ \sin t\end{bmatrix} = -2\begin{bmatrix}\cos t \\ \sin t\end{bmatrix}$ となって，⑤の結果と一致するんだね。これも面白かったでしょう？

演習問題 81　● 回転座標系で働く力(Ⅲ) ●

右図に示すように，慣性系 Oxy で質量 $m=1$ の質点 P が，位置ベクトル $\boldsymbol{r}(t)=[t,\ 0]$ で x 軸上を等速度運動している。このとき，原点 O のまわりに角速度 $\omega=2$ で反時計まわりに回転する回転座標系 $Ox'y'$ を考える。この回転座標系 $Ox'y'$ で見たとき，質点 P に働く力 $\boldsymbol{f}'$ を求めよ。

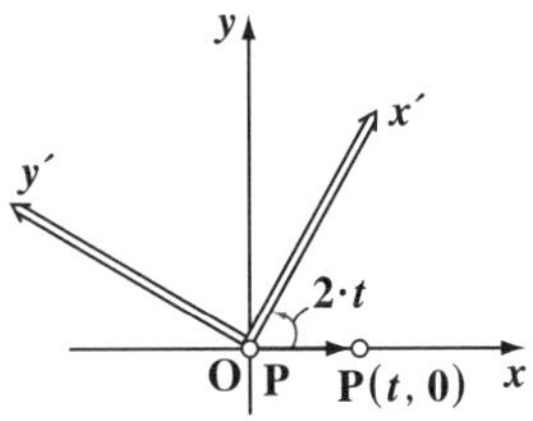

ヒント！ 回転座標系 $Ox'y'$ で P に働く力 $\boldsymbol{f}'$ は，$\boldsymbol{f}'=\boldsymbol{f}+\boldsymbol{f}_{c_1}+\boldsymbol{f}_{c_2}$ となるので，順に $\boldsymbol{f}$，$\boldsymbol{f}_{c_1}$，$\boldsymbol{f}_{c_2}$ を計算しよう。角速度 $\omega=2$ であることに注意して計算しよう。

解答＆解説

角速度 $\omega=2$ で回転する回転座標系 $Ox'y'$ 上で，質量 $m=1$ の質点 P に働く力 $\boldsymbol{f}'$ は，$\boldsymbol{f}'=\boldsymbol{f}+\boldsymbol{f}_{c_1}+\boldsymbol{f}_{c_2}$ ……(*) で表される。

($\boldsymbol{f}$：元の慣性系で P に働く力，$\boldsymbol{f}_{c_1}$：遠心力，$\boldsymbol{f}_{c_2}$：コリオリの力)

(i) 元の慣性系で P に働く力 $\boldsymbol{f}$ について，

$$\boldsymbol{r}(t)=\begin{bmatrix} t \\ 0 \end{bmatrix} \text{より，}\ \ddot{\boldsymbol{r}}(t)=\begin{bmatrix} t'' \\ 0'' \end{bmatrix}=\begin{bmatrix} 0 \\ 0 \end{bmatrix}=\boldsymbol{0}$$

$$\text{よって，}\ \boldsymbol{f}=\underbrace{m}_{1}\,R(\underbrace{\omega t}_{2\cdot t\ (\because\ \omega=2)})^{-1}\ddot{\boldsymbol{r}}=\begin{bmatrix} \cos 2t & \sin 2t \\ -\sin 2t & \cos 2t \end{bmatrix}\begin{bmatrix} 0 \\ 0 \end{bmatrix}=\begin{bmatrix} 0 \\ 0 \end{bmatrix}=\boldsymbol{0}\ \cdots\text{①}\ \text{となる。}$$

(ii) 遠心力 $\boldsymbol{f}_{c_1}$ について，

$$\boldsymbol{r}'(t)=\begin{bmatrix} x' \\ y' \end{bmatrix}=R(2t)^{-1}\boldsymbol{r}(t)=\begin{bmatrix} \cos 2t & \sin 2t \\ -\sin 2t & \cos 2t \end{bmatrix}\begin{bmatrix} t \\ 0 \end{bmatrix}\ \text{より，}$$

$$\boldsymbol{r}'(t)=\begin{bmatrix} x' \\ y' \end{bmatrix}=\begin{bmatrix} t\cos 2t \\ -t\sin 2t \end{bmatrix}\ \cdots\cdots\text{②}\ \text{である。}$$

$$\therefore\ \text{遠心力}\ \boldsymbol{f}_{c_1}=\underbrace{m\omega^2}_{1\cdot 2^2=4}\boldsymbol{r}'=4\begin{bmatrix} t\cos 2t \\ -t\sin 2t \end{bmatrix}=\begin{bmatrix} 4t\cos 2t \\ -4t\sin 2t \end{bmatrix}\ \cdots\cdots\text{③}\ \text{となる。}$$

(iii) コリオリの力 $\boldsymbol{f}_{c_2}$ について，

②を t で微分して，

$$\dot{\boldsymbol{r}}'(t)=\begin{bmatrix}\dot{x}'\\ \dot{y}'\end{bmatrix}=\begin{bmatrix}(t\cos 2t)'\\ -(t\sin 2t)'\end{bmatrix}=\begin{bmatrix}\cos 2t-2t\sin 2t\\ -\sin 2t-2t\cos 2t\end{bmatrix}$$

よって，$\boldsymbol{f}_{c_2}=\underbrace{2m\omega}_{2\cdot 1\cdot 2=4}\begin{bmatrix}\dot{y}'\\ -\dot{x}'\end{bmatrix}=4\begin{bmatrix}-\sin 2t-2t\cos 2t\\ -\cos 2t+2t\sin 2t\end{bmatrix}$

$$\therefore\ \boldsymbol{f}_{c_2}=\begin{bmatrix}-4\sin 2t-8t\cos 2t\\ -4\cos 2t+8t\sin 2t\end{bmatrix}$$ ……④ となる。

以上 (i)(ii)(iii) の①，③，④より，求める回転座標系で質点 P に働く力 $\boldsymbol{f}'$ は，

$$\boldsymbol{f}'=\begin{bmatrix}0\\ 0\end{bmatrix}+\begin{bmatrix}4t\cos 2t\\ -4t\sin 2t\end{bmatrix}+\begin{bmatrix}-4\sin 2t-8t\cos 2t\\ -4\cos 2t+8t\sin 2t\end{bmatrix}$$

$[\ \boldsymbol{f}'=\boldsymbol{f}+\boldsymbol{f}_{c_1}+\boldsymbol{f}_{c_2}\ ]$

$$=\begin{bmatrix}-4\sin 2t-4t\cos 2t\\ -4\cos 2t+4t\sin 2t\end{bmatrix}$$ である。 ……………………………………………(答)

参考

慣性系 Oxy での P の位置 $\boldsymbol{r}(t)=[t,\ 0]$ より，P は原点 O から x 軸の正の向きに等速度運動をする。この P を回転座標系 $Ox'y'$ から見ると，その位置 $\boldsymbol{r}'(t)$ は，

$$\boldsymbol{r}'(t)=\begin{bmatrix}t\cos 2t\\ -t\sin 2t\end{bmatrix}=\begin{bmatrix}t\cos(-2t)\\ t\sin(-2t)\end{bmatrix}$$

となる。よって，質点 P の軌跡は，右図に示すように，時計まわりに角速度 $\omega=-2$ で回転しながら，その半径を徐々に増加させて，渦巻状の曲線を描くことになる。

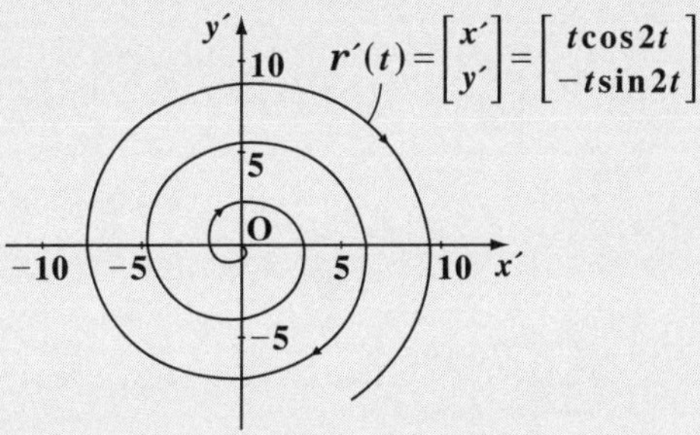

演習問題 82　● 回転座標系で働く力 (Ⅳ) ●

右図に示すように，慣性系 $\mathbf{O}xy$ で質量 $m=1$ の質点 $\mathbf{P}$ が，位置ベクトル $\boldsymbol{r}(t)=[t^2,\ 0]$ で x 軸上を等加速度運動している。このとき，原点 $\mathbf{O}$ のまわりに角速度 $\omega=1$ で反時計まわりに回転する回転座標系 $\mathbf{O}x'y'$ を考える。この回転座標系 $\mathbf{O}x'y'$ で見たとき，質点 $\mathbf{P}$ に働く力 $\boldsymbol{f}'$ を求めよ。

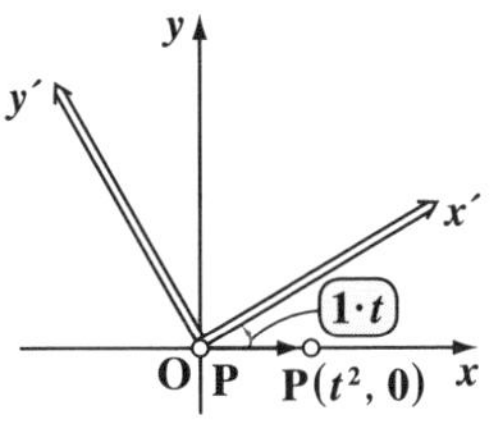

ヒント！ 回転座標系 $\mathbf{O}x'y'$ で $\mathbf{P}$ に働く力 $\boldsymbol{f}'$ は，元の慣性系で $\mathbf{P}$ に働く力 $\boldsymbol{f}$ と遠心力 $\boldsymbol{f}_{c_1}$ とコリオリの力 $\boldsymbol{f}_{c_2}$ の和，すなわち $\boldsymbol{f}'=\boldsymbol{f}+\boldsymbol{f}_{c_1}+\boldsymbol{f}_{c_2}$ となるんだね。回転座標系での $\mathbf{P}$ の軌跡 $\boldsymbol{r}'(t)$ もコンピュータで作図したものを示そう。

解答＆解説

角速度 $\omega=1$ で回転する回転座標系 $\mathbf{O}x'y'$ 上で，質量 $m=1$ の質点 $\mathbf{P}$ に働く力 $\boldsymbol{f}'$ は，$\boldsymbol{f}'=\boldsymbol{f}+\boldsymbol{f}_{c_1}+\boldsymbol{f}_{c_2}$ ……$(*)$ で表される。

($\boldsymbol{f}$：元の慣性系で $\mathbf{P}$ に働く力，$\boldsymbol{f}_{c_1}$：遠心力，$\boldsymbol{f}_{c_2}$：コリオリの力)

(i) 元の慣性系で $\mathbf{P}$ に働く力 $\boldsymbol{f}$ について，

$$\boldsymbol{r}(t)=\begin{bmatrix} t^2 \\ 0 \end{bmatrix} \text{より，} \ddot{\boldsymbol{r}}(t)=\begin{bmatrix} (t^2)'' \\ 0'' \end{bmatrix}=\begin{bmatrix} 2 \\ 0 \end{bmatrix}$$

よって，
$$\boldsymbol{f}=\underbrace{m}_{1}\,R(\underbrace{\omega}_{1} t)^{-1}\ddot{\boldsymbol{r}}=\begin{bmatrix} \cos t & \sin t \\ -\sin t & \cos t \end{bmatrix}\begin{bmatrix} 2 \\ 0 \end{bmatrix}=\begin{bmatrix} 2\cos t \\ -2\sin t \end{bmatrix}$$

$$\therefore\ \boldsymbol{f}=\begin{bmatrix} 2\cos t \\ -2\sin t \end{bmatrix} \text{……①　である。}$$

(ii) 遠心力 $\boldsymbol{f}_{c_1}$ について，

$$\boldsymbol{r}'(t)=\begin{bmatrix} x' \\ y' \end{bmatrix}=R(t)^{-1}\boldsymbol{r}(t)=\begin{bmatrix} \cos t & \sin t \\ -\sin t & \cos t \end{bmatrix}\begin{bmatrix} t^2 \\ 0 \end{bmatrix}=\begin{bmatrix} t^2\cos t \\ -t^2\sin t \end{bmatrix}$$

$$\therefore\ \boldsymbol{r}'(t)=\begin{bmatrix} x' \\ y' \end{bmatrix}=\begin{bmatrix} t^2\cos t \\ -t^2\sin t \end{bmatrix} \text{……②　である。}$$

$\therefore$ 遠心力 $\boldsymbol{f}_{c_1} = \underset{1\cdot1^2=1}{\underline{m\omega^2}}\boldsymbol{r}' = \begin{bmatrix} t^2\cos t \\ -t^2\sin t \end{bmatrix}$ ……③ となる。

(iii) コリオリの力 $\boldsymbol{f}_{c_2}$ について，

②を t で微分して，

$$\dot{\boldsymbol{r}}'(t) = \begin{bmatrix} \dot{x}' \\ \dot{y}' \end{bmatrix} = \begin{bmatrix} (t^2\cos t)' \\ -(t^2\sin t)' \end{bmatrix} = \begin{bmatrix} 2t\cos t - t^2\sin t \\ -2t\sin t - t^2\cos t \end{bmatrix}$$

よって，$\boldsymbol{f}_{c_2} = \underset{2\cdot1\cdot1}{\underline{2m\omega}}\begin{bmatrix} \dot{y}' \\ -\dot{x}' \end{bmatrix} = 2\begin{bmatrix} -2t\sin t - t^2\cos t \\ -2t\cos t + t^2\sin t \end{bmatrix}$

$\therefore$ コリオリの力 $\boldsymbol{f}_{c_2} = \begin{bmatrix} -4t\sin t - 2t^2\cos t \\ -4t\cos t + 2t^2\sin t \end{bmatrix}$ ……④ となる。

以上 (i)(ii)(iii) の①，③，④より，求める回転座標系で P に働く力 $\boldsymbol{f}'$ は，

$$\boldsymbol{f}' = \begin{bmatrix} 2\cos t \\ -2\sin t \end{bmatrix} + \begin{bmatrix} t^2\cos t \\ -t^2\sin t \end{bmatrix} + \begin{bmatrix} -4t\sin t - 2t^2\cos t \\ -4t\cos t + 2t^2\sin t \end{bmatrix} = \begin{bmatrix} (2-t^2)\cos t - 4t\sin t \\ (-2+t^2)\sin t - 4t\cos t \end{bmatrix} \cdots⑤$$

$[\ \boldsymbol{f}' = \boldsymbol{f} + \boldsymbol{f}_{c_1} + \boldsymbol{f}_{c_2}\ ]$

である。…………………………………………………………………………………(答)

参考

慣性系 Oxy での P の位置 $\boldsymbol{r}(t) = [t^2,\ 0]$ より，P は原点 O から x 軸の正の向きに等加速度運動をする。この P を回転座標系 $Ox'y'$ から見ると，その位置 $\boldsymbol{r}'(t)$ は，

$$\boldsymbol{r}'(t) = \begin{bmatrix} t^2\cos t \\ -t^2\sin t \end{bmatrix} = \begin{bmatrix} t^2\cos(-t) \\ t^2\sin(-t) \end{bmatrix}$$ となる。よって，

質点 P の軌跡は，右図に示すように，時計まわりに角速度 $\omega = -1$ で回転しながら，その半径を増加させていく，渦模様を描くことになる。

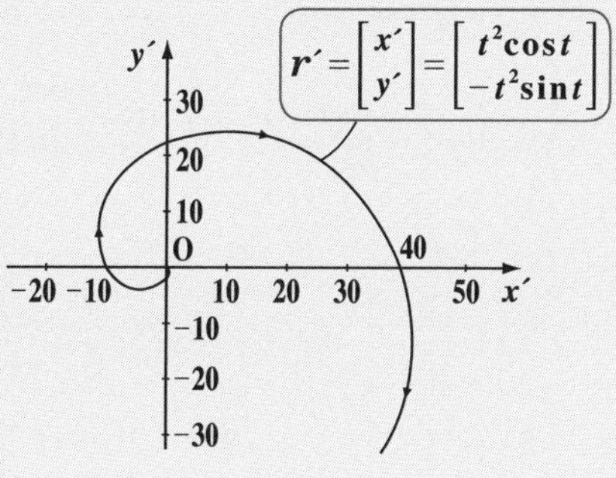

演習問題 83　● 回転座標系で働く力 (V) ●

右図に示すように，慣性系 **Oxy** で質量 $m=1$ の質点 **P** が，位置ベクトル $\boldsymbol{r}(t)=[t^2,\ 2t]$ $(t\geqq 0)$ で放物線を描きながら運動している。このとき，原点 **O** のまわりに角速度 $\omega=1$ で反時計まわりに回転する回転座標系 **Ox′y′** を考える。この回転座標系で見たとき，質点 **P** に働く力 $\boldsymbol{f}'$ を求めよ。

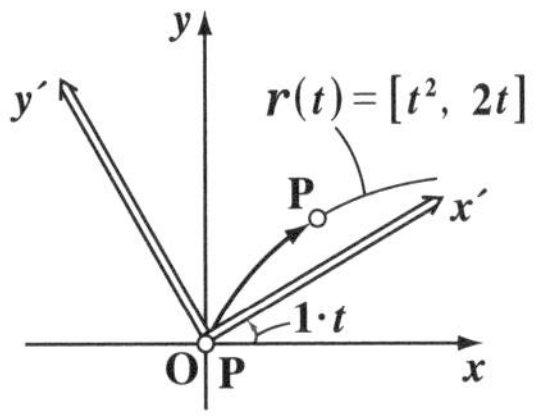

ヒント！ 回転座標系 **Ox′y′** で **P** に働く力 $\boldsymbol{f}'$ は，$\boldsymbol{f}'=\boldsymbol{f}+\boldsymbol{f}_{c_1}+\boldsymbol{f}_{c_2}$ と表されるので，$\boldsymbol{f}$，$\boldsymbol{f}_{c_1}$，$\boldsymbol{f}_{c_2}$ を算出して，その和を求めればいいんだね。この計算法を是非マスターしよう！

解答＆解説

角速度 $\omega=1$ で回転する回転座標系 **Ox′y′** 上で，質量 $m=1$ の質点 **P** に働く力 $\boldsymbol{f}'$ は，$\boldsymbol{f}'=\boldsymbol{f}+\boldsymbol{f}_{c_1}+\boldsymbol{f}_{c_2}$ ……(*) で表される。

($\boldsymbol{f}$：元の慣性系で **P** に働く力，$\boldsymbol{f}_{c_1}$：遠心力，$\boldsymbol{f}_{c_2}$：コリオリの力)

(i) 元の慣性系で **P** に働く力 $\boldsymbol{f}$ について，

$$\boldsymbol{r}(t)=\begin{bmatrix} t^2 \\ 2t \end{bmatrix} \text{より，} \ddot{\boldsymbol{r}}(t)=\begin{bmatrix} (t^2)'' \\ (2t)'' \end{bmatrix}=\begin{bmatrix} 2 \\ 0 \end{bmatrix}$$

$$\text{よって，} \boldsymbol{f}=\underbrace{m}_{1}R(\underbrace{\omega}_{1} t)^{-1}\ddot{\boldsymbol{r}}=\begin{bmatrix} \cos t & \sin t \\ -\sin t & \cos t \end{bmatrix}\begin{bmatrix} 2 \\ 0 \end{bmatrix}=\begin{bmatrix} 2\cos t \\ -2\sin t \end{bmatrix} \cdots\cdots ① \text{ となる。}$$

(ii) 遠心力 $\boldsymbol{f}_{c_1}$ について，

$$\boldsymbol{r}'(t)=\begin{bmatrix} x' \\ y' \end{bmatrix}=R(t)^{-1}\boldsymbol{r}(t)=\begin{bmatrix} \cos t & \sin t \\ -\sin t & \cos t \end{bmatrix}\begin{bmatrix} t^2 \\ 2t \end{bmatrix} \text{ より，}$$

$$\boldsymbol{r}'(t)=\begin{bmatrix} x' \\ y' \end{bmatrix}=\begin{bmatrix} t^2\cos t+2t\sin t \\ -t^2\sin t+2t\cos t \end{bmatrix} \cdots\cdots ② \text{ である。}$$

$$\therefore \text{遠心力 } \boldsymbol{f}_{c_1}=\underbrace{m\omega^2}_{1\cdot 1^2=1}\boldsymbol{r}'=\begin{bmatrix} t^2\cos t+2t\sin t \\ -t^2\sin t+2t\cos t \end{bmatrix} \cdots\cdots ③ \text{ となる。}$$

(iii) コリオリの力 $\boldsymbol{f}_{c_2}$ について，

②を t で微分して，

$$\dot{\boldsymbol{r}}'(t)=\begin{bmatrix}\dot{x}'\\ \dot{y}'\end{bmatrix}=\begin{bmatrix}(t^2\cos t+2t\sin t)'\\ (-t^2\sin t+2t\cos t)'\end{bmatrix}=\begin{bmatrix}2t\cos t-t^2\sin t+2\sin t+2t\cos t\\ -2t\sin t-t^2\cos t+2\cos t-2t\sin t\end{bmatrix}$$

$$=\begin{bmatrix}4t\cos t+(2-t^2)\sin t\\ -4t\sin t+(2-t^2)\cos t\end{bmatrix}$$

$$\therefore \boldsymbol{f}_{c_2}=2\underbrace{m\omega}_{1\cdot 1}\begin{bmatrix}\dot{y}'\\ -\dot{x}'\end{bmatrix}=2\begin{bmatrix}-4t\sin t+(2-t^2)\cos t\\ -4t\cos t-(2-t^2)\sin t\end{bmatrix}$$

$$=\begin{bmatrix}-8t\sin t+(4-2t^2)\cos t\\ -8t\cos t-(4-2t^2)\sin t\end{bmatrix}$$ ……④ となる。

以上 (i)(ii)(iii) の①，③，④より，求める回転座標系で質点 P に働く力 $\boldsymbol{f}'$ は，

$$\boldsymbol{f}'=\begin{bmatrix}2\cos t\\ -2\sin t\end{bmatrix}+\begin{bmatrix}t^2\cos t+2t\sin t\\ -t^2\sin t+2t\cos t\end{bmatrix}+\begin{bmatrix}-8t\sin t+(4-2t^2)\cos t\\ -8t\cos t-(4-2t^2)\sin t\end{bmatrix}$$

$$\left[\ \boldsymbol{f}'=\quad \boldsymbol{f}\quad+\quad \boldsymbol{f}_{c_1}\quad+\quad \boldsymbol{f}_{c_2}\ \right]$$

$$=\begin{bmatrix}(6-t^2)\cos t-6t\sin t\\ -(6-t^2)\sin t-6t\cos t\end{bmatrix}$$ である。……………………………………(答)

参考

慣性系 $\mathrm{O}xy$ で，点 P は位置ベクトル $\boldsymbol{r}(t)=[t^2,\ 2t]$ により，放物線を描く。これを回転座標系 $\mathrm{O}x'y'$ から見た，P の描く曲線 (軌跡) を右図に示す。このように，xy 座標平面では放物線であったものが，$x'y'$ 座標平面では，渦巻き状の曲線になるんだね。

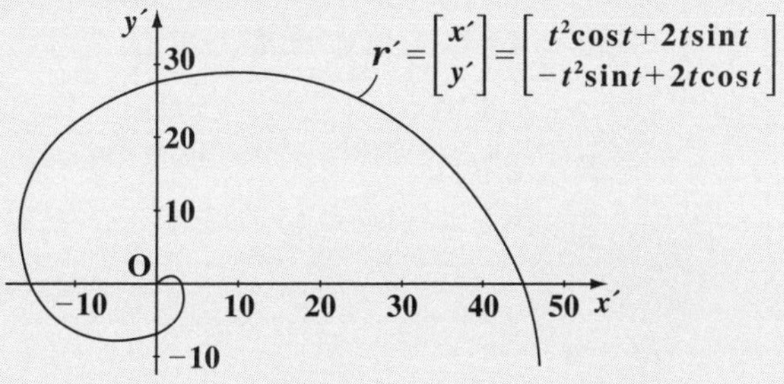

講義 Lecture 7

2質点系の力学 methods & formulae

§1. 2質点系の力学の基本

質量がそれぞれ m_1, m_2 の2つの質点 P_1, P_2 が，外力を受けずに相互作用(内力)のみで運動する場合の運動方程式は，

$$\begin{cases} m_1\ddot{\boldsymbol{r}}_1 = \boldsymbol{f}_{21} \quad \cdots\cdots ① \\ m_2\ddot{\boldsymbol{r}}_2 = \boldsymbol{f}_{12} \quad \cdots\cdots ② \end{cases}$$

$$\left(\begin{array}{l} \boldsymbol{r}_1,\ \boldsymbol{r}_2 : P_1,\ P_2 \text{ の位置ベクトル} \\ \begin{cases} \boldsymbol{f}_{21} : P_2 \text{ が } P_1 \text{ に及ぼす力} \\ \boldsymbol{f}_{12} : P_1 \text{ が } P_2 \text{ に及ぼす力} \end{cases} \end{array} \right)$$

相互作用のみの2質点系

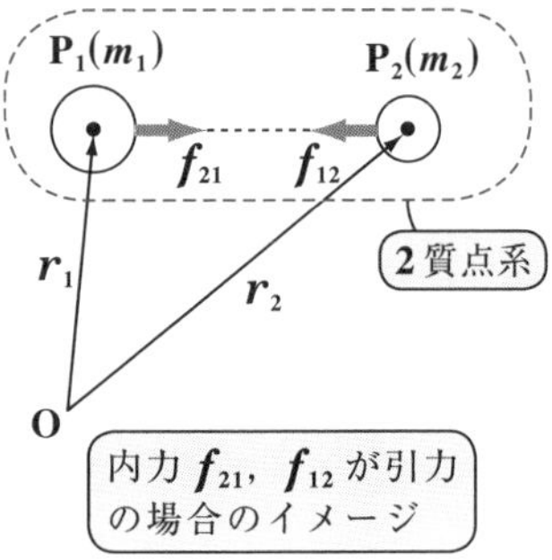

作用・反作用の法則により，

$\boldsymbol{f}_{12} = -\boldsymbol{f}_{21}$ ……③ が成り立つ。

よって，①+②より，$\dfrac{d^2}{dt^2}(m_1\boldsymbol{r}_1 + m_2\boldsymbol{r}_2) = \underbrace{\boldsymbol{0}}_{\boldsymbol{f}_{21}+\boldsymbol{f}_{12}\ (③より)}$ ……④ となり，これは，

$\dfrac{d}{dt}(\underbrace{m_1\dot{\boldsymbol{r}}_1}_{\boldsymbol{p}_1(t)} + \underbrace{m_2\dot{\boldsymbol{r}}_2}_{\boldsymbol{p}_2(t)\ (運動量)}) = \boldsymbol{0}$ ……⑤ と変形できるので，2質点系の全運動量を

$\boldsymbol{P} = \boldsymbol{p}_1(t) + \boldsymbol{p}_2(t)$ ……⑥とおくと，⑤より，$\dfrac{d\boldsymbol{P}}{dt} = \boldsymbol{0}$ から，$\boldsymbol{P}$ は定ベクトルである。

ここで，基準点 O から2質点系の重心 G に向かうベクトルを $\boldsymbol{r}_G$ とおくと，$\boldsymbol{r}_G$ は，次のように定義される。

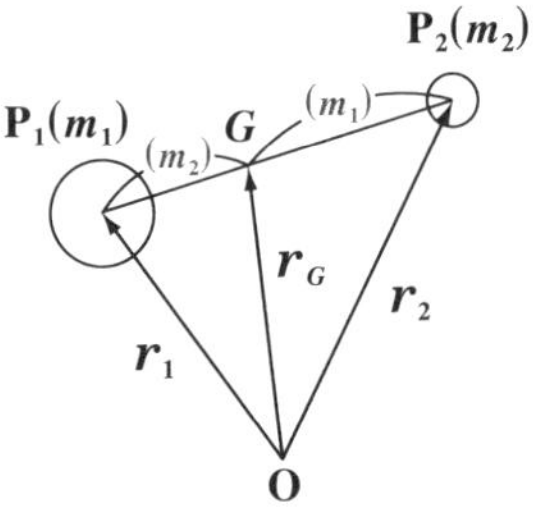

$$\boldsymbol{r}_G = \frac{m_1\boldsymbol{r}_1 + m_2\boldsymbol{r}_2}{M} \quad \cdots\cdots ⑦$$

(ただし，$M = m_1 + m_2$)

⑦より，$m_1\boldsymbol{r}_1 + m_2\boldsymbol{r}_2 = M\boldsymbol{r}_G$　これを④に代入すると，

$\dfrac{d^2}{dt^2}(M\boldsymbol{r}_G) = \boldsymbol{0}$ より，$M\ddot{\boldsymbol{r}}_G = \boldsymbol{0}$ ……⑧ となる。よって，$\ddot{\boldsymbol{r}}_G = \boldsymbol{0}$ より，

$\dot{\boldsymbol{r}}_G = \boldsymbol{v}_G =$ (定ベクトル) となるので，G は**等速度運動**をする。

次に，$\mathbf{P}_1$，$\mathbf{P}_2$ に相互作用 $(\boldsymbol{f}_{21},\ \boldsymbol{f}_{12})$ 以外に，それぞれ $\boldsymbol{f}_1$，$\boldsymbol{f}_2$ の外力が働く場合，2質点の運動方程式は，

外力が働く場合の2質点系

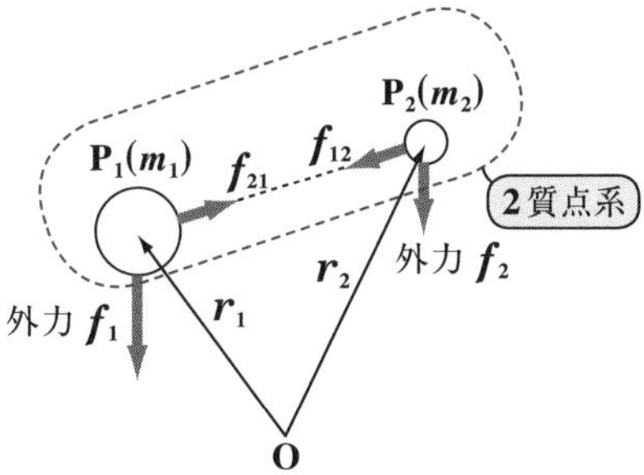

$$\begin{cases} m_1\ddot{\boldsymbol{r}}_1 = \boldsymbol{f}_1 + \boldsymbol{f}_{21} \cdots\cdots ⓐ \\ m_2\ddot{\boldsymbol{r}}_2 = \boldsymbol{f}_2 + \boldsymbol{f}_{12} \cdots\cdots ⓑ \end{cases}$$

$$\boldsymbol{f}_{12} = -\boldsymbol{f}_{21} \cdots\cdots\cdots\cdots\cdots ⓒ$$

となる。ここでⓐ＋ⓑより，

$$m_1\ddot{\boldsymbol{r}}_1 + m_2\ddot{\boldsymbol{r}}_2 = \boldsymbol{f}_1 + \boldsymbol{f}_2 + \boldsymbol{f}_{21} + \boldsymbol{f}_{12}$$

$\boldsymbol{f}_{21} - \boldsymbol{f}_{21} = \mathbf{0}$ （ⓒより）

$m_1\dfrac{d^2\boldsymbol{r}_1}{dt^2} + m_2\dfrac{d^2\boldsymbol{r}_2}{dt^2} = \dfrac{d^2}{dt^2}(m_1\boldsymbol{r}_1 + m_2\boldsymbol{r}_2)$

$$\frac{d^2}{dt^2}(m_1\boldsymbol{r}_1 + m_2\boldsymbol{r}_2) = \boldsymbol{f}_1 + \boldsymbol{f}_2 \cdots\cdots ⓓ$$

$M\boldsymbol{r}_G$

ここで，$m_1\boldsymbol{r}_1 + m_2\boldsymbol{r}_2 = M\boldsymbol{r}_G \cdots\cdots ⓔ$　$(M = m_1 + m_2)$ より，

ⓔをⓓに代入して，

$$M\ddot{\boldsymbol{r}}_G = \boldsymbol{f} \cdots\cdots ⓕ$$

$(ただし，\boldsymbol{f} = \boldsymbol{f}_1 + \boldsymbol{f}_2)$ が導ける。

ⓕから，質量 M をもつ質点 G に外力 $\boldsymbol{f}$ が働いているように見える。

次に，外力が働かない場合について，

(i) $\mathbf{P}_1$ を固定点としたときの $\mathbf{P}_2$ の相対的な運動の方程式は，
$\boldsymbol{r} = \boldsymbol{r}_2 - \boldsymbol{r}_1$ とおくと，
①, ②, ③より，
$\mu\ddot{\boldsymbol{r}} = \boldsymbol{f}_{12}$ と表される。
$\left(換算質量\ \mu = \dfrac{m_1 m_2}{m_1 + m_2}\right)$

(ii) $\mathbf{P}_2$ を固定点としたときの $\mathbf{P}_1$ の相対的な運動の方程式は，
$\boldsymbol{r}' = \boldsymbol{r}_1 - \boldsymbol{r}_2$ とおくと，
①, ②, ③より，
$\mu\ddot{\boldsymbol{r}}' = \boldsymbol{f}_{21}$ と表される。
$\left(換算質量\ \mu = \dfrac{m_1 m_2}{m_1 + m_2}\right)$

§2. 重心 G に対する相対運動

右図(i)(ii)より明らかに,

$$\begin{cases} \boldsymbol{r}_1 = \boldsymbol{r}_G + \boldsymbol{r}_1' & \cdots\cdots① \\ \boldsymbol{r}_2 = \boldsymbol{r}_G + \boldsymbol{r}_2' & \cdots\cdots② \end{cases}$$ となる。

$$\left[\begin{array}{l} \text{ただし，} \boldsymbol{r}_G = \dfrac{m_1\boldsymbol{r}_1 + m_2\boldsymbol{r}_2}{m_1+m_2} \\ \begin{cases} \boldsymbol{r}_1' = -\dfrac{m_2}{m_1+m_2}\boldsymbol{r} & \cdots\cdots③ \\ \boldsymbol{r}_2' = \dfrac{m_1}{m_1+m_2}\boldsymbol{r} & \cdots\cdots\cdots④ \end{cases} \\ (\boldsymbol{r} = \boldsymbol{r}_2 - \boldsymbol{r}_1) \end{array}\right]$$

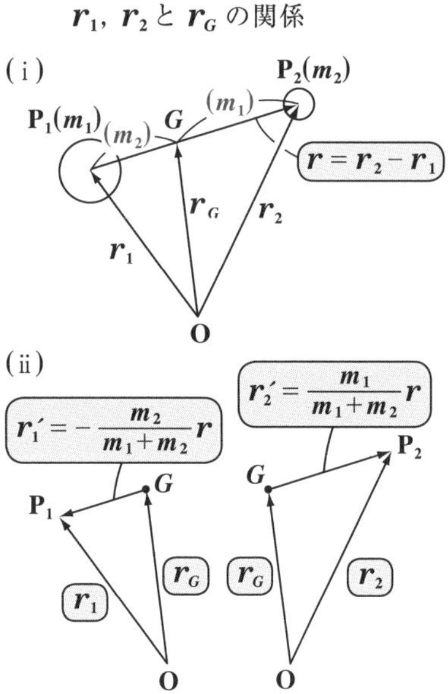

③, ④より，次の公式が成り立つ。

$$m_1\boldsymbol{r}_1' + m_2\boldsymbol{r}_2' = \boldsymbol{0} \quad \cdots\cdots\cdots\cdots\cdots(*)$$

この両辺を t で微分して,

$m_1\dot{\boldsymbol{r}}_1' + m_2\dot{\boldsymbol{r}}_2' = \boldsymbol{0}$ より，公式：

$$\boldsymbol{P}' = m_1\boldsymbol{v}_1' + m_2\boldsymbol{v}_2' = \boldsymbol{0} \quad \cdots\cdots(*)'$$

も成り立つ。この2質点系が相互作用のみで運動し，外力が働いていないものとし，さらに相互作用の力 $\boldsymbol{f}_{21}$ と $\boldsymbol{f}_{12}$ が P_1 と P_2 の距離によらない場合,

$$\begin{cases} m_1\ddot{\boldsymbol{r}}_1' = \boldsymbol{f}_{21} \\ m_2\ddot{\boldsymbol{r}}_2' = \boldsymbol{f}_{12} \end{cases} \cdots\cdots(**)$$ が成り立つ。

(Ⅰ) 2質点系の全運動量 $\boldsymbol{P}$ について,

$$\boldsymbol{P} = m_1\boldsymbol{v}_1 + m_2\boldsymbol{v}_2 = m_1(\boldsymbol{v}_G + \boldsymbol{v}_1') + m_2(\boldsymbol{v}_G + \boldsymbol{v}_2')$$
$$= \underbrace{(m_1+m_2)\boldsymbol{v}_G}_{M\boldsymbol{v}_G = \boldsymbol{P}_G} + \underbrace{(m_1\boldsymbol{v}_1' + m_2\boldsymbol{v}_2')}_{\boldsymbol{P}' = \boldsymbol{0}\ ((*)'\text{より})} = \boldsymbol{P}_G$$

$\therefore$ $\boldsymbol{P} = \boldsymbol{P}_G$ ……(∗1) が導かれる。

(Ⅱ) 2質点系の全運動エネルギー K について,

$$K = \frac{1}{2}m_1v_1^2 + \frac{1}{2}m_2v_2^2 = \frac{1}{2}m_1\|\boldsymbol{v}_1\|^2 + \frac{1}{2}m_2\|\boldsymbol{v}_2\|^2$$
$$= \frac{1}{2}m_1\|\boldsymbol{v}_G + \boldsymbol{v}_1'\|^2 + \frac{1}{2}m_2\|\boldsymbol{v}_G + \boldsymbol{v}_2'\|^2$$ より,

$$K = \frac{1}{2}m_1(\boldsymbol{v}_G{}^2 + \boldsymbol{v}_1'^2 + 2\boldsymbol{v}_G\cdot\boldsymbol{v}_1') + \frac{1}{2}m_2(\boldsymbol{v}_G{}^2 + \boldsymbol{v}_2'^2 + 2\boldsymbol{v}_G\cdot\boldsymbol{v}_2')$$

$$= \underbrace{\frac{1}{2}(m_1+m_2)\boldsymbol{v}_G{}^2}_{\frac{1}{2}M\boldsymbol{v}_G{}^2 = K_G} + \underbrace{\left(\frac{1}{2}m_1\boldsymbol{v}_1'^2 + \frac{1}{2}m_2\boldsymbol{v}_2'^2\right)}_{K'} + \underbrace{(m_1\boldsymbol{v}_G\cdot\boldsymbol{v}_1' + m_2\boldsymbol{v}_G\cdot\boldsymbol{v}_2')}_{\boldsymbol{v}_G\cdot(m_1\boldsymbol{v}_1' + m_2\boldsymbol{v}_2') = 0}$$

$m_1\boldsymbol{v}_1' + m_2\boldsymbol{v}_2' = 0$ ((*)′より)

$\therefore\ K = K_G + K'$ ……(*2) ← これは，系に外力 $\boldsymbol{f}$ が働いていても成り立つ。

つまり，2 質点系の全運動エネルギー K は，(i) 重心の運動によるもの K_G と，(ii) 重心に対する相対運動によるもの K' とに分解できる。

(Ⅲ) 2 質点系の全角運動量 $\boldsymbol{L}$ について，

2 質点 P_1，P_2 には，それぞれ外力 $\boldsymbol{f}_1$，$\boldsymbol{f}_2$ が働いているものとする。

$\dfrac{d\boldsymbol{L}}{dt} = \dfrac{d}{dt}(\boldsymbol{r}_1\times\boldsymbol{p}_1 + \boldsymbol{r}_2\times\boldsymbol{p}_2)$ を計算することにより，

$\dfrac{d\boldsymbol{L}}{dt} = \boldsymbol{N}$ ……(*3) が導ける。($\boldsymbol{N}$：P_1, P_2 に働く外力のモーメント)

次に，$\boldsymbol{L} = m_1(\boldsymbol{r}_G+\boldsymbol{r}_1')\times(\dot{\boldsymbol{r}}_G+\dot{\boldsymbol{r}}_1') + m_2(\boldsymbol{r}_G+\boldsymbol{r}_2')\times(\dot{\boldsymbol{r}}_G+\dot{\boldsymbol{r}}_2')$ を計算することにより，

$\boldsymbol{L} = \boldsymbol{L}_G + \boldsymbol{L}'$ ……(*4) が導ける。

つまり，全角運動量 $\boldsymbol{L}$ も，(i) 重心の回転によるもの $\boldsymbol{L}_G$ と，(ii) 重心のまわりの回転運動によるもの $\boldsymbol{L}'$ とに分解できる。

同様に，$\boldsymbol{N} = (\boldsymbol{r}_G+\boldsymbol{r}_1')\times\boldsymbol{f}_1 + (\boldsymbol{r}_G+\boldsymbol{r}_2')\times\boldsymbol{f}_2$ を計算すると，$\boldsymbol{N}$ も $\boldsymbol{N}_G$ と $\boldsymbol{N}'$ に分解されて，

$\boldsymbol{N} = \boldsymbol{N}_G + \boldsymbol{N}'$ ……(*5) となる。

さらに，$\dfrac{d\boldsymbol{L}_G}{dt} = \dfrac{d}{dt}(\boldsymbol{r}_G\times M\dot{\boldsymbol{r}}_G)$ を計算すると，

$\dfrac{d\boldsymbol{L}_G}{dt} = \boldsymbol{N}_G$ ……(*6) が導ける。よって，

$\dfrac{d\boldsymbol{L}'}{dt} = \dfrac{d(\boldsymbol{L}-\boldsymbol{L}_G)}{dt} = \dfrac{d\boldsymbol{L}}{dt} - \dfrac{d\boldsymbol{L}_G}{dt} = \boldsymbol{N} - \boldsymbol{N}_G = \boldsymbol{N}'$ となるので，

$\dfrac{d\boldsymbol{L}'}{dt} = \boldsymbol{N}'$ ……(*7) も導ける。

演習問題 84　●2質点系の条件(Ⅰ)●

質量 $m_1=2$ の質点 P_1 の位置 $\boldsymbol{r}_1$ が $\boldsymbol{r}_1=\left[-\frac{1}{2}\cos t-1+t,\ 0,\ t\right]$ であり，質量 $m_2=3$ の質点 P_2 の位置 $\boldsymbol{r}_2$ が $\boldsymbol{r}_2=\left[\frac{1}{3}\cos t+\frac{2}{3}+t,\ 0,\ t\right]$ (t：時刻，$t\geqq 0$) である。このとき，2つの質点 P_1 と P_2 が1つの質点系として，$\boldsymbol{f}_{12}=-\boldsymbol{f}_{21}$ ……(*) の条件をみたすことを確認せよ。また，この2質点系の重心 G の位置 $\boldsymbol{r}_G$ を求め，G の運動量 $\boldsymbol{P}_G=M\dot{\boldsymbol{r}}_G$ ($M=m_1+m_2$) が定ベクトルであることを示せ。

ヒント！ これは，質量を無視できる軽いばねの両端に質点 P_1 と P_2 をつけたものが，x 軸方向に振動しながら，その重心 G が移動していくモデルだと考えればいい。P_1 と P_2 が1つの質点系をなすための条件 $\boldsymbol{f}_{12}=-\boldsymbol{f}_{21}$ は，$\boldsymbol{f}_{12}=m_2\ddot{\boldsymbol{r}}_2$ と $\boldsymbol{f}_{21}=m_1\ddot{\boldsymbol{r}}_1$ を求めれば成り立つことがわかるはずだ。また，重心 G の位置 $\boldsymbol{r}_G$ を公式通り求めて，その運動量 $\boldsymbol{P}_G=M\dot{\boldsymbol{r}}_G$ を求めよう。

解答＆解説

(i) 質量 $m_1=2$ の質点 P_1 について，

$$\begin{cases}\text{位置 } \boldsymbol{r}_1=\left[-\frac{1}{2}\cos t-1+t,\ 0,\ t\right] & \cdots\cdots\text{①}\\ \text{速度 } \boldsymbol{v}_1=\dot{\boldsymbol{r}}_1=\left[\left(-\frac{1}{2}\cos t-1+t\right)',\ 0',\ t'\right]=\left[\frac{1}{2}\sin t+1,\ 0,\ 1\right] & \cdots\cdots\text{②}\\ \text{加速度 } \boldsymbol{a}_1=\dot{\boldsymbol{v}}_1=\left[\left(\frac{1}{2}\sin t+1\right)',\ 0',\ 1'\right]=\left[\frac{1}{2}\cos t,\ 0,\ 0\right] & \cdots\text{③}\end{cases}$$

となる。

よって，P_1 に働く力を，P_2 が P_1 に及ぼす力 $\boldsymbol{f}_{21}$ とおくと，③より，

$$\boldsymbol{f}_{21}=m_1\boldsymbol{a}_1=2\cdot\left[\frac{1}{2}\cos t,\ 0,\ 0\right]=[\cos t,\ 0,\ 0] \quad\cdots\cdots\text{④}$$

となる。

(ii) 質量 $m_2=3$ の質点 P_2 について，

$$\begin{cases}\text{位置 } \boldsymbol{r}_2=\left[\frac{1}{3}\cos t+\frac{2}{3}+t,\ 0,\ t\right] & \cdots\cdots\text{⑤}\\ \text{速度 } \boldsymbol{v}_2=\dot{\boldsymbol{r}}_2=\left[\left(\frac{1}{3}\cos t+\frac{2}{3}+t\right)',\ 0',\ t'\right]=\left[-\frac{1}{3}\sin t+1,\ 0,\ 1\right] & \cdots\text{⑥}\\ \text{加速度 } \boldsymbol{a}_2=\dot{\boldsymbol{v}}_2=\left[\left(-\frac{1}{3}\sin t+1\right)',\ 0',\ 1'\right]=\left[-\frac{1}{3}\cos t,\ 0,\ 0\right] & \cdots\cdots\text{⑦}\end{cases}$$

となる。

よって，P_2 に働く力を，P_1 が P_2 に及ぼす力 f_{12} とおくと，⑦より，

$$f_{12}=m_2a_2=3\cdot\left[-\frac{1}{3}\cos t,\ 0,\ 0\right]=[-\cos t,\ 0,\ 0]$$ ……⑧ となる。

以上(i)，(ii)の④と⑧より，$f_{12}=-f_{21}$ ……(*) が成り立つことが確認できた。…(終)

次に①，⑤より，この2質点系の重心 G の位置 r_G を求めると，

$$r_G=\frac{m_1r_1+m_2r_2}{M}=\frac{1}{2+3}\left\{2\left[-\frac{1}{2}\cos t-1+t,\ 0,\ t\right]+3\left[\frac{1}{3}\cos t+\frac{2}{3}+t,\ 0,\ t\right]\right\}$$

M：$m_1+m_2=2+3$

$$=\frac{1}{5}\{[-\cos t-2+2t,\ 0,\ 2t]+[\cos t+2+3t,\ 0,\ 3t]\}$$

$$=\frac{1}{5}[5t,\ 0,\ 5t]=[t,\ 0,\ t]$$

$\therefore r_G=[t,\ 0,\ t]$ ……⑨ である。 ……………………………………………(答)

⑨より，r_G を t で微分して，重心 G の速度 v_G を求めると，

$v_G=\dot{r}_G=[t',\ 0',\ t']=[1,\ 0,\ 1]$ となる。よって，

求める G の運動量 P_G は，

$$P_G=M\cdot\dot{r}_G=5[1,\ 0,\ 1]$$

（M：5）

$=[5,\ 0,\ 5]$ となって，これは

定ベクトルである。…………(終)

（今回の2質点系のモデルのイメージを右図に示す。）

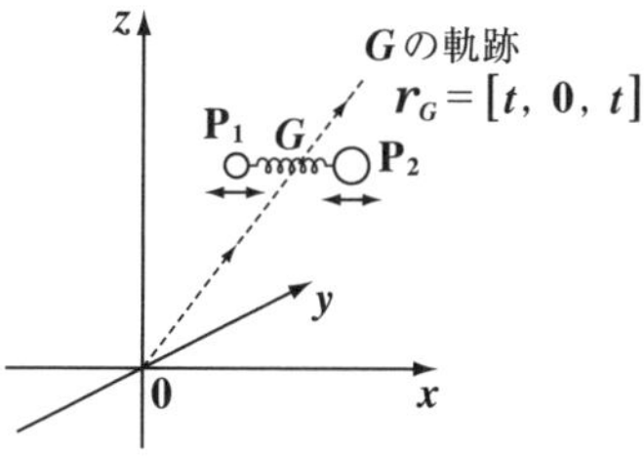

参考

P_G は，$P_G=m_1v_1+m_2v_2$

$$=2\left[\frac{1}{2}\sin t+1,\ 0,\ 1\right]+3\left[-\frac{1}{3}\sin t+1,\ 0,\ 1\right]$$

$$=[\sin t+2,\ 0,\ 2]+[-\sin t+3,\ 0,\ 3]$$

$=[5,\ 0,\ 5]$ と求めることもできる。

これは，$P=P_G$ が成り立つからだ。この証明は演習問題 **90**(**P184**) で示そう。

演習問題 85	● 2 質点系の条件 (II) ●

質量 $m_1=3$ の質点 P_1 の位置 $\boldsymbol{r}_1$ が $\boldsymbol{r}_1=\left[\frac{2}{3}\cos t+t,\ 0,\ \frac{2}{3}\sin t+8-t\right]$ であり，質量 $m_2=2$ の質点 P_2 の位置 $\boldsymbol{r}_2$ が $\boldsymbol{r}_2=[-\cos t+t,\ 0,\ -\sin t+8-t]$ (t：時刻，$t\geqq 0$) である。このとき，2 つの質点 P_1 と P_2 が 1 つの質点系として，$\boldsymbol{f}_{12}=-\boldsymbol{f}_{21}$ ……(*) の条件をみたすことを確認せよ。また，この 2 質点系の重心 G の位置 $\boldsymbol{r}_G$ を求め，G の運動量 $\boldsymbol{P}_G=M\dot{\boldsymbol{r}}_G$ ($M=m_1+m_2$) が定ベクトルであることを示せ。

ヒント！ これは，質量を無視できる軽い棒の両端に P_1 と P_2 をつけたものが，xz 平面内で回転しながら，その重心 G が等速度運動しているモデルだと考えればいい。$\boldsymbol{f}_{21}=m_1\ddot{\boldsymbol{r}}_1$，$\boldsymbol{f}_{12}=m_2\ddot{\boldsymbol{r}}_2$ を求めて，$\boldsymbol{f}_{12}=-\boldsymbol{f}_{21}$ を確認しよう。また，重心 G の位置 $\boldsymbol{r}_G$ を求めて，$\boldsymbol{P}_G=M\dot{\boldsymbol{r}}_G$ が定ベクトルとなることも示せるはずだ。頑張ろう！

解答＆解説

(i) 質量 $m_1=3$ の質点 P_1 について，

$$\begin{cases} \text{位置 } \boldsymbol{r}_1=\left[\frac{2}{3}\cos t+t,\ 0,\ \frac{2}{3}\sin t+8-t\right] \cdots\cdots ① \\ \text{速度 } \boldsymbol{v}_1=\dot{\boldsymbol{r}}_1=\left[\left(\frac{2}{3}\cos t+t\right)',\ 0',\ \left(\frac{2}{3}\sin t+8-t\right)'\right]=\left[-\frac{2}{3}\sin t+1,\ 0,\ \frac{2}{3}\cos t-1\right] \cdots ② \\ \text{加速度 } \boldsymbol{a}_1=\dot{\boldsymbol{v}}_1=\left[\left(-\frac{2}{3}\sin t+1\right)',\ 0',\ \left(\frac{2}{3}\cos t-1\right)'\right]=\left[-\frac{2}{3}\cos t,\ 0,\ -\frac{2}{3}\sin t\right] \cdots ③ \end{cases}$$

となる。よって，P_1 に働く力を，P_2 が P_1 に及ぼす力 $\boldsymbol{f}_{21}$ とおくと，③より，

$$\boldsymbol{f}_{21}=m_1\boldsymbol{a}_1=3\cdot\left[-\frac{2}{3}\cos t,\ 0,\ -\frac{2}{3}\sin t\right]=[-2\cos t,\ 0,\ -2\sin t] \cdots ④$$ となる。

(ii) 質量 $m_2=2$ の質点 P_2 について，

$$\begin{cases} \text{位置 } \boldsymbol{r}_2=[-\cos t+t,\ 0,\ -\sin t+8-t] \cdots\cdots ⑤ \\ \text{速度 } \boldsymbol{v}_2=\dot{\boldsymbol{r}}_2=[(-\cos t+t)',\ 0',\ (-\sin t+8-t)']=[\sin t+1,\ 0,\ -\cos t-1] \cdots ⑥ \\ \text{加速度 } \boldsymbol{a}_2=\dot{\boldsymbol{v}}_2=[(\sin t+1)',\ 0',\ (-\cos t-1)']=[\cos t,\ 0,\ \sin t] \cdots\cdots ⑦ \end{cases}$$

となる。よって，P_2 に働く力を，P_1 が P_2 に及ぼす力 $\boldsymbol{f}_{12}$ とおくと，⑦より，

$$\boldsymbol{f}_{12}=m_2\boldsymbol{a}_2=2\cdot[\cos t,\ 0,\ \sin t]=[2\cos t,\ 0,\ 2\sin t] \cdots\cdots ⑧$$ となる。

以上 (i), (ii) の④と⑧より，$\boldsymbol{f}_{12}=-\boldsymbol{f}_{21}$ ……(*) が成り立つことが確認できた。…(終)

次に①，⑤より，この2質点系の重心 G の位置 $\boldsymbol{r}_G$ を求めると，

$$\boldsymbol{r}_G=\frac{m_1\boldsymbol{r}_1+m_2\boldsymbol{r}_2}{M}=\frac{1}{3+2}\left\{3\left[\frac{2}{3}\cos t+t,\ 0,\ \frac{2}{3}\sin t+8-t\right]+2\left[-\cos t+t,\ 0,\ -\sin t+8-t\right]\right\}$$

(M: $m_1+m_2=3+2$)

$$=\frac{1}{5}\{[2\cos t+3t,\ 0,\ 2\sin t+24-3t]+[-2\cos t+2t,\ 0,\ -2\sin t+16-2t]\}$$

$$=\frac{1}{5}[5t,\ 0,\ 40-5t]=[t,\ 0,\ 8-t]$$

$\therefore\ \boldsymbol{r}_G=[t,\ 0,\ 8-t]$ ……⑨ である。……………………………………(答)

⑨より，$\boldsymbol{r}_G$ を t で微分して，重心 G の速度 $\boldsymbol{v}_G$ を求めると，

$\boldsymbol{v}_G=\dot{\boldsymbol{r}}_G=[t',\ 0',\ (8-t)']=[1,\ 0,\ -1]$ となる。よって，

求める G の運動量 $\boldsymbol{P}_G$ は，

$$\boldsymbol{P}_G=M\cdot\dot{\boldsymbol{r}}_G=5[1,\ 0,\ -1]$$

(M: 5)

$=[5,\ 0,\ -5]$ となって，これは定ベクトルである。……………(終)

(今回の2質点系のモデルのイメージを右図に示す。)

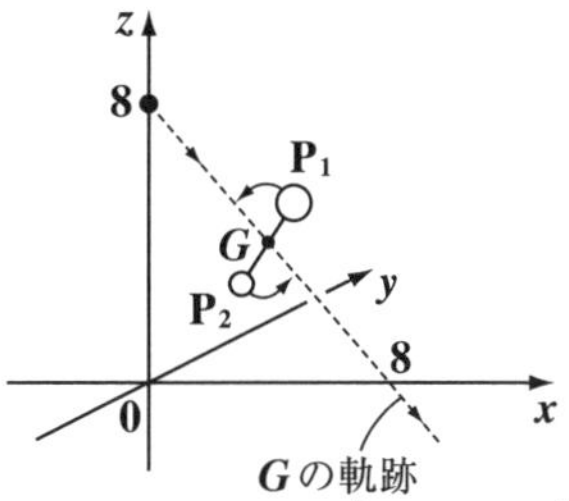

参考

$\boldsymbol{P}_G$ は，この2質点系の全運動量 $\boldsymbol{P}=m_1\boldsymbol{v}_1+m_2\boldsymbol{v}_2$ と等しくなる。実際に計算すると，

$$\boldsymbol{P}=m_1\boldsymbol{v}_1+m_2\boldsymbol{v}_2=3\left[-\frac{2}{3}\sin t+1,\ 0,\ \frac{2}{3}\cos t-1\right]+2[\sin t+1,\ 0,\ -\cos t-1]$$

$$=[-2\sin t+3,\ 0,\ 2\cos t-3]+[2\sin t+2,\ 0,\ -2\cos t-2]$$

$=[5,\ 0,\ -5]$ となって，$\boldsymbol{P}_G$ と一致する。

演習問題 86 ● 質点に対する相対運動 ●

質量 $m_1 = 2$ の質点 P_1 の位置 $\boldsymbol{r}_1$ が $\boldsymbol{r}_1 = \left[-\frac{1}{2}\cos t - 1 + t,\ 0,\ t\right]$ であり，質量 $m_2 = 3$ の質点 P_2 の位置 $\boldsymbol{r}_2$ が $\boldsymbol{r}_2 = \left[\frac{1}{3}\cos t + \frac{2}{3} + t,\ 0,\ t\right]$ である。

$(t$：時刻，$t \geqq 0)$　この 2 質点系 P_1，P_2 について，

(Ⅰ) P_1 に対する P_2 の相対運動の運動方程式：

$\mu\ddot{\boldsymbol{r}} = \boldsymbol{f}_{12}$ ……(∗)　$\left(\text{ただし，} \mu = \frac{m_1 m_2}{m_1 + m_2},\ \boldsymbol{r} = \boldsymbol{r}_2 - \boldsymbol{r}_1\right)$

が成り立つことを確認せよ。

(Ⅱ) P_2 に対する P_1 の相対運動の運動方程式：

$\mu\ddot{\boldsymbol{r}}' = \boldsymbol{f}_{21}$ ……(∗)′ (ただし，$\boldsymbol{r}' = \boldsymbol{r}_1 - \boldsymbol{r}_2$) が成り立つことを確認せよ。

ヒント！ この問題設定は，演習問題 **84** のものとまったく同じなんだね。今回は，**2** 質点の内，**1** つを固定点としたときの，もう **1** つの質点の相対運動の運動方程式が，今回の問題でも成り立つことを確認しよう。

解答＆解説

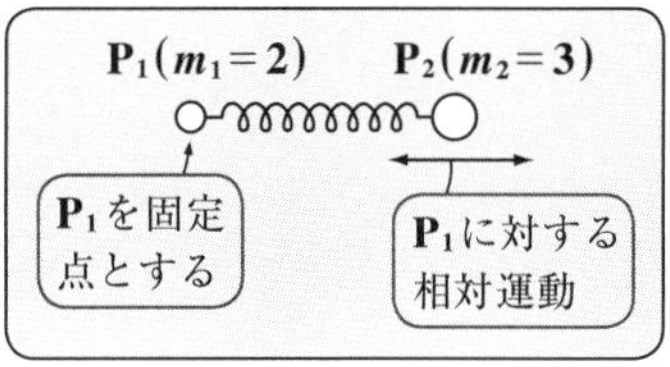

(Ⅰ) まず，P_1 を固定点としたとき，P_2 の相対運動の運動方程式 (∗) が成り立つか，否かを調べる。

$$\cdot\ \mu = \frac{m_1 m_2}{m_1 + m_2} = \frac{2\cdot 3}{2+3} = \frac{6}{5}$$

$$\cdot\ \boldsymbol{r} = \boldsymbol{r}_2 - \boldsymbol{r}_1$$

$$= \left[\frac{1}{3}\cos t + \frac{2}{3} + \cancel{t},\ 0,\ \cancel{t}\right] - \left[-\frac{1}{2}\cos t - 1 + \cancel{t},\ 0,\ \cancel{t}\right]$$

$$= \left[\frac{5}{6}\cos t + \frac{5}{3},\ 0,\ 0\right]$$

よって，$\boldsymbol{r}$ を t で 2 階微分して，

$$\ddot{\boldsymbol{r}} = \left[\underbrace{\left(\frac{5}{6}\cos t + \frac{5}{3}\right)''}_{\left(-\frac{5}{6}\sin t\right)' = -\frac{5}{6}\cos t},\ 0'',\ 0''\right] = \left[-\frac{5}{6}\cos t,\ 0,\ 0\right]$$

となる。

$\cdot \boldsymbol{f}_{12}$ は，$\mathbf{P}_2$ に働く力のことなので，

$$\ddot{\boldsymbol{r}}_2 = \left[\left(\frac{1}{3}\cos t + \frac{2}{3} + t\right)'',\ 0'',\ t''\right] = \left[-\frac{1}{3}\cos t,\ 0,\ 0\right]$$

$\boldsymbol{f}_{12} = m_2 \ddot{\boldsymbol{r}}_2 = 3 \cdot \left[-\frac{1}{3}\cos t,\ 0,\ 0\right] = [-\cos t,\ 0,\ 0]$ である。以上より，

$$\begin{cases} ((*)\text{の左辺}) = \mu \cdot \ddot{\boldsymbol{r}} = \dfrac{6}{5} \cdot \left[-\dfrac{5}{6}\cos t,\ 0,\ 0\right] = [-\cos t,\ 0,\ 0] \\ ((*)\text{の右辺}) = \boldsymbol{f}_{12} = [-\cos t,\ 0,\ 0] \end{cases}$$ となって，

公式：$\mu \ddot{\boldsymbol{r}} = \boldsymbol{f}_{12}$ ……(∗) が成り立つことが，確認された。……………(終)

(Ⅱ) 次に，$\mathbf{P}_2$ を固定点としたとき，$\mathbf{P}_1$ の相対運動の運動方程式 (∗)′ が成り立つか，否かを調べる。

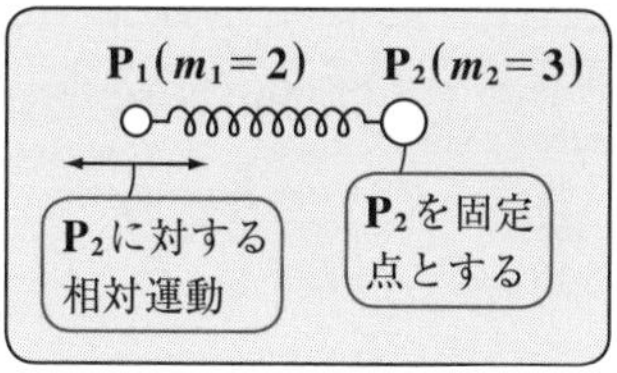

$$\cdot \mu = \frac{m_1 m_2}{m_1 + m_2} = \frac{6}{5}$$

$$\cdot \boldsymbol{r}' = \boldsymbol{r}_1 - \boldsymbol{r}_2 = -\boldsymbol{r}$$

$$= -\left[\frac{5}{6}\cos t + \frac{5}{3},\ 0,\ 0\right] = \left[-\frac{5}{6}\cos t - \frac{5}{3},\ 0,\ 0\right]$$

よって，この $\boldsymbol{r}'$ を t で 2 階微分して，

$$\ddot{\boldsymbol{r}}' = \left[\underbrace{\left(-\frac{5}{6}\cos t - \frac{5}{3}\right)''}_{\left(\frac{5}{6}\sin t\right)' = \frac{5}{6}\cos t},\ 0'',\ 0''\right] = \left[\frac{5}{6}\cos t,\ 0,\ 0\right]$$

$\cdot \boldsymbol{f}_{21}$ は，$\mathbf{P}_1$ に働く力なので，

$$\ddot{\boldsymbol{r}}_1 = \left[\left(-\frac{1}{2}\cos t - 1 + t\right)'',\ 0'',\ t''\right] = \left[\frac{1}{2}\cos t,\ 0,\ 0\right]$$

$\boldsymbol{f}_{21} = m_1 \ddot{\boldsymbol{r}}_1 = 2 \cdot \left[\frac{1}{2}\cos t,\ 0,\ 0\right] = [\cos t,\ 0,\ 0]$ である。以上より，

$$\begin{cases} ((*)'\text{の左辺}) = \mu \cdot \ddot{\boldsymbol{r}}' = \dfrac{6}{5}\left[\dfrac{5}{6}\cos t,\ 0,\ 0\right] = [\cos t,\ 0,\ 0] \\ ((*)'\text{の右辺}) = \boldsymbol{f}_{21} = [\cos t,\ 0,\ 0] \end{cases}$$ となって，

公式：$\mu \ddot{\boldsymbol{r}}' = \boldsymbol{f}_{21}$ ……(∗)′が成り立つことが，確認された。……………(終)

演習問題 87　● 外力が働く場合の 2 質点系 ●

質量 $m_1=5$ の質点 P_1 の位置 $\boldsymbol{r}_1$ が $\boldsymbol{r}_1=[2\cos t,\ 2\sin t,\ 6-t^2]$ であり，質量 $m_2=2$ の質点 P_2 の位置 $\boldsymbol{r}_2$ が $\boldsymbol{r}_2=[-5\cos t,\ -5\sin t,\ 6-t^2]$ である。(t：時刻，$t \geqq 0$)　これら P_1 と P_2 で 1 つの 2 質点系をなしているものとして，次の問いに答えよ。

(1) この 2 質点系全体に働く外力 $\boldsymbol{f}$ を求めよ。

(2) この 2 質点系の重心を G，その位置を $\boldsymbol{r}_G$ とおく。重心 G の運動量 $\boldsymbol{P}_G=M\dot{\boldsymbol{r}}_G$ $(M=m_1+m_2)$ を求めよ。

ヒント！ (1) P_1 と P_2 に働く外力をそれぞれ $\boldsymbol{f}_1$, $\boldsymbol{f}_2$ とおくと，P_1 と P_2 の運動方程式は $m_1\ddot{\boldsymbol{r}}_1=\boldsymbol{f}_{21}+\boldsymbol{f}_1$ ……①，$m_2\ddot{\boldsymbol{r}}_2=\boldsymbol{f}_{12}+\boldsymbol{f}_2$ ……②となる。①＋②から，系全体に働く外力 $\boldsymbol{f}\,(=\boldsymbol{f}_1+\boldsymbol{f}_2)$ が求まる。(2) 外力が働いているとき，$\boldsymbol{P}_G$ は定ベクトルにはならないことに注意しよう。

解答＆解説

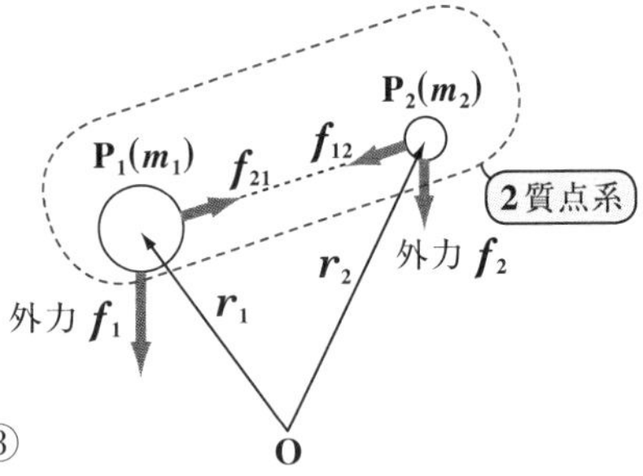

(1) 2 質点系の質点 P_1 と P_2 に相互作用 $(\boldsymbol{f}_{21},\ \boldsymbol{f}_{12})$ 以外の外力 $\boldsymbol{f}_1$ と $\boldsymbol{f}_2$ が働く場合，2 質点 P_1 と P_2 の運動方程式は，

$$\begin{cases} m_1\ddot{\boldsymbol{r}}_1=\boldsymbol{f}_1+\boldsymbol{f}_{21} & \cdots\cdots ① \\ m_2\ddot{\boldsymbol{r}}_2=\boldsymbol{f}_2+\boldsymbol{f}_{12} & \cdots\cdots ② \end{cases}$$

となる。ここで，①＋②より，

$$m_1\ddot{\boldsymbol{r}}_1+m_2\ddot{\boldsymbol{r}}_2=\underbrace{\boldsymbol{f}_1+\boldsymbol{f}_2}_{\boldsymbol{f}\text{とおく}}+\underbrace{\cancel{\boldsymbol{f}_{21}+\boldsymbol{f}_{12}}}_{\boldsymbol{0}\ (\because\ \boldsymbol{f}_{12}=-\boldsymbol{f}_{21})} \cdots\cdots ③$$

③の右辺で，$\boldsymbol{f}_{21}+\boldsymbol{f}_{12}=\boldsymbol{0}$ であり，また，系全体に働く外力を $\boldsymbol{f}\,(=\boldsymbol{f}_1+\boldsymbol{f}_2)$ とおくと，③は

$$\boldsymbol{f}=\underbrace{m_1}_{5}\ddot{\boldsymbol{r}}_1+\underbrace{m_2}_{2}\ddot{\boldsymbol{r}}_2 \cdots\cdots ③'$$ となる。ここで，

・$\boldsymbol{r}_1=[2\cos t,\ 2\sin t,\ 6-t^2]$ より，

$\ddot{\boldsymbol{r}}_1=[(2\cos t)'',\ (2\sin t)'',\ (6-t^2)'']=[-2\cos t,\ -2\sin t,\ -2]$ ……④となり，

$\cdot\, \boldsymbol{r}_2 = [-5\cos t,\ -5\sin t,\ 6-t^2]$ より，

$\ddot{\boldsymbol{r}}_2 = [(-5\cos t)'',\ (-5\sin t)'',\ (6-t^2)''] = [5\cos t,\ 5\sin t,\ -2]$ ……⑤となる。

④, ⑤を③′に代入することにより，求める外力の総和 $\boldsymbol{f}$ は，

$$\boldsymbol{f} = 5[-2\cos t,\ -2\sin t,\ -2] + 2[5\cos t,\ 5\sin t,\ -2]$$
$$= [-10\cos t,\ -10\sin t,\ -10] + [10\cos t,\ 10\sin t,\ -4]$$

$\therefore\ \boldsymbol{f} = [0,\ 0,\ -14]$ である。……………………………………(答)

この 2 質点系には，時刻に関わらず，一定の外力が働いていることが分かったんだね。

(2) この 2 質点系の重心 G の位置 $\boldsymbol{r}_G$ を求めると，

$$\boldsymbol{r}_G = \frac{m_1\boldsymbol{r}_1 + m_2\boldsymbol{r}_2}{m_1 + m_2} = \frac{1}{7}(5\boldsymbol{r}_1 + 2\boldsymbol{r}_2)$$
$$= \frac{1}{7}\{5[2\cos t,\ 2\sin t,\ 6-t^2] + 2[-5\cos t,\ -5\sin t,\ 6-t^2]\}$$

$\therefore\ \boldsymbol{r}_G = \frac{1}{7} \times 7[0,\ 0,\ 6-t^2] = [0,\ 0,\ 6-t^2]$ となる。

この $\boldsymbol{r}_G$ を時刻 t で微分して，

$\dot{\boldsymbol{r}}_G = [0',\ 0',\ (6-t^2)'] = [0,\ 0,\ -2t]$ ……⑥

⑥より，求める重心 G の運動量 $\boldsymbol{P}_G$ は，

$\boldsymbol{P}_G = \underset{(m_1+m_2=7)}{M} \cdot \dot{\boldsymbol{r}}_G = 7[0,\ 0,\ -2t] = [0,\ 0,\ -14t]$ となる。…………………(答)

外力が働かない場合，2 質点系の重心 G の運動量 $\boldsymbol{P}_G$ は定ベクトルになるが，今回のように，外力 $\boldsymbol{f}$ が働いている場合，$\boldsymbol{P}_G$ は時刻 t の関数になる。

参考

外力 $\boldsymbol{f}\,(=\boldsymbol{f}_1 + \boldsymbol{f}_2)$ が働く場合でも，$\boldsymbol{P} = \boldsymbol{P}_G$ は成り立つことを示そう。

系全体の運動量 $\boldsymbol{P}$ は，

$$\boldsymbol{P} = m_1\dot{\boldsymbol{r}}_1 + m_2\dot{\boldsymbol{r}}_2 = 5[-2\sin t,\ 2\cos t,\ -2t] + 2[5\sin t,\ -5\cos t,\ -2t]$$
$$= [0,\ 0,\ -10t-4t] = [0,\ 0,\ -14t] \text{ となって，}$$

$\boldsymbol{P}_G$ と一致する。

演習問題 88　● 重心 G に対する相対運動 (I) ●

$\mathbf{2}$ 質点系の質点 $\mathbf{P_1}$ と $\mathbf{P_2}$ の質量と位置をそれぞれ m_1, m_2 と $\boldsymbol{r}_1$, $\boldsymbol{r}_2$ おく。また，この $\mathbf{2}$ 質点系の重心 G の位置を $\boldsymbol{r}_G$ とおき，G を基準点としたときの $\mathbf{P_1}$ と $\mathbf{P_2}$ の相対的な位置ベクトルをそれぞれ $\boldsymbol{r}_1'$, $\boldsymbol{r}_2'$ とおく。つまり，

$$\begin{cases} \boldsymbol{r}_1 = \boldsymbol{r}_G + \boldsymbol{r}_1' & \cdots\cdots① \\ \boldsymbol{r}_2 = \boldsymbol{r}_G + \boldsymbol{r}_2' & \cdots\cdots② \end{cases}$$

とする。この $\mathbf{2}$ 質点系に外力は働いていないものとして，次の問いに答えよ。

(1) $m_1\boldsymbol{r}_1' + m_2\boldsymbol{r}_2' = \mathbf{0}$ ……$(*1)$ と $m_1\boldsymbol{v}_1' + m_2\boldsymbol{v}_2' = \mathbf{0}$ ……$(*2)$ が成り立つことを示せ。(ただし，$\boldsymbol{v}_1' = \dot{\boldsymbol{r}}_1'$，$\boldsymbol{v}_2' = \dot{\boldsymbol{r}}_2'$)

(2) $\mathbf{P_1}$ と $\mathbf{P_2}$ の相互作用の力 $\boldsymbol{f}_{21}$ と $\boldsymbol{f}_{12}$ が，$\mathbf{P_1}$ と $\mathbf{P_2}$ の距離によらない場合，$m_1\ddot{\boldsymbol{r}}_1' = \boldsymbol{f}_{21}$ ……$(*3)$ と $m_2\ddot{\boldsymbol{r}}_2' = \boldsymbol{f}_{12}$ ……$(*4)$ が成り立つことを示せ。(ただし，$\boldsymbol{f}_{21}$：$\mathbf{P_2}$ が $\mathbf{P_1}$ に及ぼす力，$\boldsymbol{f}_{12}$：$\mathbf{P_1}$ が $\mathbf{P_2}$ に及ぼす力)

ヒント！ **(1)** 図を描けば，$\boldsymbol{r}_1' = -\dfrac{m_2}{m_1+m_2}\boldsymbol{r}$，$\boldsymbol{r}_2' = \dfrac{m_1}{m_1+m_2}\boldsymbol{r}$ $(\boldsymbol{r} = \boldsymbol{r}_2 - \boldsymbol{r}_1)$ であることが分かるはずだ。**(2)** $m_1\ddot{\boldsymbol{r}}_1 = \boldsymbol{f}_{21}$ と $m_2\ddot{\boldsymbol{r}}_2 = \boldsymbol{f}_{12}$ に①, ②をそれぞれ代入しよう。

解答＆解説

$\boldsymbol{r}_1$, $\boldsymbol{r}_2$ と $\boldsymbol{r}_G$ の関係

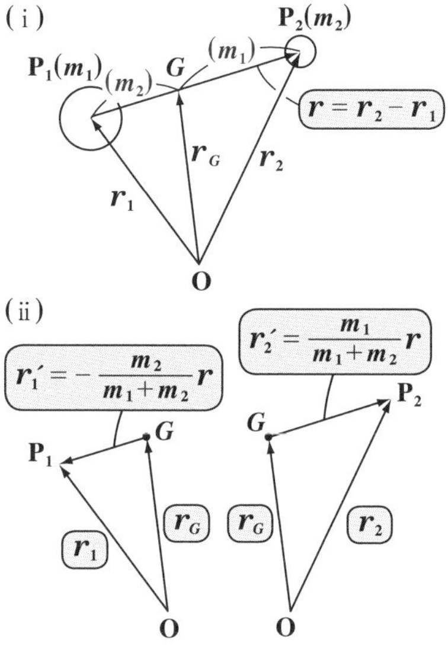

(1) 右図 (i)(ii) より，明らかに，

$$\begin{cases} \boldsymbol{r}_1 = \boldsymbol{r}_G + \boldsymbol{r}_1' & \cdots\cdots① \\ \boldsymbol{r}_2 = \boldsymbol{r}_G + \boldsymbol{r}_2' & \cdots\cdots② \end{cases}$$ となる。

$$\left[\begin{array}{l} \text{ただし，} \boldsymbol{r}_G = \dfrac{m_1\boldsymbol{r}_1 + m_2\boldsymbol{r}_2}{m_1+m_2} \\ \begin{cases} \boldsymbol{r}_1' = -\dfrac{m_2}{m_1+m_2}\boldsymbol{r} & \cdots\cdots③ \\ \boldsymbol{r}_2' = \dfrac{m_1}{m_1+m_2}\boldsymbol{r} & \cdots\cdots\cdots④ \end{cases} \\ (\boldsymbol{r} = \boldsymbol{r}_2 - \boldsymbol{r}_1) \end{array}\right]$$

(i) よって，$(*1)$ の左辺に③, ④を代入すると，

$$((*1)\text{の左辺}) = m_1\boldsymbol{r}_1' + m_2\boldsymbol{r}_2'$$

$$= m_1\left(-\frac{m_2}{m_1+m_2}\boldsymbol{r}\right) + m_2\cdot\frac{m_1}{m_1+m_2}\boldsymbol{r} = \frac{\overbrace{-m_1m_2+m_1m_2}^{0}}{m_1+m_2}\boldsymbol{r}$$

$$= 0\cdot\boldsymbol{r} = \boldsymbol{0} = ((*1)\text{の右辺})$$

$\therefore m_1\boldsymbol{r}_1' + m_2\boldsymbol{r}_2' = \boldsymbol{0}$ ……(*1) は成り立つ。……………………………(終)

(ii) (*1)の両辺は定ベクトルより，(*1)の両辺を t で微分して，

$m_1\underbrace{\dot{\boldsymbol{r}}_1'}_{\boldsymbol{v}_1'} + m_2\underbrace{\dot{\boldsymbol{r}}_2'}_{\boldsymbol{v}_2'} = \dot{\boldsymbol{0}}$ $\therefore m_1\boldsymbol{v}_1' + m_2\boldsymbol{v}_2' = \boldsymbol{0}$ ……(*2) が成り立つ。……(終)

(2) この 2 質点系に外力は働いていないので，P_1 と P_2 の運動方程式は，

$m_1\ddot{\boldsymbol{r}}_1 = \boldsymbol{f}_{21}$ ……⑤と $m_2\ddot{\boldsymbol{r}}_2 = \boldsymbol{f}_{12}$ ……⑥となる。

ここで，⑤に①を，⑥に②を代入すると，

$m_1(\underbrace{\ddot{\boldsymbol{r}}_G}_{\boldsymbol{0}} + \ddot{\boldsymbol{r}}_1') = \boldsymbol{f}_{21}$ ……⑤′ と $m_2(\underbrace{\ddot{\boldsymbol{r}}_G}_{\boldsymbol{0}} + \ddot{\boldsymbol{r}}_2') = \boldsymbol{f}_{12}$ ……⑥′ となる。

ここで，系に外力が働いていないので，$\boldsymbol{v}_G = \dot{\boldsymbol{r}}_G$ は定ベクトルである。

したがって，これをさらに t で微分すると，$\boldsymbol{a}_G = \ddot{\boldsymbol{r}}_G = \boldsymbol{0}$

よって，$\ddot{\boldsymbol{r}}_G = \boldsymbol{0}$ を⑤′と⑥′に代入すると，

$m_1\ddot{\boldsymbol{r}}_1' = \boldsymbol{f}_{21}$ ……(*3) と $m_2\ddot{\boldsymbol{r}}_2' = \boldsymbol{f}_{12}$ ……(*4) が成り立つ。……………(終)

演習問題 89　● 重心 G に対する相対運動 (Ⅱ) ●

2 質点系の質点 P_1 と P_2 について,

$$\begin{cases} P_1 \text{の質量 } m_1 = 2, \text{ 位置 } r_1 = \left[-\frac{1}{2}\cos t - 1 + t,\ 0,\ t\right] \text{であり,} \\ P_2 \text{の質量 } m_2 = 3, \text{ 位置 } r_2 = \left[\frac{1}{3}\cos t + \frac{2}{3} + t,\ 0,\ t\right] \text{である。} (t \geqq 0) \end{cases}$$

このとき, 次の問いに答えよ。

(1) この 2 質点系に働く外力 $f = 0$ であることを示せ。

(2) この 2 質点系の重心 G に対する P_1 と P_2 の相対的な位置をそれぞれ r_1', r_2' とおくと, 次の式が成り立つことを確認せよ。

$m_1\ddot{r}_1' = f_{21}$ ……$(*1)$　　$m_2\ddot{r}_2' = f_{12}$ ……$(*2)$

(ただし, f_{21} : P_2 が P_1 に及ぼす力, f_{12} : P_1 が P_2 に及ぼす力)

ヒント! この問題の設定は演習問題 84 (P172) と同じだ。(1) 外力 $f = 0$ を示すには, $m_1\ddot{r}_1 + m_2\ddot{r}_2 = f = 0$ を示せばいい。(2) は, $r_1' = -\frac{m_2}{m_1+m_2}r$, $r_2' = \frac{m_1}{m_1+m_2}r$ $(r = r_2 - r_1)$ を利用して, それぞれ, 左右両辺が等しくなることを示せばいいんだね。

解答＆解説

(1) 2 質点系に働く外力 f は, $f = \underbrace{m_1}_{②}\ddot{r}_1 + \underbrace{m_2}_{③}\ddot{r}_2$ ……① で計算できる。
(演習問題 87 (P178))

$$\begin{cases} \cdot\ \ddot{r}_1 = \left[\left(-\frac{1}{2}\cos t - 1 + t\right)'',\ 0'',\ t''\right] = \left[\frac{1}{2}\cos t,\ 0,\ 0\right] \cdots\cdots ② \\ \cdot\ \ddot{r}_2 = \left[\left(\frac{1}{3}\cos t + \frac{2}{3} + t\right)'',\ 0'',\ t''\right] = \left[-\frac{1}{3}\cos t,\ 0,\ 0\right] \cdots\cdots ③ \end{cases}$$
となる。

②, ③を①に代入して,

$$f = 2\cdot\left[\frac{1}{2}\cos t,\ 0,\ 0\right] + 3\cdot\left[-\frac{1}{3}\cos t,\ 0,\ 0\right] = [0,\ 0,\ 0] = 0 \text{ となる。}$$

∴この 2 質点系に働く外力 $f = 0$ である。 ……………………………(終)

(これから, $\dot{r}_G$ は定ベクトル, $\ddot{r}_G = 0$ が導かれる。)

(2) $\begin{cases} \boldsymbol{f}_{21} = m_1 \ddot{\boldsymbol{r}}_1 = 2 \cdot \left[\frac{1}{2}\cos t,\ 0,\ 0 \right] = [\cos t,\ 0,\ 0] \cdots\cdots ④ \ (②より) \\ \boldsymbol{f}_{12} = m_2 \ddot{\boldsymbol{r}}_2 = 3 \cdot \left[-\frac{1}{3}\cos t,\ 0,\ 0 \right] = [-\cos t,\ 0,\ 0] \cdots\cdots ⑤ \ (③より) \end{cases}$

ここで，重心 G を基準点とする P_1 と P_2 の相対的な位置 $\boldsymbol{r}_1'$ と $\boldsymbol{r}_2'$ を求めると，

$$\cdot\ \boldsymbol{r}_1' = -\frac{m_2}{m_1 + m_2}\underbrace{\boldsymbol{r}}_{(\boldsymbol{r}_2 - \boldsymbol{r}_1)} = -\frac{3}{2+3}(\boldsymbol{r}_2 - \boldsymbol{r}_1)$$

$$= -\frac{3}{5}\left(\left[\frac{1}{3}\cos t + \frac{2}{3} + \cancel{t},\ 0,\ \cancel{t} \right] - \left[-\frac{1}{2}\cos t - 1 + \cancel{t},\ 0,\ \cancel{t} \right] \right)$$

$$= -\frac{3}{5}\left[\frac{5}{6}\cos t + \frac{5}{3},\ 0,\ 0 \right] = \left[-\frac{1}{2}\cos t - 1,\ 0,\ 0 \right]$$

$$\cdot\ \boldsymbol{r}_2' = \frac{m_1}{m_1 + m_2}\boldsymbol{r} = \frac{2}{5}\left[\frac{5}{6}\cos t + \frac{5}{3},\ 0,\ 0 \right] = \left[\frac{1}{3}\cos t + \frac{2}{3},\ 0,\ 0 \right] \text{ となる。}$$

よって，$\ddot{\boldsymbol{r}}_1' = \left[\left(-\frac{1}{2}\cos t - 1 \right)'',\ 0'',\ 0'' \right] = \left[\frac{1}{2}\cos t,\ 0,\ 0 \right] \cdots\cdots ⑥$

$\ddot{\boldsymbol{r}}_2' = \left[\left(\frac{1}{3}\cos t + \frac{2}{3} \right)'',\ 0'',\ 0'' \right] = \left[-\frac{1}{3}\cos t,\ 0,\ 0 \right] \cdots\cdots ⑦$ となる。

以上より，

(i) ((*1)の左辺) $= m_1 \ddot{\boldsymbol{r}}_1' = 2 \cdot \left[\frac{1}{2}\cos t,\ 0,\ 0 \right]$ (⑥より)

$= [\cos t,\ 0,\ 0] = \boldsymbol{f}_{21} =$ ((*1)の右辺) (④より)

(ii) ((*2)の左辺) $= m_2 \ddot{\boldsymbol{r}}_2' = 3 \cdot \left[-\frac{1}{3}\cos t,\ 0,\ 0 \right]$ (⑦より)

$= [-\cos t,\ 0,\ 0] = \boldsymbol{f}_{12} =$ ((*2)の右辺) (⑤より)

以上 (i)(ii) より，$m_1 \ddot{\boldsymbol{r}}_1' = \boldsymbol{f}_{21}$ ……(*1) と $m_2 \ddot{\boldsymbol{r}}_2' = \boldsymbol{f}_{12}$ ……(*2) が共に成り立つことが確認できた。…………………………………………………(終)

演習問題 90　● $P = P_G$, $P' = 0$ の証明 ●

2 質点系の質点 P_1, P_2 の質量と位置と速度をそれぞれ m_1, m_2 と $\boldsymbol{r}_1$, $\boldsymbol{r}_2$ と $\boldsymbol{v}_1$, $\boldsymbol{v}_2$ とおく。また，この **2** 質点系の重心 G の位置と速度を $\boldsymbol{r}_G$ と $\boldsymbol{v}_G$ とおき，G を基準点としたときの P_1, P_2 の相対的な位置と速度をそれぞれ $\boldsymbol{r}_1'$, $\boldsymbol{r}_2'$ と $\boldsymbol{v}_1'$, $\boldsymbol{v}_2'$ とおく。このとき，次の公式が成り立つことを示せ。

(i) $\boldsymbol{P} = \boldsymbol{P}_G$ ……(*1)　　(ii) $\boldsymbol{P}' = \boldsymbol{0}$ ……(*2)

(ただし，$\boldsymbol{P}$：**2** 質点系の全運動量，$\boldsymbol{P}_G$：重心 G の運動量，$\boldsymbol{P}'$：重心 G に対する P_1, P_2 の相対運動による運動量)

ヒント！ $\boldsymbol{P} = m_1\boldsymbol{v}_1 + m_2\boldsymbol{v}_2$, $\boldsymbol{P}_G = M\boldsymbol{v}_G$ $(M = m_1 + m_2)$, $\boldsymbol{P}' = m_1\boldsymbol{v}_1' + m_2\boldsymbol{v}_2'$ なので，これらを用いて，(*1) と (*2) を証明しよう。

解答&解説

$$\begin{cases} \boldsymbol{r}_1 = \boldsymbol{r}_G + \boldsymbol{r}_1' \\ \boldsymbol{r}_2 = \boldsymbol{r}_G + \boldsymbol{r}_2' \end{cases}$$ より，

$$\begin{cases} \boldsymbol{v}_1 = \dot{\boldsymbol{r}}_1 = \dot{\boldsymbol{r}}_G + \dot{\boldsymbol{r}}_1' = \boldsymbol{v}_G + \boldsymbol{v}_1' \cdots\cdots ① \\ \boldsymbol{v}_2 = \dot{\boldsymbol{r}}_2 = \dot{\boldsymbol{r}}_G + \dot{\boldsymbol{r}}_2' = \boldsymbol{v}_G + \boldsymbol{v}_2' \cdots\cdots ② \end{cases}$$ である。

よって，①, ②を使って，**2** 質点系の全運動量 $\boldsymbol{P}$ の式を変形すると，

$$\boldsymbol{P} = m_1\boldsymbol{v}_1 + m_2\boldsymbol{v}_2 = m_1(\boldsymbol{v}_G + \boldsymbol{v}_1') + m_2(\boldsymbol{v}_G + \boldsymbol{v}_2')$$
$$= \underbrace{(m_1 + m_2)\boldsymbol{v}_G}_{M\boldsymbol{v}_G = \boldsymbol{P}_G} + \underbrace{(m_1\boldsymbol{v}_1' + m_2\boldsymbol{v}_2')}_{\boldsymbol{P}'}$$

$\therefore \boldsymbol{P} = \boldsymbol{P}_G + \boldsymbol{P}'$ ……③ となる。

ここで，$\boldsymbol{P}' = m_1\boldsymbol{v}_1' + m_2\boldsymbol{v}_2' = \boldsymbol{0}$ ……④ より，

公式：(P180)
$m_1\boldsymbol{r}_1' + m_2\boldsymbol{r}_2' = \boldsymbol{0}$
$m_1\boldsymbol{v}_1' + m_2\boldsymbol{v}_2' = \boldsymbol{0}$

④を③に代入して，**2** つの公式：

(i) $\boldsymbol{P} = \boldsymbol{P}_G$ ……(*1)，(ii) $\boldsymbol{P}' = \boldsymbol{0}$ ……(*2) が導かれる。 ………………(終)

(*1), (*2) は，系に外力が働いていても成り立つ。

演習問題 91 ● $K = K_G + K'$ の証明 ●

2質点系の質点 P_1, P_2 の質量と位置と速度をそれぞれ m_1, m_2 と $\boldsymbol{r}_1$, $\boldsymbol{r}_2$ と $\boldsymbol{v}_1$, $\boldsymbol{v}_2$ とおく。また，この2質点系の重心 G の位置と速度を $\boldsymbol{r}_G$ と $\boldsymbol{v}_G$ とおき，G を基準点としたときの P_1, P_2 の相対的な位置と速度をそれぞれ $\boldsymbol{r}_1'$, $\boldsymbol{r}_2'$ と $\boldsymbol{v}_1'$, $\boldsymbol{v}_2'$ とおく。このとき，次の公式が成り立つことを示せ。

$K = K_G + K'$ ……(*)　（ただし，K：2質点系の全運動エネルギー，K_G：重心 G の運動エネルギー，K'：重心 G に対する P_1, P_2 の相対運動による運動エネルギー）

ヒント！ $K = \frac{1}{2}m_1v_1^2 + \frac{1}{2}m_2v_2^2$ を $K_G = \frac{1}{2}Mv_G^2$ と $K' = \frac{1}{2}m_1v_1'^2 + \frac{1}{2}m_2v_2'^2$ に分解して，$K = K_G + K'$ となることを示そう。

解答＆解説

$\boldsymbol{v}_1 = \boldsymbol{v}_G + \boldsymbol{v}_1'$ ……①，$\boldsymbol{v}_2 = \boldsymbol{v}_G + \boldsymbol{v}_2'$ ……② より，

2質点系の全運動エネルギー K の式を変形すると，

$$K = \frac{1}{2}m_1v_1^2 + \frac{1}{2}m_2v_2^2 = \frac{1}{2}m_1\|\boldsymbol{v}_1\|^2 + \frac{1}{2}m_2\|\boldsymbol{v}_2\|^2$$

$$= \frac{1}{2}m_1\underbrace{\|\boldsymbol{v}_G + \boldsymbol{v}_1'\|^2}_{} + \frac{1}{2}m_2\underbrace{\|\boldsymbol{v}_G + \boldsymbol{v}_2'\|^2}_{} \quad (①, ②より)$$

$\|\boldsymbol{v}_G\|^2 + 2\boldsymbol{v}_G\cdot\boldsymbol{v}_1' + \|\boldsymbol{v}_1'\|^2 = v_G^2 + v_1'^2 + 2\boldsymbol{v}_G\cdot\boldsymbol{v}_1'$

$\|\boldsymbol{v}_G\|^2 + 2\boldsymbol{v}_G\cdot\boldsymbol{v}_2' + \|\boldsymbol{v}_2'\|^2 = v_G^2 + v_2'^2 + 2\boldsymbol{v}_G\cdot\boldsymbol{v}_2'$

$$= \frac{1}{2}m_1(v_G^2 + v_1'^2 + 2\boldsymbol{v}_G\cdot\boldsymbol{v}_1') + \frac{1}{2}m_2(v_G^2 + v_2'^2 + 2\boldsymbol{v}_G\cdot\boldsymbol{v}_2')$$

$$= \underbrace{\frac{1}{2}(m_1 + m_2)v_G^2}_{K_G} + \underbrace{\left(\frac{1}{2}m_1v_1'^2 + \frac{1}{2}m_2v_2'^2\right)}_{K'} + \underbrace{m_1\boldsymbol{v}_G\cdot\boldsymbol{v}_1' + m_2\boldsymbol{v}_G\cdot\boldsymbol{v}_2'}_{\boldsymbol{v}_G\cdot(m_1\boldsymbol{v}_1' + m_2\boldsymbol{v}_2') = \boldsymbol{v}_G\cdot\boldsymbol{0}}$$

公式：$m_1\boldsymbol{v}_1' + m_2\boldsymbol{v}_2' = \boldsymbol{0}$

$$= K_G + K' + \underbrace{\boldsymbol{v}_G\cdot\boldsymbol{0}}_{0}$$

$\therefore K = K_G + K'$ ……(*) は成り立つ。…………(終)

(*)は，系に外力が働いていても成り立つ。

演習問題 92 ● $\dot{L}=N$, $L=L_G+L'$ の証明 ●

2質点系の質点 P_1, P_2 の質量と位置と運動量をそれぞれ m_1, m_2 と $\boldsymbol{r}_1$, $\boldsymbol{r}_2$ と $\boldsymbol{p}_1$, $\boldsymbol{p}_2$ とおく。また，この2質点系の重心 G の位置と運動量を $\boldsymbol{r}_G$ と $\boldsymbol{p}_G$ とおき，G を基準点としたときの P_1, P_2 の相対的な位置と運動量をそれぞれ $\boldsymbol{r}_1'$, $\boldsymbol{r}_2'$ と $\boldsymbol{p}_1'$, $\boldsymbol{p}_2'$ とおく。また，P_1 には外力 $\boldsymbol{f}_1$ が，P_2 には外力 $\boldsymbol{f}_2$ が働くものとする。このとき，次の公式が成り立つことを示せ。

(i) $\dfrac{d\boldsymbol{L}}{dt}=\boldsymbol{N}$ ……(*1)　　(ii) $\boldsymbol{L}=\boldsymbol{L}_G+\boldsymbol{L}'$ ……(*2)

(ただし，$\boldsymbol{L}$：2質点系の全角運動量，$\boldsymbol{N}$：P_1, P_2 に働く外力のモーメント，$\boldsymbol{L}_G$：重心 G の角運動量，$\boldsymbol{L}'$：重心 G に対する P_1, P_2 の相対運動による角運動量)

ヒント！ (i) $\boldsymbol{L}=\boldsymbol{r}_1\times\boldsymbol{p}_1+\boldsymbol{r}_2\times\boldsymbol{p}_2$ を t で微分して，$\boldsymbol{N}=\boldsymbol{r}_1\times\boldsymbol{f}_1+\boldsymbol{r}_2\times\boldsymbol{f}_2$ となることを証明しよう。(ii) 全運動エネルギーのときと同様に全角運動量 $\boldsymbol{L}$ も $\boldsymbol{L}_G$ と $\boldsymbol{L}'$ に分解できて，$\boldsymbol{L}=\boldsymbol{L}_G+\boldsymbol{L}'$ となることも示そう。

解答＆解説

(i) 右図に示すような2質点系の P_1 と P_2 の運動量 $\boldsymbol{p}_1$, $\boldsymbol{p}_2$ は，次式で表される。

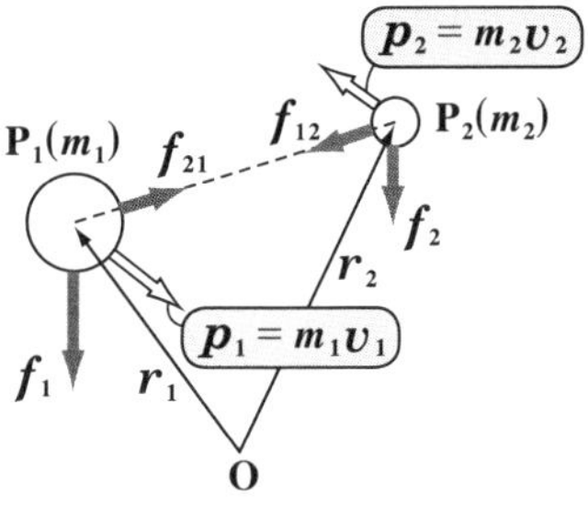

$$\begin{cases}\boldsymbol{p}_1=m_1\boldsymbol{v}_1=m_1\dot{\boldsymbol{r}}_1\\ \boldsymbol{p}_2=m_2\boldsymbol{v}_2=m_2\dot{\boldsymbol{r}}_2\end{cases}$$

これらを時刻 t で微分して，

$\dot{\boldsymbol{p}}_1=m_1\ddot{\boldsymbol{r}}_1$, $\dot{\boldsymbol{p}}_2=m_2\ddot{\boldsymbol{r}}_2$

となるので，今回の P_1, P_2 の運動方程式は次のようになる。

$$\begin{cases}\dot{\boldsymbol{p}}_1=m_1\ddot{\boldsymbol{r}}_1=\boldsymbol{f}_1+\boldsymbol{f}_{21}\ \cdots\cdots①\\ \dot{\boldsymbol{p}}_2=m_2\ddot{\boldsymbol{r}}_2=\boldsymbol{f}_2+\boldsymbol{f}_{12}\ \cdots\cdots②\end{cases}\quad(ここで，\boldsymbol{f}_{12}=-\boldsymbol{f}_{21}\ \cdots\cdots③)$$

2質点系の全角運動量 $\boldsymbol{L}$ は P_1 と P_2 の角運動量の総和より，

$\boldsymbol{L}=\boldsymbol{r}_1\times\boldsymbol{p}_1+\boldsymbol{r}_2\times\boldsymbol{p}_2$ ……④　となる。

④の両辺を t で微分して，

$\dfrac{d}{dt}(\boldsymbol{a}\times\boldsymbol{b})=\dot{\boldsymbol{a}}\times\boldsymbol{b}+\boldsymbol{a}\times\dot{\boldsymbol{b}}$ が成り立つことを利用すると，

$$\frac{d\boldsymbol{L}}{dt} = \dot{\boldsymbol{r}}_1 \times \boldsymbol{p}_1 + \boldsymbol{r}_1 \times \dot{\boldsymbol{p}}_1 + \dot{\boldsymbol{r}}_2 \times \boldsymbol{p}_2 + \boldsymbol{r}_2 \times \dot{\boldsymbol{p}}_2$$

$$\underbrace{\boldsymbol{v}_1 \times m_1 \boldsymbol{v}_1 = \boldsymbol{0}} \qquad \underbrace{\boldsymbol{v}_2 \times m_2 \boldsymbol{v}_2 = \boldsymbol{0}}$$

> $\because \boldsymbol{v}_1 /\!/ m_1 \boldsymbol{v}_1,$
> $\boldsymbol{v}_2 /\!/ m_2 \boldsymbol{v}_2$ だからだ。

$$= \boldsymbol{r}_1 \times \dot{\boldsymbol{p}}_1 + \boldsymbol{r}_2 \times \dot{\boldsymbol{p}}_2 = \boldsymbol{r}_1 \times (\boldsymbol{f}_1 + \boxed{\boldsymbol{f}_{21}}) + \boldsymbol{r}_2 \times (\boldsymbol{f}_2 + \boldsymbol{f}_{12}) \quad (\text{①, ②より})$$

$$\underbrace{\boldsymbol{f}_1 + \boldsymbol{f}_{21}} \qquad \underbrace{\boldsymbol{f}_2 + \boldsymbol{f}_{12}} \qquad \underbrace{-\boldsymbol{f}_{12}}$$

$$= \boldsymbol{r}_1 \times \boldsymbol{f}_1 + \boldsymbol{r}_2 \times \boldsymbol{f}_2 + \underbrace{(\boldsymbol{r}_2 - \boldsymbol{r}_1) \times \boldsymbol{f}_{12}} \quad (\text{③より})$$

$$\underbrace{\begin{array}{c}\text{P}_1,\ \text{P}_2 \text{に働く外力}\\ \text{のモーメント } \boldsymbol{N}\end{array}} \qquad \boxed{\boldsymbol{0}}$$

> $\because \boldsymbol{r} = \boldsymbol{r}_2 - \boldsymbol{r}_1,$
> $\boldsymbol{r} /\!/ \boldsymbol{f}_{12}$ だからだ。

ここで，$\boldsymbol{r}_1 \times \boldsymbol{f}_1 + \boldsymbol{r}_2 \times \boldsymbol{f}_2 = \boldsymbol{N}$（$\text{P}_1$，$\text{P}_2$ に働く外力のモーメント）より，

$\therefore \boxed{\dfrac{d\boldsymbol{L}}{dt} = \boldsymbol{N}}$ ……(*1) は成り立つ。………………………………(終)

(ii) ④に $\boldsymbol{r}_1 = \boldsymbol{r}_G + \boldsymbol{r}_1'$，$\boldsymbol{r}_2 = \boldsymbol{r}_G + \boldsymbol{r}_2'$ を代入して変形すると，

$$\boldsymbol{L} = \boldsymbol{r}_1 \times \boldsymbol{p}_1 + \boldsymbol{r}_2 \times \boldsymbol{p}_2 = m_1 \boldsymbol{r}_1 \times \dot{\boldsymbol{r}}_1 + m_2 \boldsymbol{r}_2 \times \dot{\boldsymbol{r}}_2$$

$$\underbrace{m_1 \dot{\boldsymbol{r}}_1} \qquad \underbrace{m_2 \dot{\boldsymbol{r}}_2}$$

$$= m_1 (\boldsymbol{r}_G + \boldsymbol{r}_1') \times (\dot{\boldsymbol{r}}_G + \dot{\boldsymbol{r}}_1') + m_2 (\boldsymbol{r}_G + \boldsymbol{r}_2') \times (\dot{\boldsymbol{r}}_G + \dot{\boldsymbol{r}}_2')$$

$$= m_1 (\boldsymbol{r}_G \times \dot{\boldsymbol{r}}_G + \boldsymbol{r}_G \times \dot{\boldsymbol{r}}_1' + \boldsymbol{r}_1' \times \dot{\boldsymbol{r}}_G + \boldsymbol{r}_1' \times \dot{\boldsymbol{r}}_1')$$

$$\quad + m_2 (\boldsymbol{r}_G \times \dot{\boldsymbol{r}}_G + \boldsymbol{r}_G \times \dot{\boldsymbol{r}}_2' + \boldsymbol{r}_2' \times \dot{\boldsymbol{r}}_G + \boldsymbol{r}_2' \times \dot{\boldsymbol{r}}_2')$$

$$= (\underbrace{(m_1 + m_2)}_{M}) \boldsymbol{r}_G \times \dot{\boldsymbol{r}}_G + \boldsymbol{r}_G \times \underbrace{(m_1 \dot{\boldsymbol{r}}_1' + m_2 \dot{\boldsymbol{r}}_2')}_{\boxed{\boldsymbol{0}}}$$

$$\quad + \underbrace{(m_1 \boldsymbol{r}_1' + m_2 \boldsymbol{r}_2')}_{\boxed{\boldsymbol{0}}} \times \dot{\boldsymbol{r}}_G + (m_1 \boldsymbol{r}_1' \times \dot{\boldsymbol{r}}_1' + m_2 \boldsymbol{r}_2' \times \dot{\boldsymbol{r}}_2')$$

> 公式：
> $m_1 \boldsymbol{r}_1' + m_2 \boldsymbol{r}_2' = \boldsymbol{0}$
> $m_1 \boldsymbol{v}_1' + m_2 \boldsymbol{v}_2' = \boldsymbol{0}$

$$= \underbrace{\boldsymbol{r}_G \times M\dot{\boldsymbol{r}}_G}_{\boldsymbol{r}_G \times \boldsymbol{p}_G = \boldsymbol{L}_G} + \underbrace{(\boldsymbol{r}_1' \times m_1 \dot{\boldsymbol{r}}_1' + \boldsymbol{r}_2' \times m_2 \dot{\boldsymbol{r}}_2')}_{\boldsymbol{r}_1' \times \boldsymbol{p}_1' + \boldsymbol{r}_2' \times \boldsymbol{p}_2' = \boldsymbol{L}'}$$

ここで，$\boldsymbol{L}_G = \boldsymbol{r}_G \times \boldsymbol{p}_G$，$\boldsymbol{L}' = \boldsymbol{r}_1' \times \boldsymbol{p}_1' + \boldsymbol{r}_2' \times \boldsymbol{p}_2'$ なので，

$\therefore \boxed{\boldsymbol{L} = \boldsymbol{L}_G + \boldsymbol{L}'}$ ……(*2) は成り立つ。…………………………………(終)

演習問題 93　● $\boldsymbol{N}=\boldsymbol{N}_G+\boldsymbol{N}'$, $\dot{\boldsymbol{L}}_G=\boldsymbol{N}_G$, $\dot{\boldsymbol{L}}'=\boldsymbol{N}'$の証明 ●

2質点系の質点P_1, P_2の位置と働く外力をそれぞれ$\boldsymbol{r}_1$, $\boldsymbol{r}_2$と$\boldsymbol{f}_1$, $\boldsymbol{f}_2$とおく。また，この2質点系の重心Gの位置を$\boldsymbol{r}_G$とおき，Gを基準点としたときのP_1, P_2の相対的な位置を$\boldsymbol{r}_1'$, $\boldsymbol{r}_2'$とおく。このとき，次の公式が成り立つことを示せ。

(i) $\boldsymbol{N}=\boldsymbol{N}_G+\boldsymbol{N}'$ ……(*1)　(ii) $\dfrac{d\boldsymbol{L}_G}{dt}=\boldsymbol{N}_G$ ……(*2)　(iii) $\dfrac{d\boldsymbol{L}'}{dt}=\boldsymbol{N}'$ ……(*3)

(ただし，$\boldsymbol{N}$：P_1, P_2に働く外力のモーメント，$\boldsymbol{N}_G$：重心Gに働く外力のモーメント，$\boldsymbol{N}'$：重心Gに対するP_1, P_2の相対的な外力のモーメント)

ヒント！ (i) $\boldsymbol{N}=\boldsymbol{r}_1\times\boldsymbol{f}_1+\boldsymbol{r}_2\times\boldsymbol{f}_2=(\boldsymbol{r}_G+\boldsymbol{r}_1')\times\boldsymbol{f}_1+(\boldsymbol{r}_G+\boldsymbol{r}_2')\times\boldsymbol{f}_2$として変形しよう。(ii) $\boldsymbol{L}_G=\boldsymbol{r}_G\times M\dot{\boldsymbol{r}}_G$より，これを$t$で微分して，$\boldsymbol{N}_G$が導ける。その際，公式：$(\boldsymbol{f}\times\boldsymbol{g})'=\boldsymbol{f}'\times\boldsymbol{g}+\boldsymbol{f}\times\boldsymbol{g}'$を利用しよう。(iii)は，$\boldsymbol{L}'=\boldsymbol{L}-\boldsymbol{L}_G$を$t$で微分すればいいんだね。頑張ろう！

解答＆解説

(i) P_1, P_2に働く外力のモーメント$\boldsymbol{N}$を変形すると，

$$\boldsymbol{N}=\boldsymbol{r}_1\times\boldsymbol{f}_1+\boldsymbol{r}_2\times\boldsymbol{f}_2=(\boldsymbol{r}_G+\boldsymbol{r}_1')\times\boldsymbol{f}_1+(\boldsymbol{r}_G+\boldsymbol{r}_2')\times\boldsymbol{f}_2$$

$$=\underbrace{\boldsymbol{r}_G\times(\boldsymbol{f}_1+\boldsymbol{f}_2)}_{\boldsymbol{N}_G}+\underbrace{(\boldsymbol{r}_1'\times\boldsymbol{f}_1+\boldsymbol{r}_2'\times\boldsymbol{f}_2)}_{\boldsymbol{N}'}=\boldsymbol{N}_G+\boldsymbol{N}'$$

$\therefore$ $\boldsymbol{N}=\boldsymbol{N}_G+\boldsymbol{N}'$ ……(*1)が成り立つ。……………………………(終)

(ii) $$\frac{d\boldsymbol{L}_G}{dt}=\frac{d}{dt}(\boldsymbol{r}_G\times M\dot{\boldsymbol{r}}_G)=\underbrace{\dot{\boldsymbol{r}}_G\times M\dot{\boldsymbol{r}}_G}_{0}+\boldsymbol{r}_G\times \underbrace{M\ddot{\boldsymbol{r}}_G}_{m_1\ddot{\boldsymbol{r}}_1+m_2\ddot{\boldsymbol{r}}_2=\boldsymbol{f}_1+\boldsymbol{f}_{21}+\boldsymbol{f}_2+\boldsymbol{f}_{12}}$$

(0 ← $\because\ \dot{\boldsymbol{r}}_G /\!/ M\dot{\boldsymbol{r}}_G$)　($(\boldsymbol{f}\times\boldsymbol{g})'=\boldsymbol{f}'\times\boldsymbol{g}+\boldsymbol{f}\times\boldsymbol{g}'$)　($\boldsymbol{f}_{21}$, $\boldsymbol{f}_{12}$は打ち消し線)

$$=\boldsymbol{r}_G\times(\boldsymbol{f}_1+\boldsymbol{f}_2)=\boldsymbol{N}_G$$ となる。

$\therefore$ $\dfrac{d\boldsymbol{L}_G}{dt}=\boldsymbol{N}_G$ ……(*2)が成り立つ。……………………………(終)

(iii) $$\frac{d\boldsymbol{L}'}{dt}=\underbrace{\frac{d(\boldsymbol{L}-\boldsymbol{L}_G)}{dt}}_{(*4)(P171)より}=\underbrace{\frac{d\boldsymbol{L}}{dt}}_{\boldsymbol{N}((*3)(P171)より)}-\underbrace{\frac{d\boldsymbol{L}_G}{dt}}_{\boldsymbol{N}_G((*2)より)}=\overbrace{\boldsymbol{N}-\boldsymbol{N}_G}^{\boldsymbol{N}'((*1)より)}=\boldsymbol{N}'$$

$\therefore$ $\dfrac{d\boldsymbol{L}'}{dt}=\boldsymbol{N}'$ ……(*3)が成り立つ。……………………………(終)

演習問題 94　● $\boldsymbol{P}=\boldsymbol{P}_G$，$K=K_G+K'$ ●

2質点系の質点 P_1 と P_2 について，

$$\begin{cases} P_1 \text{の質量 } m_1=3,\ \text{位置 } \boldsymbol{r}_1=[5\cos t,\ 5\sin t,\ 10-2t^2] \text{ であり，} \\ P_2 \text{の質量 } m_2=5,\ \text{位置 } \boldsymbol{r}_2=[-3\cos t,\ -3\sin t,\ 10-2t^2] \text{ である。} \end{cases}$$

(ただし，t：時刻，$t \geqq 0$)　このとき，次の問いに答えよ。

(1) 重心 G の位置 $\boldsymbol{r}_G$ と G に対する P_1，P_2 の相対的な位置 $\boldsymbol{r}_1'$，$\boldsymbol{r}_2'$ を求めよ。

(2) P_1 と P_2 と G の速度 $\boldsymbol{v}_1$，$\boldsymbol{v}_2$，$\boldsymbol{v}_G$ を求め，G に対する P_1，P_2 の相対的な速度 $\boldsymbol{v}_1'$ と $\boldsymbol{v}_2'$ を求めよ。

(3) P_1 と P_2 と G の加速度 $\boldsymbol{a}_1$，$\boldsymbol{a}_2$，$\boldsymbol{a}_G$ を求め，G に対する P_1，P_2 の相対的な加速度 $\boldsymbol{a}_1'$ と $\boldsymbol{a}_2'$ を求めよ。また，P_1 と P_2 に働く外力の総和 $\boldsymbol{f}$ を求めよ。

(4) $\boldsymbol{P}=\boldsymbol{P}_G$ ……(＊1) が成り立つことを確認せよ。(ただし，$\boldsymbol{P}$：2質点系の全運動量，$\boldsymbol{P}_G$：重心 G の運動量)

(5) $K=K_G+K'$ ……(＊2) が成り立つことを確認せよ。(ただし，K：2質点系の全運動エネルギー，K_G：重心 G の運動エネルギー，K'：重心 G に対する P_1，P_2 の相対運動による運動エネルギー)

ヒント！ (1), (2), (3) では，5つの位置 $\boldsymbol{r}_1$，$\boldsymbol{r}_2$，$\boldsymbol{r}_G$，$\boldsymbol{r}_1'$，$\boldsymbol{r}_2'$ を基に，それぞれの速度，加速度を求めよう。この系に働く外力 $\boldsymbol{f}$ は，$\boldsymbol{f}=m_1\ddot{\boldsymbol{r}}_1+m_2\ddot{\boldsymbol{r}}_2$ または $\boldsymbol{f}=M\ddot{\boldsymbol{r}}_G$ のいずれで求めても構わない。(4) は，$\boldsymbol{P}=m_1\dot{\boldsymbol{r}}_1+m_2\dot{\boldsymbol{r}}_2$，$\boldsymbol{P}_G=M\dot{\boldsymbol{r}}_G$ を求めて，これらが一致することを確かめよう。(5) は，$K=\frac{1}{2}m_1v_1^2+\frac{1}{2}m_2v_2^2$ が，$K_G=\frac{1}{2}Mv_G^2$ と $K'=\frac{1}{2}m_1v_1'^2+\frac{1}{2}m_2v_2'^2$ の和に等しいことを確認しよう。長い問題だけれど，頑張って解いていこう。

解答＆解説

(1) $\boldsymbol{r}_G=\dfrac{m_1\boldsymbol{r}_1+m_2\boldsymbol{r}_2}{m_1+m_2}=\dfrac{1}{3+5}\{3[5\cos t,\ 5\sin t,\ 10-2t^2]+5[-3\cos t,\ -3\sin t,\ 10-2t^2]\}$

$=\dfrac{1}{8}\times 8[0,\ 0,\ 10-2t^2]=[0,\ 0,\ 10-2t^2]$ ……① ……………………(答)

$\boldsymbol{r}_1'=\boldsymbol{r}_1-\boldsymbol{r}_G=[5\cos t,\ 5\sin t,\ 10-2t^2]-[0,\ 0,\ 10-2t^2]=[5\cos t,\ 5\sin t,\ 0]$ …② …(答)

$\boldsymbol{r}_2' = \boldsymbol{r}_2 - \boldsymbol{r}_G$

$= [-3\cos t, \ -3\sin t, \ 0]$ ……③

………(答)

$m_1 = 3, \ m_2 = 5$
$\boldsymbol{r}_1 = [5\cos t, \ 5\sin t, \ 10 - 2t^2]$
$\boldsymbol{r}_2 = [-3\cos t, \ -3\sin t, \ 10 - 2t^2]$
$\boldsymbol{r}_G = [0, \ 0, \ 10 - 2t^2]$ ……………①
$\boldsymbol{r}_1' = [5\cos t, \ 5\sin t, \ 0]$ …………②

(2) $\boldsymbol{v}_1 = \dot{\boldsymbol{r}}_1$

$= [(5\cos t)', \ (5\sin t)', \ (10 - 2t^2)']$

$= [-5\sin t, \ 5\cos t, \ -4t]$ ……………………………………………④ …(答)

$\boldsymbol{v}_2 = \dot{\boldsymbol{r}}_2 = [(-3\cos t)', \ (-3\sin t)', \ (10 - 2t^2)']$

$= [3\sin t, \ -3\cos t, \ -4t]$ ……………………………………………⑤ …(答)

$\boldsymbol{v}_G = \dot{\boldsymbol{r}}_G = [0', \ 0', \ (10 - 2t^2)'] = [0, \ 0, \ -4t]$ ……………………⑥ …(答)

$\boldsymbol{v}_1' = \dot{\boldsymbol{r}}_1' = [(5\cos t)', \ (5\sin t)', \ 0'] = [-5\sin t, \ 5\cos t, \ 0]$ ……⑦ …(答)

$\boldsymbol{v}_2' = \dot{\boldsymbol{r}}_2' = [(-3\cos t)', \ (-3\sin t)', \ 0'] = [3\sin t, \ -3\cos t, \ 0]$ …⑧ …(答)

(3) $\boldsymbol{a}_1 = \ddot{\boldsymbol{r}}_1 = \dot{\boldsymbol{v}}_1 = [(-5\sin t)', \ (5\cos t)', \ (-4t)']$

$= [-5\cos t, \ -5\sin t, \ -4]$ ……………………………………………⑨ …(答)

$\boldsymbol{a}_2 = \ddot{\boldsymbol{r}}_2 = \dot{\boldsymbol{v}}_2 = [(3\sin t)', \ (-3\cos t)', \ (-4t)']$

$= [3\cos t, \ 3\sin t, \ -4]$ ……………………………………………⑩ …(答)

$\boldsymbol{a}_G = \ddot{\boldsymbol{r}}_G = \dot{\boldsymbol{v}}_G = [0', \ 0', \ (-4t)'] = [0, \ 0, \ -4]$ ……………………⑪ …(答)

$\boldsymbol{a}_1' = \ddot{\boldsymbol{r}}_1' = \dot{\boldsymbol{v}}_1' = [(-5\sin t)', \ (5\cos t)', \ 0'] = [-5\cos t, \ -5\sin t, \ 0]$ …⑫ …(答)

$\boldsymbol{a}_2' = \ddot{\boldsymbol{r}}_2' = \dot{\boldsymbol{v}}_2' = [(3\sin t)', \ (-3\cos t)', \ 0'] = [3\cos t, \ 3\sin t, \ 0]$ …⑬ …(答)

P_1 と P_2 に働く外力，つまりこの系全体に働く外力 $\boldsymbol{f}$ は，⑨，⑩を用いて，

$\boldsymbol{f} = m_1\ddot{\boldsymbol{r}}_1 + m_2\ddot{\boldsymbol{r}}_2 = 3[\cancel{-5\cos t}, \ \cancel{-5\sin t}, \ -4] + 5[\cancel{3\cos t}, \ \cancel{3\sin t}, \ -4]$

$= [0, \ 0, \ -12 - 20] = [0, \ 0, \ -32]$ である。……………………………(答)

外力 $\boldsymbol{f} = M\ddot{\boldsymbol{r}}_G = M\boldsymbol{a}_G = 8 \times [0, \ 0, \ -4] = [0, \ 0, \ -32]$ と求めてもいい。

(4) この 2 質点系全体の運動量 $\boldsymbol{P}$ は，④，⑤を用いて，

$\boldsymbol{P} = m_1\boldsymbol{v}_1 + m_2\boldsymbol{v}_2$

$= 3[\cancel{-5\sin t}, \ \cancel{5\cos t}, \ -4t] + 5[\cancel{3\sin t}, \ \cancel{-3\cos t}, \ -4t]$ （④，⑤より）

$= [0, \ 0, \ -12t - 20t] = [0, \ 0, \ -32t]$ ……………………⑭ となる。

次に，重心 G の運動量 $\boldsymbol{P}_G$ は，⑥を用いて，

$\boldsymbol{P}_G = M \cdot \boldsymbol{v}_G = 8[0, \ 0, \ -4t] = [0, \ 0, \ -32t]$ ……………⑮ となる。

$m_1 + m_2 = 8$

よって，⑭と⑮は一致するので，この問題において，

$\boldsymbol{P}=\boldsymbol{P}_G$ ……(*1) が成り立つことが確認された。……………………(終)

さらに，⑦，⑧を使って，$\boldsymbol{P}'=\boldsymbol{0}$ の確認は，$\boldsymbol{P}'=m_1\boldsymbol{v}_1'+m_2\boldsymbol{v}_2'$ を計算すればいい。

(5) ④～⑧の速度ベクトルのノルム(大きさ)の2乗を求めると，

$v_1^2=\|\boldsymbol{v}_1\|^2=\underbrace{(-5\sin t)^2+(5\cos t)^2}_{25(\sin^2 t+\cos^2 t)=25}+(-4t)^2=25+16t^2$ ……④′

$v_2^2=\|\boldsymbol{v}_2\|^2=\underbrace{(3\sin t)^2+(-3\cos t)^2}_{9(\sin^2 t+\cos^2 t)=9}+(-4t)^2=9+16t^2$ ……⑤′

$v_G^2=\|\boldsymbol{v}_G\|^2=0^2+0^2+(-4t)^2=16t^2$ ……………………⑥′

$v_1'^2=\|\boldsymbol{v}_1'\|^2=(-5\sin t)^2+(5\cos t)^2+0^2=25$ ……………⑦′

$v_2'^2=\|\boldsymbol{v}_2'\|^2=(3\sin t)^2+(-3\cos t)^2+0^2=9$ ………………⑧′

以上より，

(i) この2質点系の全運動エネルギー K は，④′，⑤′より，

$$K=\frac{1}{2}m_1v_1^2+\frac{1}{2}m_2v_2^2=\frac{1}{2}\cdot 3\cdot(25+16t^2)+\frac{1}{2}\cdot 5\cdot(9+16t^2)$$

$$=\frac{1}{2}(75+48t^2+45+80t^2)=\frac{1}{2}(120+128t^2)$$

$=60+64t^2$ ………………………⑯ となる。

(ii) 重心 G の運動エネルギー K_G は，⑥′より，

$K_G=\frac{1}{2}\underbrace{M}_{8}v_G^2=4\cdot 16t^2=64t^2$ ……⑰ となる。

(iii) G に対する P_1，P_2 の相対運動による運動エネルギー K' は，⑦′，⑧′より，

$$K'=\frac{1}{2}m_1v_1'^2+\frac{1}{2}m_2v_2'^2=\frac{1}{2}\times 3\times 25+\frac{1}{2}\times 5\times 9$$

$=\frac{1}{2}(75+45)=60$ ……………⑱ となる。

以上(i)(ii)(iii)の⑯，⑰，⑱より，この問題でも，

$\underbrace{K}_{60+64t^2}=\underbrace{K_G}_{64t^2}+\underbrace{K'}_{60}$ ……(*2) が成り立つことが確認された。……………(終)

演習問題 95　● $\boldsymbol{L}=\boldsymbol{L}_G+\boldsymbol{L}'$, $\dot{\boldsymbol{L}}=\boldsymbol{N}$ ●

2 質点系の質点 P_1 と P_2 について，

$$\begin{cases} P_1 \text{の質量}\ m_1=3,\ \text{位置}\ \boldsymbol{r}_1=[5\cos t,\ 5\sin t,\ 10-2t^2]\ \text{であり，} \\ P_2 \text{の質量}\ m_2=5,\ \text{位置}\ \boldsymbol{r}_2=[-3\cos t,\ -3\sin t,\ 10-2t^2]\ \text{である。} \end{cases}$$

(ただし，t：時刻，$t \geqq 0$)　このとき，次の問いに答えよ。

(1) 公式：$\boldsymbol{L}=\boldsymbol{L}_G+\boldsymbol{L}'$ ……(*1) を用いて，$\boldsymbol{L}$ を求めよ。

(2) 公式：$\dfrac{d\boldsymbol{L}}{dt}=\boldsymbol{N}$ ……(*2) を用いて，$\boldsymbol{N}$ を求めよ。

(ただし，$\boldsymbol{L}$：2 質点系の全角運動量，$\boldsymbol{L}_G$：重心 G の角運動量，$\boldsymbol{L}'$：重心 G に対する P_1, P_2 の相対運動による角運動量，$\boldsymbol{N}$：P_1, P_2 に働く外力のモーメント)

ヒント！ この問題の設定は演習問題 **94** (P189) と同じだね。(1) $\boldsymbol{L}_G=\boldsymbol{r}_G\times\boldsymbol{p}_G=\boldsymbol{r}_G\times M\boldsymbol{v}_G$ と $\boldsymbol{L}'=\boldsymbol{r}_1'\times\boldsymbol{p}_1'+\boldsymbol{r}_2'\times\boldsymbol{p}_2'=\boldsymbol{r}_1'\times m_1\boldsymbol{v}_1'+\boldsymbol{r}_2'\times m_2\boldsymbol{v}_2'$ から $\boldsymbol{L}_G$ と $\boldsymbol{L}'$ を求め，(*1) を使って $\boldsymbol{L}$ を求めよう。(2) $\boldsymbol{L}$ が求まれば，これを t で微分すれば，力のモーメント $\boldsymbol{N}$ を求めることができるんだね。

解答＆解説

(1) 重心 G の位置 $\boldsymbol{r}_G$ と速度 $\boldsymbol{v}_G(=\dot{\boldsymbol{r}}_G)$ を求めると，

$$\begin{cases} \boldsymbol{r}_G=\dfrac{m_1\boldsymbol{r}_1+m_2\boldsymbol{r}_2}{m_1+m_2}=\dfrac{1}{8}(3\boldsymbol{r}_1+5\boldsymbol{r}_2)=[0,\ 0,\ 10-2t^2]\ \cdots\cdots① \\ \boldsymbol{v}_G=\dot{\boldsymbol{r}}_G=[0',\ 0',\ (10-2t^2)']=[0,\ 0,\ -4t]\ \cdots\cdots② \end{cases}$$

となる。(P190 参照)

よって，G の角運動量 $\boldsymbol{L}_G$ は，

$$\boldsymbol{L}_G=\boldsymbol{r}_G\times\underbrace{\boldsymbol{p}_G}_{M\boldsymbol{v}_G=8\boldsymbol{v}_G}=8(\boldsymbol{r}_G\times\boldsymbol{v}_G)$$

$$=8[0,\ 0,\ 0]=8\cdot\boldsymbol{0}=\boldsymbol{0}\ \cdots\cdots③$$

となる。

$\boldsymbol{r}_G\times\boldsymbol{v}_G$ の計算

0	0	$10-2t^2$	0
0	0	$-4t$	0
0][	0,		0,

G に対する P_1 と P_2 の相対的な位置 $\boldsymbol{r}_1'$ と $\boldsymbol{r}_2'$ は，(P190 参照)

$$\begin{cases} \boldsymbol{r}_1'=\boldsymbol{r}_1-\boldsymbol{r}_G=[5\cos t,\ 5\sin t,\ 0] \\ \boldsymbol{r}_2'=\boldsymbol{r}_2-\boldsymbol{r}_G=[-3\cos t,\ -3\sin t,\ 0] \end{cases}\ \cdots\cdots④$$

となる。④を t で微分して，

$$\begin{cases} \boldsymbol{v}_1' = \dot{\boldsymbol{r}}_1' = [-5\sin t,\ 5\cos t,\ 0] \\ \boldsymbol{v}_2' = \dot{\boldsymbol{r}}_2' = [3\sin t,\ -3\cos t,\ 0] \end{cases}$$ ……⑤ となる。← P190参照

よって，G に対する P_1, P_2 の相対運動による角運動量 $\boldsymbol{L}'$ は，④，⑤より，

$$\boldsymbol{L}' = \boldsymbol{r}_1' \times \underbrace{\boldsymbol{p}_1'}_{m_1\boldsymbol{v}_1' = 3\boldsymbol{v}_1'} + \boldsymbol{r}_2' \times \underbrace{\boldsymbol{p}_2'}_{m_2\boldsymbol{v}_2' = 5\boldsymbol{v}_2'}$$

$$= 3(\boldsymbol{r}_1' \times \boldsymbol{v}_1') + 5(\boldsymbol{r}_2' \times \boldsymbol{v}_2')$$

$$= 3[0,\ 0,\ 25] + 5[0,\ 0,\ 9]$$

$$= [0,\ 0,\ 75] + [0,\ 0,\ 45]$$

$$= [0,\ 0,\ 120] \quad \cdots\cdots⑥$$

・$\boldsymbol{r}_1' \times \boldsymbol{v}_1'$ の計算

$5\cos t$	$5\sin t$	0	$5\cos t$
$-5\sin t$	$5\cos t$	0	$-5\sin t$

$[\ 0,\ 0,\ \underbrace{25(\cos^2 t + \sin^2 t)}_{25}\ ]$

・$\boldsymbol{r}_2' \times \boldsymbol{v}_2'$ の計算

$-3\cos t$	$-3\sin t$	0	$-3\cos t$
$3\sin t$	$-3\cos t$	0	$3\sin t$

$[\ 0,\ 0,\ \underbrace{9(\cos^2 t + \sin^2 t)}_{9}\ ]$

となる。以上，③，⑥より，求める2質点系の全角運動量 $\boldsymbol{L}$ は，(∗1)の公式より，

$$\boldsymbol{L} = \underbrace{[0,\ 0,\ 0]}_{\boldsymbol{L}_G} + \underbrace{[0,\ 0,\ 120]}_{\boldsymbol{L}'}$$

$= [0,\ 0,\ 120]$ ……⑦ となる。……………………………………(答)

(2) (1)の⑦より，

$\boldsymbol{L} = [0,\ 0,\ 120] = $(定ベクトル) である。

よって，(∗2)の公式より，これを t で微分して，外力のモーメント $\boldsymbol{N}$ を求められる。

$$\boldsymbol{N} = \frac{d\boldsymbol{L}}{dt} = \frac{d}{dt}\underbrace{[0,\ 0,\ 120]}_{\text{定ベクトル}} = [0',\ 0',\ 120']$$

$\therefore \boldsymbol{N} = [0,\ 0,\ 0] = \boldsymbol{0}$ である。……………………………………(答)

◆◆◆ Appendix(付録) ◆◆◆

補充問題 1 ● 複素数の回転 ●

複素数平面上の点 $2+i$ を原点のまわりに $\dfrac{\pi}{12}$ $(=15°)$ だけ回転させた点(複素数)を求めよ。

ヒント！ 演習問題 9 (P22) と同様の問題だね。今回は，複素数平面での回転の問題なので，$2+i$ に $e^{\frac{\pi}{12}i}$ をかけて求めればいいんだね。

解答＆解説

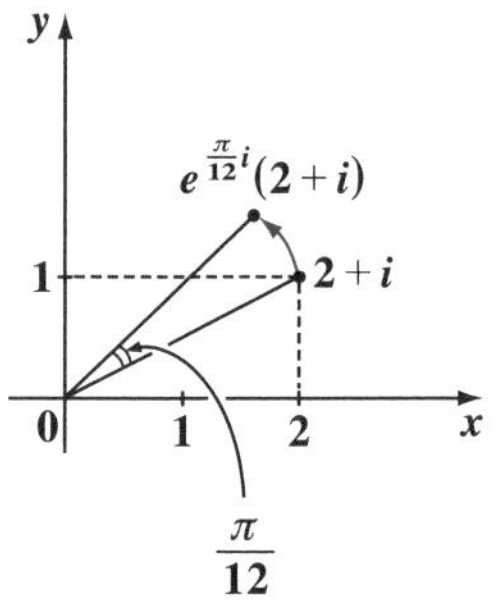

複素数平面上の点(複素数) $2+i$ を，原点 0 のまわりに $\dfrac{\pi}{12}\left(=\dfrac{\pi}{4}-\dfrac{\pi}{6}\right)$ だけ回転させた点

$15°(=45°-30°)$

(複素数) は，$e^{\frac{\pi}{12}i}\cdot(2+i)$ より，

$$e^{\frac{\pi}{12}i}\cdot(2+i)=e^{\frac{\pi}{4}i}\cdot e^{-\frac{\pi}{6}i}\cdot(2+i)$$

$e^{\left(\frac{\pi}{4}-\frac{\pi}{6}\right)i}=e^{\frac{\pi}{4}i}\cdot e^{-\frac{\pi}{6}i}$

オイラーの公式 $e^{i\theta}=\cos\theta+i\sin\theta$

$$=\left(\cos\frac{\pi}{4}+i\sin\frac{\pi}{4}\right)\cdot\left(\cos\frac{\pi}{6}-i\sin\frac{\pi}{6}\right)\cdot(2+i)$$

$\cos\left(-\dfrac{\pi}{6}\right)+i\sin\left(-\dfrac{\pi}{6}\right)$

$$=\left(\frac{\sqrt{2}}{2}+\frac{\sqrt{2}}{2}i\right)\left(\frac{\sqrt{3}}{2}-\frac{1}{2}i\right)(2+i)=\frac{1}{4}\left(\sqrt{2}+\sqrt{2}\,i\right)\left(\sqrt{3}-i\right)(2+i)$$

$\sqrt{6}-\sqrt{2}\,i+\sqrt{6}\,i+\sqrt{2}=\sqrt{6}+\sqrt{2}+(\sqrt{6}-\sqrt{2})i$ 　（$\sqrt{2}=-\sqrt{2}\,i^2$）

$$=\frac{1}{4}\left\{\left(\sqrt{6}+\sqrt{2}\right)+\left(\sqrt{6}-\sqrt{2}\right)i\right\}(2+i)$$

$$=\frac{1}{4}\left\{\left(2\sqrt{6}+2\sqrt{2}\right)+\left(\sqrt{6}+\sqrt{2}\right)i+\left(2\sqrt{6}-2\sqrt{2}\right)i-\left(\sqrt{6}-\sqrt{2}\right)\right\}$$

$$=\frac{1}{4}\left\{3\sqrt{2}+\sqrt{6}+\left(-\sqrt{2}+3\sqrt{6}\right)i\right\}=\frac{3\sqrt{2}+\sqrt{6}}{4}+\frac{-\sqrt{2}+3\sqrt{6}}{4}i$$ となる。

……(答)

この結果は，演習問題 9 (P22) のものと実質的に同じ点を表している。

◆ Term・Index ◆

メモ

メモ

大学物理入門編
初めから解ける 演習 力学
キャンパス・ゼミ

マセマ

著　者　馬場 敬之
発行者　馬場 敬之
発行所　マセマ出版社
〒 332-0023 埼玉県川口市飯塚 3-7-21-502
TEL 048-253-1734　FAX 048-253-1729
Email：info@mathema.jp
http://www.mathema.jp

編　集　七里 啓之
校閲・校正　高杉 豊　笠 恵介　秋野 麻里子
組版制作　間宮 栄二　町田 朱美
カバーデザイン　馬場 冬之
ロゴデザイン　馬場 利貞
印刷所　中央精版印刷株式会社

令和 6 年 2 月 20 日　初版発行

ISBN978-4-86615-327-8　C3042